U0265381

欧洲园林设计

杜顺宝 主审

欧洲园林设计

——从古典到当代

（德）罗尔夫·托曼（Rolf Toman） 编著
谭 瑛 梁文艳 译

马库斯·巴斯勒，阿希姆·贝德诺兹，
马库斯·博伦，弗洛里安·蒙海姆 摄影

辽宁科学技术出版社
·沈 阳·

© for the illustrated works, where this is not held by the artist or their estates:
Calder, Alexander © VG Bild-Kunst, Bonn 2013
Giacometti, Alberto © VG Bild-Kunst, Bonn 2013
Miró, Joan © Successió Miró / VG Bild-Kunst, Bonn 2013
© h.f.ullmann publishing GmbH
Original Title: Gartenkunst in Europa von der Antike bis zur Gegenwart
ISBN 978-3-8331-1044-3
www.ullmann-publishing.com
Editorial Management and Typesetting: Rolf Toman, Esp é raza; Birgit Beyer, Cologne
Editors: Ulrike Weber-Karge, Dresden; Thomas Paffen, M ü nster
Picture Research: Stefanie Hubert, Cologne

©2017,简体中文版权归辽宁科学技术出版社所有。
本书由h.f.ullmann publishing GmbH授权辽宁科学技术出版社在中国大陆出版中文简体字版本。著作权合同登记号：06-2013第303号。

版权所有 · 翻印必究

图书在版编目（CIP）数据

欧洲园林设计：从古典到当代 /（德）罗尔夫·托曼（Rolf Toman）编著；谭瑛，梁文艳译. —沈阳：辽宁科学技术出版社，2018.2

ISBN 978-7-5591-0412-0

Ⅰ. ①欧… Ⅱ. ①罗… ②谭… ③梁… Ⅲ. ①园林设计—欧洲 Ⅳ. ①TU986.2

中国版本图书馆CIP数据核字（2017）第211599号

出版发行：辽宁科学技术出版社
（地址：沈阳市和平区十一纬路25号 邮编：110003）
印 刷 者：上海利丰雅高印刷有限公司
经 销 者：各地新华书店
幅面尺寸：240 mm × 285 mm
印 张：62
插 页：4
字 数：800 千字
出版时间：2018 年 2 月第 1 版
印刷时间：2018 年 2 月第 1 次印刷
责任编辑：闻 通
封面设计：周 周
版式设计：晓 娜
责任校对：尹 昭

书 号：ISBN 978-7-5591-0412-0
定 价：498.00元

联系编辑：024-23284740
邮购热线：024-23284502
邮 箱：605807453@qq.com

目 录

编者序

本书介绍欧洲园林，内容主要包括意大利、西班牙、葡萄牙、法国、英国、荷兰、德国和奥地利等国家。本书所呈现的这些国家的园林大多都采用了新近拍摄的照片。虽然北欧（斯堪的纳维亚）和东欧（俄罗斯）的园林仅仅被一笔带过，甚至部分欧洲国家完全没有被提及，然而从地域的角度看，本书在很大程度上已充分地展现了整个欧洲的园林风貌。

关于副标题“从古典到当代”所指的时期值得商榷。事实上，本书几乎 4/5 的内容专门介绍文艺复兴时期、巴洛克时期的园林以及启蒙运动、古典主义及浪漫主义时期的自然风景园林，即 1500—1850 年期间欧洲园林的发展。这也表明这段时间实为欧洲园林艺术发展的黄金时期。但这并不是本书只简略介绍 1850 年之后那段时期的唯一原因。将这段时期形式丰富的欧洲园林进行分类使之能够在各自的章节中进行阐释，是非常困难的。按艺术史的历史分期划分或其他概念上的分类方法也不合适。至于最后一章提到的园林形式，也不过表明缺乏普适的概念。要充分阐释 20 世纪多元化的园林形式，还需要更多篇幅。而且正如其他艺术领域一样，应更多关注其个性化特征。尽管展开对各方面发展的全面叙述是很令人神往的工作，但本书力有不逮。

之所以要相对简洁地处理古代到中世纪这段时期，是因为虽然有大量内容可讲，却没有太多案例可以展示。当然，文艺复兴时期和巴洛克时期的园林也不再保持其最初状态，但是我们仍可以从旧图纸上，甚至在一些案例的园林重建中获得对历史园林的充分认识。

▶ 克莱因－格利尼克自然风景园，波茨坦

自然风景园中仿自然的树丛

天堂的神话

▲ **天堂的场景**

《黄金时代》（P9 插图）局部

万园之园是人们梦想中可以逃避一切苦难和困境的乐园，却又是那样遥不可及。既然人们心底的愿望在这个世界无法实现，就只能寄托于来世。人们在现世中想象和描绘来世，梦想从不曾被忘怀。人们提过黄金时代、极乐世界、世外桃源以及最后的“安乐之所”。在人类对必将到来的乐土的古老想象中，天堂是一处花园，这是所有想象的共同之处。

这些想象对西方文明中园林文化的构成和主题产生了决定性的影响。鉴于“花园（garden）”和“乐园（paradise）”这两个词语有着共同的词根，这就赋予了这种说法特定的佐证。“乐园（paradise）”一词源于古波斯语“pairi-dae’-za”，意为有围栏的皇家公园或休闲花园。古巴比伦词语“paradisu”只是“pairi-dae’-za”的变体，从字面上可以翻译成围墙或围栏圈住的地方，或是一处划定的区域。希伯来语“ pardes”和希腊语“paradeisos”的意义相同，都是指波斯君主消遣娱乐的花园。有趣的是，这种划界或围栏的概念也适用于“花园（garden）”一词。印欧语的词干“ghordho”同时用于指“庭院”和“围场”。拉丁语“hortus”，即花园，与上述词语属于同一词源。

然而，“围场”和“花园”的概念到底有多少相同之处呢？这个问题的答案需要我们直接到上文提到的人们的梦想中去寻找。那个封闭的世界同时也是独立而隐秘的场所，只允许被上帝选定的人进入，任何被证明没有资格的人都将被阻挡在外。

对于居住在既有沙漠又有草原的国家的人来说，波斯君主的欢乐园充满了各种能想象到的快乐和欢愉。正是其隐秘性，也使得人们无限觊觎。“乐园”一词即具有与世隔绝的含义。

关于天堂花园最早的描述也来自近东的沙漠地区，在公元前 15 世纪阿卡德的亚达帕神话、公元前 12 世纪的苏美尔和巴比伦的《吉尔伽美什史诗》（*Epic of Gilgamesh*）以及公元前 8 世纪的《希伯来圣经》（*The Hebrew Biblical*）对于天堂的描述中都有记载。前两个神话关注的是人的永生，而天堂更多地处于从属地位。然而，决定人是否能获得永生的地方正是天堂。当然，人的生命也有其局限性。正如乐园有边界，并且只有在特定条件下才能进入一样，在《吉尔伽美什史诗》所描述的大洪水中，乐园幸免于难。天堂以一种类似于波斯王的欢乐园的形式存在于地

▶ **天堂里的花园**

救赎和永恒幸福的真正宝库，1491 年

▲ **黄金时代**
木版画，73.5cm × 105.5cm（约30in × 42in），约1530年，
老卢卡斯·克拉纳赫，
慕尼黑，巴伐利亚国家绘画收藏馆

球上的某个地方。谁能找到它，它就许以永恒的生命，使其获得永生。即使英雄吉尔伽美什失败了，这种寻觅也是值得的。

这个主题使人联想到《旧约全书》（*The old Testament*）里记载的乐园，一开始即精确地描述了其位置："耶和华神在东方的伊甸立了一个园子，把所造的人安置在那里。"[《创世纪》（*Genesis*），2:8]。在《创世纪》中对于伊甸有更准确的描述，有河从伊甸流出并滋润那园子，从那里分为4条支流，分别是底格里斯河、幼发拉底河、比逊河和基训河。然而后两条河在任何地图上都没有标示。但也正因为这个原因，人们仍然不断地追寻伊甸园，期待终有一天能够找到这个世界上的乐园。人们坚信，那未知的河流就在某个未知的国度，因为毕竟上帝是为人类才创造了伊甸园。真的是4条伟大的河流灌溉并划分了伊甸园这块土地吗？也许可以假设未知的比逊河和基训河与已知的底格里斯河和幼发拉底河一样长而有气势。于是后世就有了关于神圣大陆的传说。众所周知，公元前第三个千年里的每代古巴比伦王国国王都自称四方之主。这个称号暗示他们是统治世界的主，类似于"全能的主"这一概念。四方指世界的四大地区，以生命起源地为中心，划分并构成世界的格局。

这样我们得到了这种由中央喷泉灌溉的园林基本模式。这种东方园林、波斯或巴比伦国王们的欢乐园的理想模式，与古老东方的或旧约里的天国有着同样的关联，以及后来的新约里描述的新耶路撒冷的基督教堂。不论在过去还是现在，园林和教堂都是圣土

▲ 蒙福特公园，巴伦西亚
规则的园林布局及雕塑

在俗世中的映像。在圣土，人们能够实现梦想，并且获得永生和幸福。

对这个问题进一步研究，会发现在园林的具体表现形式上，用神话来定义的那些元素以及围场和源头等理念——暗示着花园围墙和浇灌——具有重要的意义，即种植了无穷尽地开花、结果的花草树木。荷马在《奥德赛》（*Odyssey*）的第四卷中描述道：“*极乐世界是西部海洋中被海包围的一个岛，那是世界的尽头。凡人不能到达这个岛，只有众神青睐的英雄可以生活在这里，例如墨涅拉俄斯等。*”而相反，奥德修斯在漂流之后只能等待自己的死亡。很难恰当地描述这样的花园，它更是人间天堂，在这里人在极乐中获得永生，受到自然的眷顾，并分享一年四季所有的美妙果实。奥德修斯即使不能享受这些快乐，但他也曾获准进入法伊阿基亚人的国王——娜乌茜卡的父亲阿尔基努斯的花园，天堂在尘世中的一个再现。在第七卷中，这位航海英雄漫步在有大门和“栅栏环绕”的欢乐之园中，欣赏着“甜无花果”和“石榴”。他觉得在花园的一个角落里感知到了天堂的气息，因为那里“一块块的田里长着各种草药，终年不败”。

在文艺复兴时期的文学中，“安乐之所”是个著名的经典主题，因而也成为游乐园的范式，用来隐喻高贵典雅的爱恋。寓言式和说教式小册子同样运用这个经典主题，并配以中世纪基督教园林的图画。

然而，荷马所描写的位于世界尽头的极乐世界，是明确地位于阿尔基努斯的花园之外的。而在维吉尔诗中，永恒而遥远的阿卡迪亚王国每天都沉浸在乡村田园牧歌当中，这种平静、和谐、安宁的景象与罗马内战战场上悲惨凄凉的景象正好相反。阿卡迪亚也因此成为完美世界的象征。阿卡迪亚式园林常常是巴洛克晚期广大庭院不可或缺的一部分。霍恩海姆园林位于斯图加特附近，其遗址及田园诗所具有的浪漫主义也可见于早期的自然风景园林。

从园林传统主题或基调传承下来的古代设计思想，到18世纪末19世纪初的文艺复兴园林和自然风景园，是一次大的飞跃。这次飞跃之大，使得很难完美地解释这些园林或乐园的古代设计思想究竟对现实园林形式产生了多么深远的影响。就连荷马的《奥德赛》和维吉尔的《农事诗》(*Georgica*) 也只是提供了一些可供后人进行文学发挥的诗歌主题，间或提及了一些园林设计思想，而文艺复兴时期的造园理论（见P40）则对这些思想做了进一步阐述。这并非仅仅是观赏性花床的复杂布局问题，而是西方园林的基本模式，即以喷泉为中心的十字形布局形式，使园林空间呈“田字形”。有两个方面值得关注：一方面，古希腊－罗马的园林传统推动了这种田字形布局的应用，而且这种布局形式已经在古波斯和近东地区发展起来；另一方面，作为东方“田字形”园林的变体，摩尔－撒拉逊园林，确定了早期基督教修道院园林和庄园园林的基本布局形式。对古代园林的分析研究，有助于我们了解这种布局的基本形式及其变形形式，也有助于我们了解对极乐世界、“安乐之所”或者阿卡迪亚等乐园意象为主题的应用。

▲ 汉普顿宫，伦敦
秘园鸟瞰

从这个意义上讲，就有可能拉近古代早期园林和1800年左右感伤主义园林之间的距离，这样关于“希望之岛”的想象就有了具体的形式。在德国的卡塞尔园林或英国的斯陀园仍然可以看到这样的例子：观赏性建筑物与人工整形后的荒野相结合，向世人呈现出令人向往的极乐世界模式，蜿蜒的小溪在荒野中欢快地流过，小池塘散落在园中各处。

◀ 佛罗伦萨，波波里花园
伊索洛陀岛的中央喷泉

古代园林

▲ **罗马别墅的花园，庞贝城**

韦蒂宅邸

移植古植物的柱廊园

要证明神迹的存在是非常困难的，尤其是那些年代久远的。但古代世界七大奇迹则不然，因为当时及后来的学者都对其做出了权威、可信的描述。其中也有一个例外，那就是巴比伦的空中花园。古代世界奇观名单的大多数版本，包括公元前2世纪安提帕特的《王官选集》，都没有明确地提到巴比伦花园。两者要么含糊其辞未指明位置，要么只是在米兰达歌剧中提到塞米勒米斯女王捐赠的方尖碑。即使源于本城的对这座城的最古老的描述中，也找不到任何关于空中花园的内容。也许我们可以相信昆塔斯·库尔提乌斯·鲁弗斯，他在2世纪完成了一部内容详细全面的亚历山大大帝传记。他参考了最古老的希腊著作，例如公元前4世纪来自克尼多斯的克忒西阿斯的《波斯史》（*Persicha*），其中只有一些片段得以保存，包括关于巴比伦城、雄伟的城墙以及空中花园。鲁弗斯援引了下面这段话：

“紧邻巴比伦宫殿的是空中花园，这是克忒西阿斯在其希腊文著作中盛赞过的奇观。花园与高大城墙的顶部平齐，树高荫浓，供人游赏。天然石材的柱子支撑着整座花园，柱顶铺设着石地板，地板上堆着厚厚的土壤，并有水保持土壤湿润。这个庞大的建筑物支撑着高耸入云的树木，树干直径有3.5m，高度超过15.5m，甚至还结出丰硕的果实，仿佛仍然是大地母亲孕育着它们。”

正是这些测量数据露出了破绽：直径达3.5m的树木在该地区是不存在的。难道空中花园真的是想象出来的吗？任何人在古代著作中读到这些数据时都不得不得出这个结论。有人说是塞米勒米斯女王的花园，有人说是叙利亚国王妃子的花园，也有人说它是尼布甲尼撒二世建造的有阶梯花园的巨型宫殿。尽管古典作家们并未就谁创造了这个花园达成统一意见，但是在花园的灌溉技术上看法相同。“蜗杆”，也就是旋转螺杆，由牛牵引驱动，将水连续不断地从河里抽取上来。然而这些抽水机械，又称为“阿基米德螺旋泵”，在尼布甲尼撒二世（公元前620年）或塞米勒米斯女王（公元前8世纪）时期尚未发明，甚至阿基米德还没有出生。

即便对于古代史学家来说，奇迹之城巴比伦也属于模糊遥远的过去。他们根据古老的资料，并运用自己所处时代的知识和园林理念进行详尽的解释。因而巴比伦花园被赋予了荷马所描写的阿尔基努斯花园的特征也不足为奇。换句话说，这个想象中的具有希腊－罗马特征的巴比伦花园，这个失落已久的乐园，渐渐呈现出具体的形态，并获得高度评价而被列入世界奇迹之中。

1572年，马尔滕·凡·海姆斯凯克完成了刻有城墙、方尖碑并能看见巴比伦空中花园的版画。基于自古流传下来的观点，方尖碑出自一位帝王之手，而其他奇迹则归功于女王塞米勒米斯（见下图）。

► **巴比伦城的空中花园**

马尔滕·凡·海姆斯凯克刻绘，1572年

▲ **田园牧歌般的神圣风景**

庞贝古城壁画，1 世纪中叶
那不勒斯，国立博物馆

具有神圣寓意的塞米勒米斯女王的空中花园，在古代就已经从神话乐园转化为现实的园林建设。例如，埃及花园就被定义为一种连接今生与后世的过渡区域。在法老或王子墓穴的壁画上描绘了他们在宫殿的花园中享乐的场景。在新建成的都城阿玛纳城中部的是埃赫那顿法老的宫殿，这个新帝国（公元前 1550 年—公元前 1080 年）的宗教革命家和他的妻子纳芙蒂蒂一起兴建了规模庞大的寺庙建筑群和园林，以供奉神灵。正如发源于公元前 1350 年的伟大的“阿托恩颂”所描写的那样，其中最壮丽的花园是献给太阳神阿托恩的：

“牛儿们悠闲地吃草；花草树木欣欣向荣。鸟儿振翅离巢……”

在皇室宅邸的废墟中已经发现了奢华花园的遗迹和一些其存在的证据，梦想和现实之间并没有一个特定的界线。在宫殿房间的墙壁和地板上装饰着花卉和动物图案，置身其中仿佛进入了花园一般。在埃及，万物皆为“自然”。作为万物的宗教表达，花园被设计成神话般的场所，甚至更甚。阿托恩的光轮，作为赋予生命的力量、大自然不断新生的来源而为世人所崇拜。也正是出于这个原因，埃赫那顿往往让人描绘一种特定场景，即他与妻子、两个女儿虔诚地为太阳光轮献上鲜花。

在古埃及，莲花是重生的象征。森·纽弗曾在第十八王朝的图特摩斯三世统治时期（公元前 1496 年—公元前 1436 年）担任皇家园林和公园的主管。在他位于底比斯的墓中，画着逝者手持盛开的莲花，与姊妹梅里特一

▲ 园林风景

位于罗马郊区第一门的莉薇娅别墅的壁画，1世纪初，
罗马国立博物馆，罗马

起坐在天堂中硕果累累的树下。

一些考古活动已对法老时代的埃及园林进行了调查，并对墓画进行记录，然而几乎没有发现任何古希腊园林的特征。阿里斯多芬尼斯或普鲁塔克在公元前5世纪发表的言论，都表明园林与雅典哲学是有关联的。此外，雅典的家庭栽植园不仅用来种植蔬菜，而且有观赏性灌木林和花丛供人们在其间散步。考虑其开发密度，很难想象能在城市中建造一个市政园林或公园。但是普鲁塔克的笔记却记下了人们对有树荫的场所的需求。根据他的记录，雅典政治家基蒙不但在“城市广场”种植了悬铃木，而且显然他还在城里沿着通向水泵室的水管和水渠种植了很多树木。柏拉图在《法义》(*Nomoi*) 中提到，这种将水系统与城市树木和园林景区相连接的方式，是城市理想布局的基本要素之一。

园－宅体系，在郊区和乡村具有十分特别的意义。在希腊文化的影响下，罗马人接受了很多东西，包括园－宅理念，其中一个原因就是为了农业生产的需要。卡托在他的专著《农书》(*De Agricultura*) 的第8卷里写道：

“在城市附近建造一个园林是明智的。郊区花园种有各种各样的蔬菜和用于制作花环的鲜花、墨伽拉洋葱、婚礼用的白色和黑色

的桃金娘，特尔斐的、塞浦路斯的以及野生的月桂树木，还有胡桃树……”

虽然还没有证据可以表明在古希腊的婚礼上是使用桃金娘花环作为新娘花冠的，但是卡托似乎从罗马崇拜的维纳斯女神那里吸取了灵感，他规定婚礼时应当使用桃金娘花环。这就意味着装饰性植物是实用性花园的一部分。卡托的这个观念被伟大的罗马农业理论家如马库斯·特伦提乌斯·瓦罗（公元前116年—公元前27年）和卢修斯·朱尼厄斯·莫德瑞特斯·科卢麦拉（1世纪）借鉴并详加阐述。科卢麦拉的《农业和畜牧业手册》（*The hand book of agriculture and animal husbandry*）中的第10卷主要讲园艺。在这本书中，这位罗马作家抛弃他以往的冷静并以六步格的诗歌形式客观地表达了他在看到园林时的感受：

“当大地经过梳理，它的毛发整齐地舒展，

不再荒芜，不再一味低俗地渴求种子，

借给它花朵的颜色吧，那是地上的星星，

种上驴蹄草和白色紫罗兰吧，还有闪耀着金光的金凤花，

种上羽毛般的水仙花吧，那龙的巨大的活力，

百合花盛开如白色的酒杯，

风信子有的如闪闪发光的白雪，有的如明亮的蓝天。

种上堇花吧，有的沿地面蔓延，有的则向上疯长，

在一片赤金色中散发绿意——还有那非常非常害羞的玫瑰。”

在欧洲园林文化史上，这大概是第一次将一个多彩华丽的园圃呈现在读者眼前。科卢麦拉还很清楚感官的愉悦与视觉上的愉悦同等重要，所以他接着描写了山萝卜和菊苣“有益于吃腻了的胃口”，也写了墨伽拉洋葱和芸苔的味道也能点燃“慵懒迟钝的丈夫的激情”。

与他在农业和畜牧业经营管理方面做出的更加务实的附记和说明相比，科卢麦拉对园林充满了诗意般的追求，其灵感无疑来自于创作于几十年前的维吉尔的《农事诗》。正因为此，维吉尔的园林诗歌并不能算是罗马园艺的理论基础。值得一提的是，科卢麦拉还通过增加独立的观赏园来扩展了实用性园林的内涵。此外，他对诗歌采用的那种夸张华丽的修辞形式，激发了读者到绿树成荫的花园散步游玩的兴趣。可以从中了解到，随着人口密度及随之产生的噪声的增加，尤其在罗马帝国，人们对于“城中乡村”，即在城镇中保留乡村片段的渴求愈发迫切。

古罗马在古代世界是大都市。人们每当谈到“大都会”或者通常意义上的“城市文化”，指的就是罗马。与科卢麦拉和塞涅卡同

▼ 孔雀别墅，庞贝城

▲ **洛瑞尔斯·蒂伯庭那斯别墅**
庞贝
有台阶的井

时代的马库斯·瓦列里乌斯·马提雅尔写了一些讽刺短诗来描述这个城市令人难以忍受的喧闹嘈杂，并逃到了乡下的庄园。他的朋友朱利尔斯在特拉斯提弗列北部有栋联排别墅，他对这所房子的花园的描述就令人愉悦多了。但他也不确定应当把这房子称为“乡村别墅”还是“城市别墅”。此时，作为城市休闲区域的市政园林和公园变得越来越重要。但“城中乡村”的目的不仅是供人们游园消遣，也提醒罗马人记得他们出身于乡村。公元前12年，罗马广场大火后，奥古斯都在国会大厦旁留出一块土地，分别种植了一株橄榄树、葡萄树和无花果树。这3种植物代表了基础食物的生产，并为“城中乡村”的想法提供了最初的推动力。它们唤起了罗马人想将一部分的乡村生活带入城镇的想法。

在罗马帝国的统治地区，有超过80个花园分布在不同的地方。它们中有的是简易住宅的小花园（*hortulus*），有的是奢华别墅的大花园（*hortus*）。菜园里通畅的小路通向观赏性花圃，两侧栽种了黄杨树。西塞罗在他的信中有大量有关园林设计和装饰的细致描述。他在给弟弟昆塔斯的一封信中写道：

“我想要夸赞你的园丁，因为他用常春藤覆盖了你的整个花园以及别墅的基座和列柱廊上的柱子，以至于花园里的雕像都好像是在忙着照看一个植物苗圃并推销常春藤。”

在花园放置雕塑是种创新，但若在罗马的共和时代会被斥责为东方式的奢靡。在罗马相继征服了地中海国家并建立罗马政权后，雕塑及其他艺术品在罗马找到了自己的存在方式。昔日仅仅是作为实用花园的“花树园圃”，被华丽的展示花园所取代。

在公元前1世纪初，一艘满载艺术品的罗马货船在归途中遭到了一场暴风雨的袭击，沉没在突尼斯东海岸的加贝斯湾。两千年后，该船的残骸被打捞上来，沉船上发现的大多数的艺术品、雕塑于1995年按其设计初衷被投入使用。然而，它们并没有被安置在罗马的园林中，而是被安置在波恩兰德斯博物馆的庭院内（见P17上图）。枝状大烛台、水盆、喷泉以及雕塑等都融合在该内庭的设计中。这种有趣的处理让我们更清楚地了解了那个历史转折时期的罗马花园设计的理念。这点和西塞罗以及其他同时期罗马学者的描述一致。再加上坎帕尼亚小镇的园林绘画作品等重要资料使我们得以看到罗马花园的真容，可惜这些画作因为维苏威火山大爆发而满目疮痍。例如，从庞贝因苏拉·奥克西登塔力地区的别墅壁画可以看出，罗马花园不仅仅是周围种植着花境或高大的树木、灌木丛的建筑结构，还有大理石花盆、有赫尔密斯头像的方形石柱和一组组栩栩如生的雕塑作为装饰。此外，还有活跃在灌木丛中的各种各样的鸟儿。壁画上展示了一些包括鸟类饲养场的花园设计（见 P14 插图）。除了以上提到的园林绘画外，专家们还全面地调查研究了庞贝古城的园林并总结出一种园林模式，同样也适用于罗马：几乎每个花园的边界至少有一侧是一排立柱。有的庭院的后部种有蔬菜、果树（如葡萄树）等。即使不太富裕的工匠家里也有自己的小花园，有的坐落在内庭院，虽然只能透进一束阳光。

在庞贝城阿波坦查大道上的洛瑞尔斯·蒂伯庭那斯别墅中有柱廊园（由四周的柱廊围成的庭院）和一个大花园。大花园被一个拱形藤架和灌溉水渠纵向分为两部分。藤架两侧都有花坛和橄榄树等（见 P16 插图）。这个设计手法类似于小普林尼 [《自然史》(*Naturalis Historia*) 作者盖乌斯·普林尼·塞孔都斯的养子] 在台伯河谷参观的花园，他是这么描述的：

“拱廊前面的平台划分成许多不同形状的花床，为修剪整齐的树篱所包围。另外，在缓坡草地上立有一对修剪成相互对望的动物形状的黄杨树。”

花园与住宅联系紧密，也因此成为别墅生活空间的延伸。

罗马最著名的花园大概要算是卢修斯·李锡尼·卢库卢斯（公元前 117 年—公元前 56 年）的花园了。一个半世纪后，普鲁塔克在卢库卢斯的传记中写道，他一生经历了无数的战争，在这期间他积累了无法估量的财富，

▲ **古罗马花园的再现**

马赫迪耶沉船中的雕塑艺术品
波恩兰德斯博物馆（来自沉船的艺术品展览）

他“一直渴求心理的安宁平静”。为了不受外界干扰安享晚年，卢库卢斯在罗马城中央的品奇欧山建造了一栋别墅，这座陡坡从此以“花园山”闻名。露古亚尼花园由今天的西班牙广场一直延伸至博尔盖塞别墅，并通过一层一层的平台和台阶来解决地形上的高差。中心平台的四周围绕着卢库卢斯柱廊。根据古代文献记述，这里栽种着树木，在卢库卢斯死后 100 年依然长得十分高大，绿树成荫，并成为“城中乡村”的独特见证。皮罗·利戈里奥所刻绘的古罗马城也许会使我们对罗马著名的花园形成清晰的了解（见左图）。

在罗马共和时代和帝国时代初期，罗马上层贵族最喜欢居住的地方就在帕拉蒂尼地区。西塞罗在这儿有别墅；著名雄辩家荷尔顿西乌斯也有，正是他将他的别墅和花园一并出售给了皇帝奥古斯都。由于这个罗马皇帝不断地扩展其庭院，直至 1 世纪结束时图密善才确定了帝国宫殿的核心区建设的最终形态。直到 16 世纪，这些奢华庭院依然有迹

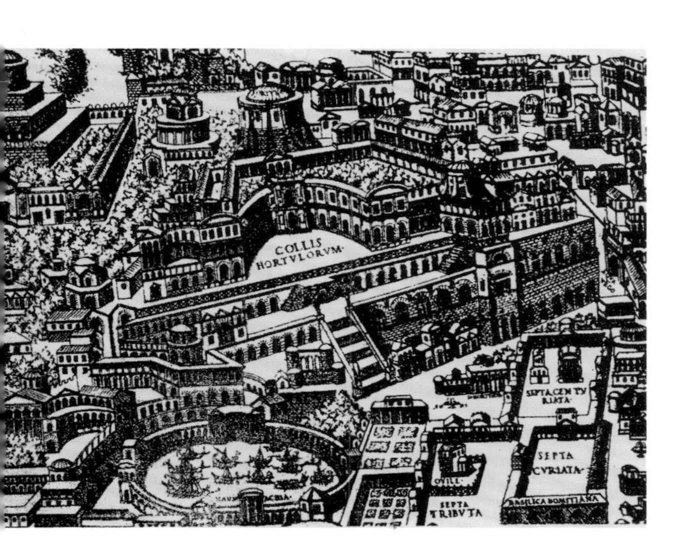

◀ **卢库卢斯花园所在的花园山**

由皮罗·利戈里奥再现，取自“罗马古迹”，1561 年

▲ 哈德良离宫，蒂沃利

半岛别墅又名“海上剧场”：圆顶神殿的爱奥尼亚柱式及额枋

可循。由大主教亚历山德罗·法尔内塞发起，法尔内塞家族在这个基址上修建了自家的花园，后来被称为法尔内塞庄园（见 P74、P75 插图）。至今，罗马花园设计的基本要素在这一地区依然随处可见。花园步道贯穿于花圃、草地和灌木丛之中，将园内的亭台楼阁连接起来；更宽的小径围绕着整个园圃，称为环路。许多古老的喷泉和睡莲也依然存在。据记载，利维亚别墅的黄色柱楣上还安装了遮阳篷，供人们在炎热季节里在这个花园露台上乘凉。

蒂沃利的哈德良离宫

118 年，哈德良皇帝在提布尔城（蒂沃利的古称）建了一座宏大的别墅群。在过去数百年的发掘和研究后，存留至今的海上剧场、坎努帕斯水池及塞拉比斯神庙是特别值得一看的（见左图、下图及 P19 插图）。塞拉比斯神庙被设计成有躺椅餐桌的宴会厅。这座与埃及宗教崇拜密切相关的复杂建筑，拥有人工石窟、广阔的水池，其周边环列着一圈立柱，立柱之间矗立着雕像。

所谓“海上剧场”也被称为“半岛别墅”，是被城墙包围的设施齐全的别墅群。哈德良皇帝在中心建了一座岛，岛上有一小部分是生活区，“百柱庭”是给仆人居住的上百个小房间，其中一部分已经经过发掘和改造。还有温泉浴场，温暖的泉水通过地下拱道流经地暖、水管以及其他各处。

P19 插图

►► 哈德良离宫，蒂沃利

塞拉比斯神庙：环绕中央水池的列柱与雕像

► 哈德良离宫，蒂沃利

半岛别墅又名“海上剧场”：环形水道及前柱廊的爱奥尼亚柱式

中世纪花树园圃

▲《天堂小花园》（*The Little Paradise Garclen*）里的鸟儿及树
（P21 插图局部）

中世纪园林目前已荡然无存。仅有的几处中世纪园林实际上是根据众多描绘园林的文献记载和生动的中世纪壁画、版画、地毯甚至图像而复建的，因而研究中世纪园林看似不难，但我们仍应小心谨慎。中世纪绘画只能在有限程度上作为中世纪园林布局的参考依据，例如1410年由活跃在莱茵河上游的一位大师创作的《天堂小花园》(见 P21 插图)。如图所示，在一个有围墙的花园里，有鲜花、树木、飞禽，还有圣母玛利亚和她的孩子耶稣以及一个天使和侍臣们。在一个坐着的骑士的下方，有一只被杀死的龙，象征着通过耶稣基督的诞生战胜了邪恶。百合显然象征着圣母玛利亚，那棵螺旋向上的树则暗指知识之树。一只小猴子连同知更鸟、苍头燕雀、金翅雀和其他有名的本土鸟类（见左图）一起，坐在天使的旁边，从而吸引观众关注到天堂的环境氛围。另外，圣母玛利亚正翻着一本书，而圣婴耶稣正在一个侍女的指导下练习索尔特里琴。

这里重要的并非是要描绘一座花园，而是使人联想到人类已经失去的，但通过救世主的诞生又可以复得的乐园。花园及其特质被理想化了，所以它可能呈现出一定的象征意义以佐证宗教的说法。因此，上莱茵河上游的一位大师主要关注圣母玛利亚的美德和

►《爱的大花园》（*The Great Garden of Love*）
爱之园大师，约 1450 年

▲ **《天堂小花园》**

木版画，26.3cm × 33.4cm，上莱茵河上游的一位大师，约1410年，法兰克福，施泰德尔艺术研究院

神圣的天堂的象征意义。可以理解，这样的描绘很难作为重建真实的历史园林的参考。宫廷恋歌（关于宫廷爱情的歌曲）、宫廷史诗、英雄传奇和他们的插图以及关于爱情寓言的雕刻铜版画也是如此。这些文字和图片的确提供了丰富的细节，例如对花卉和树种的描述，但很少有关于园林布局的资料。

不过在一些个案中也能从中世纪图片中得到有关园林设计的推断，例如经常使用的生命之泉的主题。圣梅达尔修道院福音书源于800年亚琛宫廷学校的一间作坊，在其细密画中描述了位于气势雄伟的开放式半圆形谈话间前方的生命之泉，或称乐园之泉，地面上则覆盖着茂密的植被（见P22顶图），鹿、狗、鸟等各种动物随处可见。喷泉的设计，一方面来源于福音书前面的典型的诵经台；另一方面，弧形的额枋使人想起古老别墅的半圆形柱廊，例如位于蒂沃利附近的皇帝哈德良（117—138年）的离宫。在那里，所谓的“大宴会厅”正是三面被半圆形柱廊所环绕（见P22上图），第四面是一个同样被柱廊所围绕着的矩形大水池。柱廊与其他建筑特点一起，表达了罗马文化的优雅精致。学者们发现，在罗马别墅的建筑主题和中世纪最早的伟大的基督教宗教建筑之间存在着某种关联。圣加尔修道院前院

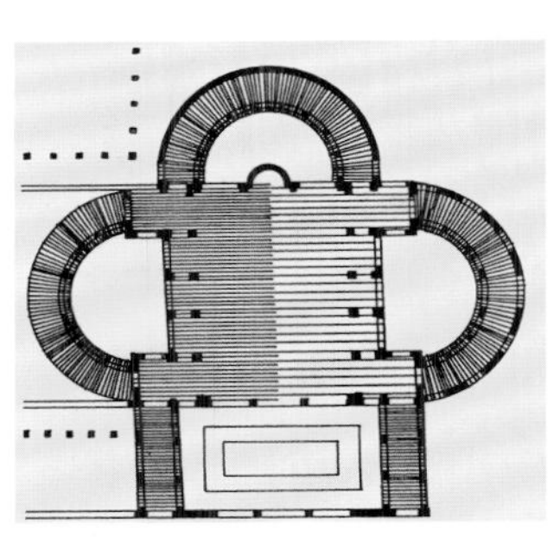

的平面就是类似的设计，尽管通常人们将其作为专门用来做礼拜的地方（见下图）。在圣加尔修道院的平面图中，“前院”被设计成位于主教堂前方的半圆形前厅，分别朝向东西方向，一个有屋顶覆盖，一个露天。这种格局可以与早期的巴西利卡式基督教堂的前院相类比，比如始于4世纪初期的罗马老圣彼得教堂的设计。在中世纪教堂里，“前院”（在建筑意义上）是指设置在教堂前面的大厅，即信徒们在教堂做礼拜前聚集起来做准备的地方，他们在这里以喷泉水净身。据现有文献记载，这些前院地上有的铺设了地面，有的栽种了植物。中世纪时期德语开始将“*paradisus*”译为“*wunnigarto*”或“*ziergarto*”（装饰花园）。玫瑰围篱的出现表明，这个神圣的乐园也被想象成一个玫瑰园。在圣加尔修道院的设计中，主教堂西侧的前厅被称为“*paradisiacum*”，即天堂般的场所，这里很有可能种有植物。

将加洛林王朝的细密画中对圣梅达尔修道院生命之泉的描述和哈德良离宫及圣加尔修道院的设计联系起来，是一个大胆的、富有创造性的想法。但如果考虑到加洛林时代已经明确意识到其与古代之间的联系，那么这样的文化关联是可能存在的。查理曼大帝的导师阿尔昆，将古典主义晚期完美的田园风光融入自己的风景描绘中。那“安乐之所”（*amoenus locus*），也就是一个愉悦之地或称为快乐之园，有玫瑰花丛、芳草、百合花、一条平静的小溪，还有阴凉的小树林。诸如此类的意象对中世纪早期和中期的艺术和文学发展产生了一定的影响，同时也影响了园林设计的理念。

寺院园林

且不去纠结圣加尔修道院前庭院是否有植物，这个最早的寺院平面图，连同同一时代的有关文献，为我们提供了中世纪园林设

▲

▲ 生命之泉（顶图）

圣梅达尔修道院福音书插图，800年

▲ 哈德良离宫（上图）

大宴会厅平面图

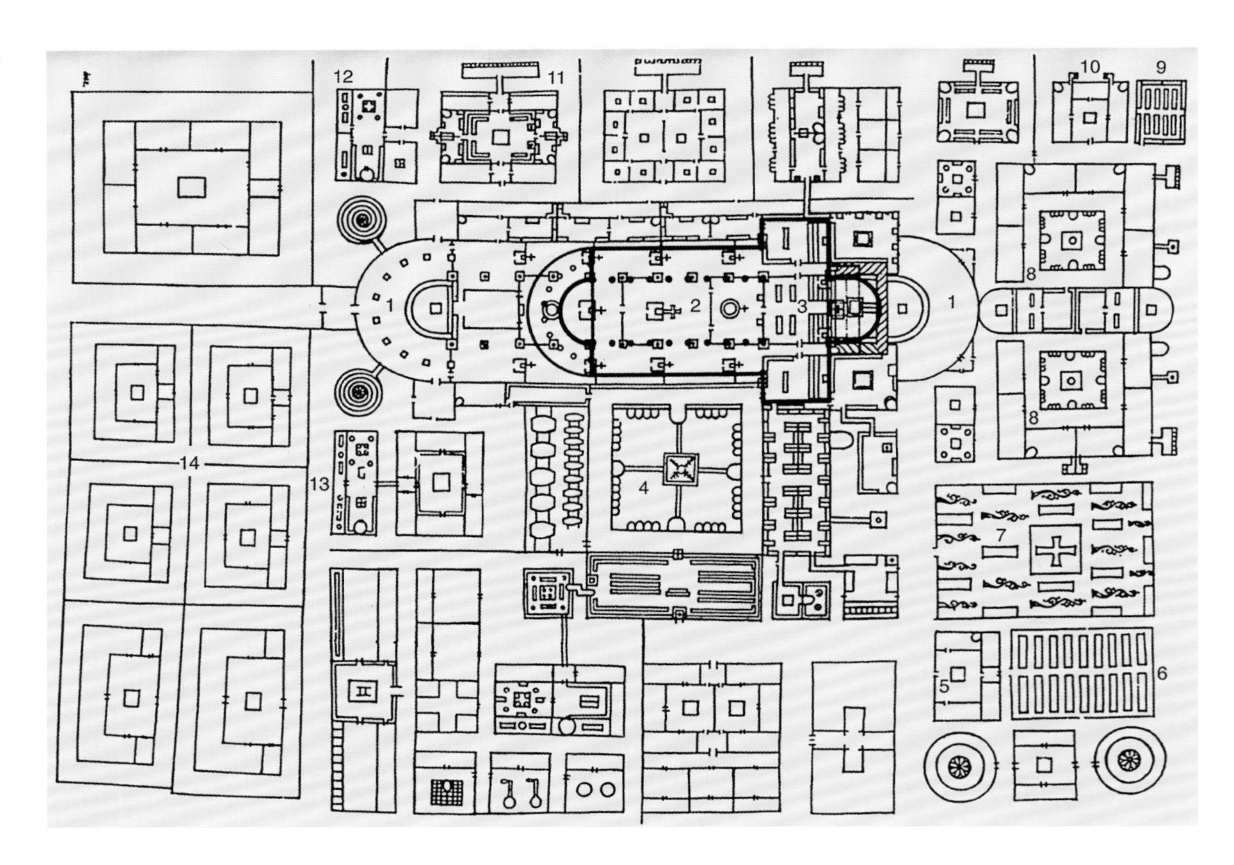

► 圣加尔修道院设计平面图，约820年

1. 前院
2. 修道院教堂
3. 圣坛
4. 四周回廊的寺园
5. 园丁房
6. 菜园
7. 墓园
8. 新教徒学校和医院的回廊寺园
9. 药草园
10. 医生及药剂师宿舍
11. 客房
12. 账房
13. 槽坊和面包房
14. 马厩

丰特奈的早期西多会修道院，勃艮第

▲ 修道院寺园

◀ 修道院建筑以南的园林布局

▲ 圣十字修道院，加泰罗尼亚

西多会修道院：修道院寺园(局部)

计更具体的线索。各类庭院都在平面图中标示出来，包括药草园、菜园，以及生长在墓园和回廊环绕的修道院寺园里的各类植物。“*herbularius*”是指位于医生和药剂师宿舍后面的药草园，布局结构非常简单，纯粹以实用性为主。狭长的种植池围合出一块矩形园圃，药草圃呈两行排列，每行4块苗床，种有鼠尾草、芸香、葛缕子、茴香及独活草。其他药草如薄荷、罂粟、苦艾等长在药草园边上的长条种植池里。还有玫瑰和百合，这两种圣母之花在寺院园林中都是不可或缺的。可以推断，这些宗教寓意并没有限制花园的实用性。恰恰相反，药草和花卉的并置体现了中世纪典型的医学、宗教和美学的综合理念。这与神的救赎及其依赖的医疗康复过程有关。

起源于9世纪上半叶瓦拉弗里德·斯特拉博的诗《花树园圃》(*Hortulus*)，大概是西方基督教文明中涉及园林设计最早的全面叙述了。它与圣加尔修道院的设计有着一定的关联，至少在所描述的规划布局以及有关植物种类方面，与“药草园”在很多细节上非常相似。这首27句诗，前3句叙述了园丁的工作，而其余的诗句则从鼠尾草到玫瑰，描述了不同的植物个体。

有证据表明中世纪药草园源自西方古代晚期的医学手册。斯特拉博研究了政治家和学者格西奥德（487—583年）的著作。后者曾在墨西拿海峡附近的西拉西耶姆（译者注：现罗马琴托切莱）建了一座修道院，还修了一个生态动物园（鱼塘）、动物围场和药草园。在他的主要著作《制度》(*Institutiones*)里，他同时参照了罗马和希腊文化。其药理研究基于1世纪的古希腊医生迪奥斯科里斯·彼达尼奥斯的药草书，这本药草书于6世纪初在君士坦丁堡的一个拜占庭工坊重新发行，并配上了插图。现在该手稿保存在维也纳，因此被称为《维也纳迪奥斯科里斯》（*Vienna Dioscorides*），包括435种植物标本的插图。

不确定的是，圣加尔修道院平面所示的墓园中生长的植物是否可以视为树木园，即使是有意识地将死者的埋葬地区设计成一个园林。将墓园设计成树木园而并非简单地在那里植树，这种设计理念同样可以追溯到古代。雅典考古学家发现了科拉美科斯墓地，显然它被设想为一片神圣的树林，死者在此安享长眠。在《法义》（*Nomoi*）第12卷里，柏拉图明确强调，只有为公众生活做出贡献的人才有权在死后埋葬在一个有树林的墓冢里。这些惯例很可能流传下来并在中世纪时期被赋予了新的意义：有树林的墓地被视为特殊类型的寺院园林。

事实上，对于园林文化史而言，药草园和墓园是中世纪时期的寺院园林中最有趣味的部分。几乎没有任何关于修道院寺园中植

▲ / ◀ 奥尔桑圣母隐修院，法国谢尔省迈索奈

该隐修院始建于12世纪，现存建筑建于16—17世纪

奥尔桑圣母隐修院的特色是再现了中世纪园林：由枝条编织篱笆围合的抬高苗圃（上图）；枝条编织的圆形长凳（左图）

▲ / ▼ 奥尔桑圣母隐修院，法国谢尔省迈索奈

由枝条编织篱笆围合的抬高苗圃（上图）；隐修院花园的圆白菜地（下图）

物种植的信息留存下来。但是，以中央喷泉定向的轴线确定了空间结构，划分出 4 个或大或小、由黄杨树篱或木栅栏围合的苗圃。应当指出，这种简单的结构决定了后期观赏园的基本形式。正如迪特尔·亨纳伯强调的那样，这种形式在德国明斯特兰的农民园子里一直保存至今。

这种古代普遍的园林知识在加洛林王朝时期得以复兴，并对园林设计基础研究产生了一直持续到中世纪盛期的影响。除了格西奥德的《制度》(*Institutiones*)，另一个对中世纪园林建设具有重要意义的作品就是《农书》(*Geoponica*)，它是 10 世纪一些佚名者编纂的百科全书，收集和整理了许多晚古时期的科学资料，其中一些资料现已不存。书中 10~12 卷关注的就是园林，主要是基于罗马的卡托、马库斯·特伦提乌斯·瓦罗和科卢麦拉的农学论文的园艺知识。他们从审美角度出发给出的关于植物配置，药草和花卉的混合种植，植物、树木的交替排列的建议成为中世纪园林恒久的特色。美学元素亦服务于宗教，即美的事物亦为神所悦。百合和玫瑰令人赏心悦目正是因为它们体现了圣母玛利亚的纯洁和她作为上帝母亲这一角色；而药草则重在其疗效。这正是草药和玫瑰的不同之处。这种不同是确实存在的，且直到今天仍为人所关注。顺便插一句，薰衣草和迷迭香，以及象征圣母玛利亚的蓝色的鲜花，从植物学的角度来看，恰巧同属于少数与玫瑰相生相合的植物。也许，当涉及医治疾苦时，圣母玛利亚的象征意义与草本精华是密不可分的。

奥尔桑圣母隐修院

在距离谢尔省圣阿芒蒙特龙区不远的迈索奈镇，你可以重返中世纪。在这里的一所 12 世纪的隐修院的庭院里，眼前所见的建筑物可追溯到 16—17 世纪，而在任何其他地方都无法看到的中世纪园林正展现在我们的面前。我们应该把这个小小的奇迹归功于建筑

师索尼娅·莱索托和帕特里斯·塔拉韦拉以及园丁吉勒斯·古洛特，他们从微小细部的乐趣着手，使得中世纪庭院在古老的砖石建筑群中焕发了新生。厨房花园、药草园、菜园和玫瑰花圃依照中世纪园林的传闻和记载来布局。这个充满爱和欢乐的秘密花园被一个花架隔出来。正如艾伯塔斯·麦格努斯所介绍的那样，木桩木板撑起草皮长凳，还有支撑玫瑰树的木制格栅。圣母玛利亚花园，或天堂小花园都以我们在中世纪绘画中了解的花园形式呈现出来。

奥尔桑圣母隐修院的中世纪花园也与我们所知道的中世纪诗人描述的城堡花园十分相似。不难想象这样的宜人风景：在大自然的宁静之中，城堡的女主人坐在花园里，正翻看一本书，孩子在她的脚边玩耍，侍女摘下樱桃放进一个雅致的柳条筐里。

宫廷游赏花园

艾伯塔斯·麦格努斯（即大艾伯特）约1200年出生于劳英根（斯瓦比亚），1280年11月15日卒于科隆，享年80岁。他是托马斯·阿奎那最重要的学生，是中世纪盛期全才的学者，他既是科学家、哲学家，还是神学家。在其科学和哲学著作里，除了其他方面的成就，还涉及园林设计与施工方面，并对园艺学术发展做出了一定的贡献，超越了他所处的时代。他曾针对各种类型的花园写道：

*“有些地方不注重园林的实用性和收成，而更注重娱乐。”*他称这些花园为“*viridantia*”，即绿色游乐花园，该词源于罗马语中的“树木”和“游乐花园”。显然，他在药草园中特意避免用严格的模式来划分苗圃，并用鲜花加以装饰，就如我们熟悉的圣加尔修道院一样。作为一个中世纪的人文学

▲ / ▼ 奥尔桑圣母隐修院，法国谢尔省迈索奈
花园局部

▲ 中世纪后期的一幅玫瑰花图片细部

在古代西方，玫瑰常常被当作春天临近的象征。在罗马园林中与“圣罗莎利亚节”（一个与缅怀死者有关的日常玫瑰节庆）有关，也许这正是它的基督教意义的来源。玫瑰成为乐园的象征，这就是为什么它经常种植在寺院园林和爱之园中。但是这种花长有许多荆棘，这也与耶稣受难相联系，因此，有时玫瑰会与圣母玛利亚和圣子耶稣一起出现在宗教画作的天堂小花园里

者，相比身体的健康，他更多地关注精神修养。因此，艾伯塔斯·麦格努斯强调这类花园应当特别满足两种感官：视觉和嗅觉。因此，土壤无需太肥沃，草也不必长太高；可以在这儿种植药草，但必须与花卉紧密结合。对此这位学者给出了明确描述：

“草缘带与草地中间，有一块抬升的草坪开满了令人愉悦的花朵，很适合人们在草坪中间坐下休息时静静地观赏。”

药草园、树木和游赏花园被定义为统一的、并无严格划分的体验区域，抬升的草坪就像矮墙，将各部分连接起来。

根据中世纪的描写，装饰花园、药草园和游赏花园被共用的围墙所包围，彼此之间又被一个有门的低栅栏隔开（见 P29 插图）。爱之园主题鲜明，花园中乐师、跳舞的臣侍和衣饰精美的女子聚在一起快乐地约会，他们坐在树下花丛中的华美的草皮坐凳上，旁边是闪闪发光的喷泉。尽管如此，它仍然体现出寺院园林的特点。花园里有实用的观赏植物，还有黄莺、野鸡或者野兔等小动物。既然寺院园林能够展现出宫廷的典雅，那么反之，宫廷游赏花园里也会出现寺院园林的类似布局。15 世纪时，虽然两者存在一定差异，但人们的角色已出现改变，贵族社会和圣家族都会时常出入游赏花园——这里的天堂小花园就是个好例子。

中世纪寺院园林中的玫瑰花圃是宫廷游赏花园的核心吗？这个结论也许下得为时过早。但是在艾伯塔斯·麦格努斯的观念中，观赏植物园圃是独立的美学要素，这个新的理念发展出了游赏花园，或者至少是贵族社会的爱之园的概念性前提。

现在天堂呈现出新的特质，而花园则是天堂世俗化的地方。天堂乐园转变为爱与欢乐的花园，其地位在中世纪盛期和晚期的骑士社会达到顶峰。宫廷式爱恋成为人们对圣母玛利亚的爱与尊敬的世俗对应物。从信仰的热情到宫廷式爱恋的狂热之间，往往只有一步之遥。人们对圣母玛利亚和高贵女士的爱，一个是精神上的，一个则是肉体上的。玫瑰园同时作为圣母玛利亚和高贵女士的象征，成为宫廷社会园林的核心。作为圣母玛利亚在宗教中的象征，玫瑰和百合亦被运用到宫廷诗里，与园林一起成为女人在尘世间的美丽象征。瓦尔特·冯·德尔·福格威德的诗句家喻户晓：

“她的脸颊泛上了红云，就像百合旁的玫瑰花。”

美丽的事物已不再限于能够愉悦上帝的事物，也包括能够吸引人感官的事物。正如麦格努斯所要求的，这个花园带来了感官的愉悦。在中世纪盛期，对圣母玛利亚的崇拜与宫廷式爱恋被紧密联系起来。

法国寓言长诗《玫瑰传奇》（*The Roman de la rose*）不仅反映出这种情况，也提出神圣与世俗领域之间的区别（第一部分约 1235 年出自纪尧姆·德·洛里斯之手，第二部分由让·德·梅恩续写于 40 年后）。诗的主题是中世纪的寺院园林，同时又是传统意义上的“安乐之所”，从而映射出人们对天堂的憧憬。带着这样的双重意义，花园既是场景，同时又是一种象征，在现实与幻觉的背景上展现了一个寓言式的爱情游戏。主人公“骑士”也是作者本人，进入一个城外的花园，梦见“美德”和“罪恶”作为寓言式人物出现在他面前。自然为他敞开大门，他逐渐认识到花园既是跳舞玩乐的地方，也是种着药草和果树的实用花园。他偶遇维纳斯、密涅瓦和朱诺在让帕里斯评判谁最美丽。从《玫瑰传奇》的一幅插图中可以看到，维纳斯拿着象征着虚荣的镜子赤裸地站在一棵树下，也许暗指人类的堕落；朱庇特的妻子朱诺衣着高雅端庄，德杜伊躲藏在她身后，这座花园就是为她而建；而密涅瓦却仍然在花园的后部喂鸟。

这样一个排布所传达的矛盾心理很明显。爱的隐喻花园可以理解为伊甸园——即使并不是严格意义上圣经里的伊甸园。还没有到要在“美德”和“罪恶”之间做出选择的地步，这里重要的是要接纳爱情（维纳斯）、敬畏科学（密涅瓦）。世界在精神和肉欲的爱恋之间展开。总的来说，这里出现了一种指向遥远未来的世界观，也就是 14 世纪和 15 世纪的人文主义。

▲ **《爱情花园》，《玫瑰传奇》中的细密画**

羊皮纸，20.5cm × 19.5cm

“祈祷书主人”，布鲁日（？），1490—1500 年

伦敦大英图书馆，手稿，4425

▶ **帷帐里玩纸牌的情侣**

未知的瑞士所有者，约 1495 年

▼ **爱之寓意花园**

“爱情的失败”：作者在欲望之园，约 1500 年

让·德·梅恩在《玫瑰传奇》第二部分专注于寓言和哲学问题，而纪尧姆·德·洛里斯则对花园的形式做出了写实的描述：围墙围合出来的方形格局，有药草和外来树种的装饰园圃。

在历史文献、麦格努斯的学术论文和《玫瑰传奇》中对花园详细描述的帮助下可以重建的中世纪寺院园林，促使画家和插画艺术家将爱情花园作为创作的主题。所有这一切创造了中世纪树木园或游赏园的综合形象，

它通常位于女性居住区域附近。从大约 1470 年的一幅画作中可以看出，城堡园林和市民园林的情况皆是如此。我们可以看到，从一栋富有家庭的宅邸开始，通过长廊能够抵达一个台地花园，花园里低矮的苗圃由砖块围砌，里头种植的大概是药草，而观赏植物则由堞墙围起来。也许还有一条小路引导人们从这里进入其他园林，可能是一个更大的花园，也可能是中世纪盛期大庄园里常有的树木园或游赏花园。

植物园可能源于中世纪的实用型园林或墓园。实用型园林里的果树规则地种植在草地上，形成树草园。这些想法可能来源于古代对长满鲜花的草地和林中空地的风景描绘，例如我们熟悉的那些来自庞贝古城的画作。

在《玫瑰传奇》中会读到小溪、喷泉和树下汩汩流淌的泉水。如同在戈特弗里德·冯·斯特拉斯堡所写的《特里斯坦》慕尼黑手稿中的细密画上看到的，流过侍女房间的小溪可以用来传递信息。当伊索尔德的忠诚侍女布兰甘妮发现漂浮过来的木屑时，就会通知她的女主人；于是女主人便匆忙离开自己的房间，进入高树繁花的花园，而特里斯坦正在那里等待着她：

“悄悄地穿过花丛草地，来到林泉之处。”

帷帐和藤架也是爱情乐园的重要元素。在宫廷庆典中，帷帐被摆放出来，用于玩纸牌（见上图）或恋爱约会。藤架则特别适合于后者。游赏园的基本特征还包括玫瑰棚架、

▲ **中世纪花园里的一对情侣**

雷诺·德·蒙托邦，1462—1470年，布鲁日

巴黎，法国国家图书馆，手稿，5072

玫瑰格栅以及枝叶层叠的花架覆盖的园路，这些都无须赘述。

这样的花园通常都附属一处用于展览动物的动物苑，在这里，城堡的主人可以骄傲地向他的客人展示珍禽异兽。而且据记载，这些围栏里还有斗兽表演以娱乐宫廷社会。

在16世纪时，当符腾堡的克里斯托夫公爵在他位于斯图加特的城堡里建造新的游赏园林时，就包括了一所动物苑，以饲养他喜欢的鹿和孔雀。在他领地的其他城堡里，他规划建设了更大的动物围栏用于狩猎。这种传统能够在狩猎书籍中得到证实，可以追溯到14世纪并且一直持续到18世纪。到了19世纪，这种王侯的动物苑发展成为普通市民的动物园。

以上概述了中世纪园林的类型，最早是简单的寺院园林，逐步发展为树园和游赏园林。这种与圣母玛利亚相关的象征意义对园林设计具有决定性的影响，特别是高贵典雅的宫廷爱恋，它的崇高包含神圣与世俗两方面，二者密不可分。正如麦格努斯所描述的，内心的静思与追求感官上的愉悦同样密切相关。这个花园满足了所有这些功能。

到目前为止有一个重要的方面尚未强调，即来自拜占庭、特别是伊斯兰园林的灵感。各种东方园林的影响不仅体现在外来植物上，还体现在收集和引蓄水的艺术上。

中世纪文学向我们讲述了奇妙的东方园林。十字军、朝圣者和商人谈论着南方国家的树木和动物；而与东方日益繁荣的贸易，则加强了意大利沿海贸易城市的经济和政治力量。可以推断的是，密集的贸易带来了阿拉伯园林的设计理念，并使其进入意大利和阿尔卑斯山以北的国家。从旅行者报告，以及一部分欧洲利比亚半岛摩尔文化中可以了解到，伊斯兰园林的供水系统和喷泉、相邻树木的树枝缠绕交织，以及灌溉宫殿庭院和花园的水渠系统都在中世纪园林中得到了熟练运用。

西班牙伊斯兰园林

如今漫步在格拉纳达的阿尔罕布拉宫，人们很容易感受到自己仿佛进入了一个童话世界。无论是经过平台到达东面的宫殿直至贵妇塔，或者参观摩尔人统治的老城里的各种建筑片段，你总能感受到水给园林和建筑带来的和谐统一。引水渠从设有水池的花园庭院一直延伸到居住区域深处。在著名的狮子院这个精妙设计的昔日庭院，几条水渠就这样从喷水池引出并流入相邻空间，为更多庭院供水（见 P33 插图）。无论静止的水、流动的水还是汩汩涌出的喷泉，都是伊斯兰园林中天堂般的设计元素。

大片的墙镜创造出空间的幻觉，巧妙设计的窗洞有选择地把外部的景色引入餐厅或客厅，而水池更可以把天堂带入凡间。在帕塔尔宫，门廊同树篱、灌木和棕榈树一起倒映在平静如镜的矩形水池中，但更多的水面则为天空的蓝色所占据（见下图）。

关于这种迷人庭园的传闻不久传到北欧，激发了中世纪宫廷诗人心中对花园的想象。当时很流行的一个源于东方的叙事主题，是关于异教徒王子弗洛里斯和基督教徒奴隶的女儿布劳恩谢夫勒这两个年轻人的爱情故事。弗洛里斯的爱情故事第一次出现是在 12 世纪中期的下莱茵地区，后来在大概 1220 年由康拉德·弗莱克改写。故事的中心就是神秘的阿米拉尔花园，它同时具有中世纪游赏园林

▲ 格内拉里弗宫，格拉纳达
庭院里的水池

► 帕塔尔宫，阿尔罕布拉宫，格拉纳达
帕塔尔宫可能是穆罕默德三世（1302—1309 年）时期的建筑，因此是阿尔罕布拉宫现存最古老的宫殿

P33 插图
►► 阿尔罕布拉宫，格拉纳达
狮子院，14 世纪下半叶建成。这个矩形庭院曾经是一个花园，在短边有凸出的喷水亭，水渠从这儿把水引入中央的狮子喷泉

▲ 克鲁塞罗，塞维利亚

克鲁塞罗是一个 12 世纪的园林，展现出后来的西班牙伊斯兰园林建筑的所有特征，这些特征在摩洛哥留存了数百年

和东方奇妙庭院的特征。据说阿米拉尔从远方引入了名贵的树木，不是为了有水无树的东方沙漠绿洲，而是为了北方区，并不多见。早在古代时期和中世纪时期，就已经有珍贵植物的引入。有资料表明摩尔人从地中海东部地区带回其需要的植物来装点他们西班牙南部的园林。

也许从游历东方的旅行者的记录中，康拉德·弗莱克听说过花朵永不凋谢的树木和永不褪色的植物。他描述了一株有魔力的大树，伸展的树枝如华盖一般遮蔽了喷水池。魔力也传导给喷泉，每当有人走近水池边，泉水就会变色。

听到这样的描述，高纬度地区的居民必定觉得很神奇，但其实这种神奇的事情是可以解释的。旅行者讲述了君士坦丁堡著名皇宫里的喷泉。喷水池外部镶有黑白色大理石，水池中竖立着一个彩色的大理石柱，水在流动的时候就会折射光线从而呈现各种各样的颜色。另一个喷泉池中间顶着一个金色的松果，每逢节日，香甜的饮料，甚至是葡萄酒从松果中流淌下来。因此，彩色泉水并非来自天堂般国度的神秘树木的魔力，而是来自对技术的有效利用。就这样，康拉德·弗莱克的描述刻画出东方和拜占庭式园林的异域植物和复杂的引蓄水系统。如今，伤感的爱情故事与神奇庭院的迷人描述相结合，使西班牙伊斯兰园林的参观者们仿佛置身于昔日的魔力中。

西班牙摩尔人古老而又神奇的园林留下了什么呢？最早的西班牙花园位于格拉纳达，即阿尔罕布拉宫和格内拉里弗宫的庭院，都建造于摩尔人统治的最后一段时期。塞维利亚的阿尔卡萨花园也值得一提，它甚至比格拉纳达的花园建造得还早。但由于它在 14 世纪和 16 世纪早期经历了多次重建，所以很难发现有任何东方庭院的痕迹留存下来。

塞维利亚的克鲁塞罗园和阿尔扎赫拉古城

这是一座位于塞维利亚阿尔卡萨南部的 11 世纪阿巴德时期的园林。庭院里，下沉的园圃、输水管，还有水池及门廊的废墟依稀可辨。12 世纪在此之上建成了“克鲁塞罗园”，一个阿莫阿德时期阿莫哈迪克宫的宫苑（见左上图）。铺装的人行道路呈十字交叉，庭院中心的中央喷泉和水池直到今天仍然富有迷人的效果。

在 10 世纪中叶，哈里发阿卜杜－拉赫曼三世为他最爱的妻子扎赫拉在科尔多瓦附近建造了一座宫殿。该遗址早已被破坏，考古工作自 1910 年以来取得了一些进展（见下图）。站在所谓的“富厅”前，就看到“上园”

► 阿尔扎赫拉古城

在科尔多瓦山脉，城市呈梯田状布局，只有一处遗址遗迹。在这里，它有可能证实了在“富厅”之前花园的存在

▲ **阿尔罕布拉宫，格拉纳达**

桃金娘中庭，主要被一个长水池所占据，水池周边栽有桃金娘，池中倒映出庭院建筑正立面

在眼前铺展开来，花园中心有一个被水池包围的亭子。从这里可以到达“下园”。两个花园都为正交网格的小道所划分。

随着在8世纪初期对西班牙半岛的征服，摩尔人已经开始对城堡和城市里的生活方式产生了影响。在最初的几十年中，征战军仍隶属于倭马亚王朝，直到阿布杜－拉赫曼一世于756年建立了科尔多瓦的独立酋长国。摩尔人的征战，也导致了“收复失地运动”。当科尔多瓦哈里发王国在11世纪走向衰落时，格拉纳达在来自北非的阿尔穆拉维王朝的统治下逐渐兴起。当基督徒终于在1236年夺回科尔多瓦时，摩尔人安全逃到格拉纳达，继而开始扩展城市的防御工事。两年后，穆罕默德·伊本·艾哈迈德创立纳斯瑞德王朝，并用巧妙的外交手段巩固了自己的统治，他确认了神圣者卡斯蒂利亚国王斐迪南德三世这位收复失地运动的最成功的君主的地位。因此他开创了一个在基督教君主统治下的城市繁荣安定的文化全盛时期。格拉纳达作为摩尔人最后的堡垒一直幸存到1492年，而包围着这个小小的东方领土的西班牙南部早在两个世纪以前就被收复了。

格拉纳达的阿尔罕布拉宫

始建于14世纪初的纳斯瑞德宫殿是一个有法庭、公共会堂、皇家宫殿和后宫的典型的伊斯兰宫殿，也是阿尔罕布拉宫最重要的建筑群。即使在今天，它的4个主要庭院以及联系庭院的建筑元素依然展现了简化的摩尔园林体系的特点。其中狮子院是后宫的一部分，始建于1377年穆罕默德五世时期（见P33插图）。遗憾的是，狮子院里虽然有令人惊叹的狮子喷泉，却没有植物。从19世纪浪漫主义雕刻作品中可以看出，在十字形通道划分的矩形空间里本来是种有植物的园圃，也可能是用来放置盆栽植物的。狮子院西侧靠近办公宫殿接待区域中的桃金娘中庭几乎原样保存下来（见上图）。一个类似宽阔水渠的长水池贯穿庭院，水池短边上有小型喷泉。水池两侧种着茂密的桃金娘树篱。如果中世纪的旅行者所述和康拉德·弗莱克风格的宫

▶ **格内拉里弗宫，格拉纳达**
水渠中庭，14 世纪上半叶
这个长长的庭院同样显示了以喷水池为中心、主要人行道十字形交叉的布局，就如克鲁塞罗园和狮子院的布局一样

廷爱情小说可信的话，那么这种庭院都饰有繁茂的植被以及香花珍禽。水池映出了高贵庄严的格玛雷斯塔的垛口和前门廊。看上去，塔就像跌入了水中成为漂浮的体块，融入碧波荡漾的水面和蔚蓝的天空中。

有趣的是，它让人回忆起罗马的园－宅体系，即在建筑物前方设计一个带有中央水池的园区，在庞贝古城的列柱廊庭院里就有这样的布局。小径、厅堂和庭院构成了完整统一的生活和会客区，并由门廊连接通向花园。早期基督教建筑的前院有着相同的构思，主教堂的前方通常都有一个带有大喷泉的前厅或称“乐园”。也许，罗马人的别墅文化和早期基督教建筑体系对伊斯兰园林的发展产生了一定的影响。

狮子院中如回廊般的渠－泉体系，以及建有格玛雷斯塔的桃金娘中庭的别墅般布局，在林达拉哈中庭里得到延续，其中央喷泉、柏树、橘子树和黄杨树篱如今依然彰显着东方情调。

东侧不远处，之前提到过的帕塔尔宫贵妇塔（见 P32 下图）拔地而起。在门廊前方，庭院向前延伸出去，就像桃金娘中庭一样，并带有一个矩形水池。也许可以假定，门廊与园林布局相连的设计，就是为了将其与外部——毗邻的阿尔罕布拉宫广阔园林连接起来。

格拉纳达的格内拉里弗宫

13 世纪中期，格拉纳达的统治者在阿尔罕布拉宫山上建立了一个游园——格内拉里弗宫。1526 年，基督徒驱逐摩尔人仅仅几十年后，一个名为安德烈·纳法杰罗的威尼斯贵族参观完格拉纳达和阿尔罕布拉宫后，发现了格内拉里弗宫。他曾写道，他是从“阿尔罕布拉宫围墙的后门”进入的。正是因为这个善于观察的威尼斯人，我们才有了关于这个城堡和花园的珍贵的描述：

“这座城堡虽然不是非常大，但却是一座拥有美妙花园和供水系统的杰出建筑，是我在西班牙见过的最美丽的事物。它有几个庭院，每个庭院都有充足的供水。尤其在其中

▲ **格内拉里弗宫，格拉纳达**
水渠中庭细部

一个种满了健壮茂盛的柑橘树和桃金娘树的庭院里，中部是一条流动的水渠；还有一座门廊，从那里可以欣赏外部的美景；门廊下，高耸的桃金娘树长得几乎和阳台齐平。树叶茂密，树顶平齐，使它们远看起来就像一片绿草地。水流经整个宫殿，要是你愿意，水还能流过每个房间，其中一些房间真能让人愉快地待上整个夏天。”

这位来自意大利的游客在格内拉里弗宫的庭院里流连很久，并讲述过那里的奇异树木和一种奇妙的供水设施：当人站在草坪上，水会突然涌出淹没草坪。他还很快发现了取之不尽的供水的来源：

“在这个城堡最高处的一个庭院中，设有宽阔的台阶并通向一个狭小的露台，所有的水来自一个峭壁，然后分流至整个宫殿。水流由许多螺杆控制，这样水就可以在任何时间、以任何方式来供给庭院，需要多少都没问题。”

从那以后，这些庭院又经历了几个世纪。曾经辉煌的庭院变成一片废墟，然后经历了重建和恢复，建筑物也有所增加。安德烈·纳法杰罗所见的并激发他做出这些热情洋溢的描述的事物几乎都湮灭了——只留下他的描述。不过正是这些描述，摩尔人的格内拉里弗宫才得以重现。如今游客看到的是一个植被茂密的主庭院，桃金娘树高大挺拔，球状的黄杨树篱优雅地划分着庭院空间。水渠沿中轴线伸展，石砌的水渠护岸设有若干精巧的喷头，水从喷头中喷射出来，在空中划过一道弧线又跌落水面。穿过一个双柱门可以到达主要庭院的大厅，然后登上几个观景台，包括那个爬满常春藤的露台，根据纳法杰罗在另一个文学作品中的描述，从那个露台可以观赏到达罗山谷。

回到主庭院，沿着中央水渠可到达 16 世纪增建的建筑群。穿过建筑群，能够看到一个美丽的水景园，小水池两侧种着修长的柏树，还摆放着绚烂绽放的盆栽。纳法杰罗曾描述说，附近有通向 19 世纪瞭望台的“水之台阶”。台阶旁层层抬升的台地可能是用来种植绿篱和花圃的。

伊斯兰风格的园林里建造水台阶并不多见。然而有证据表明，在古代时期的罗马和希腊文化中也有水台阶。这一灌溉系统的传统可能已经应用在拜占庭式园林中，并传给伊斯兰园林规划师。但也可能是当摩尔人征服伊比利亚半岛后，他们发现了罗马的别墅花园，并在自己的园林里采用了部分灌溉技术。水利用的秘诀基于一个复杂的管道系统，自然可以追溯到希腊人有关水压力的技术。参与过其中一个工程的纳法杰罗在描述这个

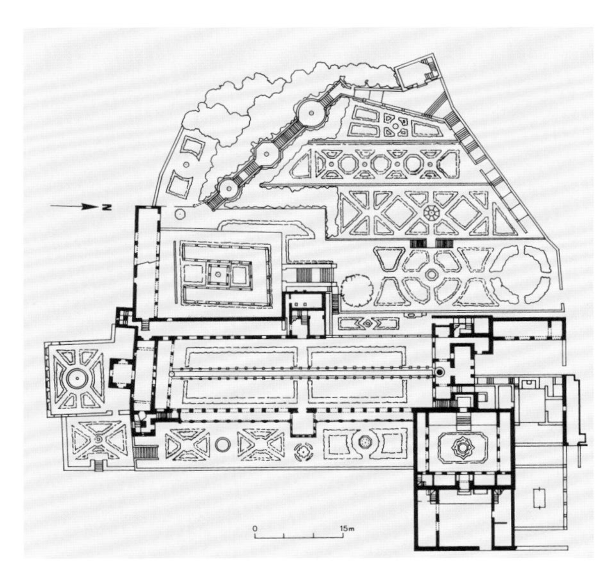

▶ **格内拉里弗宫，格拉纳达**
1958 年大火之前的城堡与花园平面图

经历时就充满了对那些园林设计师技术创新的钦佩。

我们也从这个意大利人那里知道，纳斯瑞德王朝统治者对建造超越阿尔罕布拉宫的园林有着更大的兴趣。但当这位威尼斯旅行家拜访这些庭院时，它们已是一片废墟。对于他和如今的我们而言，格内拉里弗宫代表了欧洲大陆上鼎盛时期的伊斯兰建筑和园林设计。

收复失地运动成功后，信仰基督教的西班牙人不是任这些园林和宫殿沦为废墟，而是将这些园林建筑进行改造以适应他们自己的审美和社会需求。结果常常是融合了摩尔人和基督徒文化的风格特征的结合体。这种所谓的穆德哈尔式风格时期始于12世纪中期，止于16世纪，它还包括塞维利亚阿尔卡萨城堡的扩展部分。13世纪早期纯粹的摩尔式建筑只有零星的遗迹被保存下来，保留下的大部分都是基督教时期的建筑。摩尔人统治的塞维利亚沦陷70多年后，即1350—1369年之间，卡斯蒂利－莱昂王国的国王残忍的佩德罗，请摩尔建筑师以阿尔罕布拉宫为典范为他建造了一座宫殿，但是没能体现出格内拉里弗宫中迷人的建筑群之间的和谐辉映以及建筑与园林之间的节奏变化。宫殿里呈现的是一系列设有池塘和楼阁的矩形花园露台。在查尔斯五世统治时期，这种布局得以改观，而且在巴洛克时期加入一些普通园林的特征，以致摩尔或穆德哈尔式风格几乎消失殆尽。在塞维利亚，只有复杂的水系统属于典型的伊斯兰园林特征。

因此事实上在西班牙，只有两个伊斯兰园林值得关注，即格拉纳达的阿尔罕布拉宫和格内拉里弗宫。如果借助文学作品去想象塞维利亚的园林，并不能重现曾经的摩尔式园林的神奇，而在阿尔罕布拉宫和格内拉里弗宫却能欣然实现。此外，在这些园林中人们的注意力常被有趣的传统的东西所吸引，这些东西在将伊斯兰园林与西方文化联系起来的同时，也显示出两者的差异。毋庸置疑，将西班牙的摩尔式园林与罗马的别墅花园或拜占庭宫苑（视其保存程度）进行比较，或与早期基督教的圣地进行比较，都是富有意义的。在7世纪时，伊斯兰教接管了拜占庭在小亚细亚留下的遗产，从而与古典文化和早期基督教文化有了密切的联系。

▲ 格内拉里弗宫，格拉纳达
园林布局景色

要区分西班牙的伊斯兰园林与其他欧洲园林，首要因素是水。根据《古兰经》（*Koran*）的教义，水的清澈与纯洁是天堂的化身。此外，借助水得以保持生机的园林成为人类创造人间乐土的象征。无论是从喷泉管道中汩汩喷涌的水流，还是平静无波的水池，伊斯兰园林中，水无处不在。

文艺复兴时期造园理论

▲ **《建筑论》扉页图**

利昂·巴蒂斯塔·阿尔伯蒂著，1485年在佛罗伦萨首次出版

园林史与园林理论史息息相关，这种联系既有趣又存在很多疑问。园林理论不仅涉及艺术，也涉及自然，于是大量冲突在对自然与艺术的思考之间展开，并最终形成园林设计。包括建筑师、艺术家、哲学家、神学家等，也许还包括务实的园丁，很多人都试图明确表达他们的知识以及对园林的愿景。他们有着不同的基本理念为指导：园林展现的应该是一个人间天堂还是一个实用性园林？它主要是将某种理念付诸具体形式还是从事农艺工作？是否可能在一个园林里将两者合二为一？

随着14—15世纪人文主义思想的发展，很多学者开始重新反思世界，将古代思想遗产与政治宗教相关的现代思想相结合。其中也包括审美方面：人们不再是信仰至上，转而关注个人的利益和需求。一个艺术作品可以给人带来愉悦感、培养人的思维，并提供精神熏陶。那么这种文化模式也适用于园林吗？园林理论可以阐明这个复杂的问题。

文艺复兴时期的造园理论可以分为3个主要类型：第一种类型主要是对于古典园林和中世纪园林的思考和描述，然而没有产生新的设计思想；第二种类型相比前者，进一步发展富有创造力的想象，并把许多元素在文艺复兴和巴洛克园林建设中都付诸实践；第三种类型结合了各种实用的理论，关注具体的设计建议，其中一些建议一直沿用至18世纪末和19世纪。

利昂·巴蒂斯塔·阿尔伯蒂（1404—1472年）

利昂·巴蒂斯塔·阿尔伯蒂，既是一位人文主义者，也是一位著名的建筑师。他在1443—1452年之间完成《建筑十书》（*Ten Books on Architecture*），并于1485年在佛罗伦萨首次出版。在第9本书中阿尔伯蒂探讨私人住宅，因而也把注意力转移到花园设计上。他的思考完全参照古代著作，属于第一种理论类型。他专注于研究古代别墅及花园，把它们作为自己所处时代的园林建设的典范。他将城内别墅、乡间别墅和城郊别墅进行区分。在他看来，邻近城镇、带花园的别墅优于所有其他类型的别墅，这个观点得到西塞罗的支持。尽管一栋独立乡间别墅的孤寂富有诱惑力，但是“邻近城镇则非常便利，很方便到达栖身之所，在这里你尽可以随心所欲”。

满足个人的需要是最重要的。为此，阿尔伯蒂认为一个花园应该有益于健康和娱乐，并引用马库斯·瓦列里乌斯·马提雅尔的诗来强调这一需求：

“倘若有人问我在乡间何为，我会答道：也不过寥寥。享用早餐、畅饮、欢唱，演奏、沐浴、用餐，然后休息、阅读。我唤醒阿波罗，与缪斯游戏。”

和古代别墅建筑一样，阿尔伯蒂也在花园与别墅或城内宅邸之间建立紧密的联系，住宅本身应该包含园林的要素，墙壁上以静

► **弗拉·焦孔多作品中的水力装置图**

马库斯·维特鲁威·波利奥和索列多，通过理解所做的示意图，威尼斯，1511年

▲ 法尔内塞庄园，卡普拉罗拉

靠近娱乐宫的花园

物画的形式来表达异国的植物；还要增加可以看到外部景色的巨大窗洞，可说是名副其实的风景画。最后，还有通向户外的凉廊。静物画、窗户、凉廊和藤架，使花园和住宅相互渗透贯通。

关于植物种植，阿尔伯蒂也继承了古代思想。他建议使用黄杨、番石榴和月桂树，喜欢覆盖了常春藤的柏树，并推荐用紧邻的柠檬和桧木树的弯曲、交织的树枝来塑造出几何形体。

阿尔伯蒂也很重视树木园。成排的树木都按五点梅花形排列，也就是一个正方形的四角和中心点分别种植一株树的模式。此外，阿尔伯蒂也考虑到药草和黄杨可以塑造出的易于修剪的装饰形式：

"有一种令人愉悦的方式是古代园丁用来取悦他们的主人而创造出来的：用黄杨或芳香药草在草地上书写出主人的名字。"

对于阿尔伯蒂，花园主要指游赏花园。对他而言，实用性花园应是乡村别墅的一部分，因此在他的私人别墅里并不存在。然而阿尔伯蒂在研究中一直对中世纪园林念念不忘，并致力于改善或重新组织这些园林。他仅仅从维特鲁威或西塞罗的著作中了解了一些古代园林，并提出了一种理想模式。他把中世纪游赏花园从整体环境中分离出来，并试图将它确立为一个独立体，设想了一些新元素，例如装饰树篱或梅花形排列的树阵。他在古代著作的基础上所做的创新，正是文艺复兴时期园林的重要前提。

鹿特丹的德西德里乌斯·伊拉斯谟（1469—1536年）

鹿特丹的德西德里乌斯·伊拉斯谟有关

▲ 加贝阿伊阿庄园，佛罗伦萨

别墅花园始建于 18 世纪上半叶，并于 20 世纪初“修复”

园林的理念也是第一种类型。他在《讨论集》[*Colloquia*，其中收录了他发表于 1522 年的论文《宗教节日》(*Convivium religiosum*)]中，设想将古典与中世纪的园林思想结合起来。和人文主义学者阿尔伯蒂不同，伊拉斯谟希望将园林作为一种神圣真理的形象呈现在世人面前。基于这个基本想法，他使各个要素自然地从属于中世纪园林，药草园、果园和“仅有草的绿色的开阔草地”，于是一个游赏之园就呈现在被墙围合的园址上。在这个理念上，麦格努斯的观点重获新生。当谈到园林致力于提供的愉悦时，受过人文主义教育的伊拉斯谟更强调人的情感维度。他还采用这些从古代流传下来的元素：步行小径、间隔的大理石柱和引发冥想的藤架。伊拉斯谟也许像阿尔伯蒂一样，希望将住宅与庭院连起来。他关于壁画和有植物图案的地面马赛克的描述可能与一个中庭相关。他强调道：*“当我们不知所措时，我们求助于艺术。第一面墙上画着一片小树林，树林里有珍禽异兽……”*

更重要的显然是视觉上的愉悦，因为他后来写道：*“一个园林里不可能有所有种类的植物。此外，当看到画中的花卉与鲜活的花朵争艳时，我们的愉悦会成倍放大。有时我们会惊叹于大自然的艺术性，有时惊叹于画家的技艺，但在这两种情况下，我们都会惊叹于上帝赐予我们所有这一切的仁慈。”*伊拉斯谟仍然受着通过美学手段来阐明上帝全能的中世纪原则的影响。但古代长廊、壁画和快乐至上都让人想起阿尔伯蒂式的园林概念。

弗朗切斯科·科隆纳

与阿尔伯蒂和伊拉斯谟不同，弗朗切斯科·科隆纳的园林理念中包括了具体的设计说明。至今我们还不知道这个作者的身份，是一名修道士、一位同名的王子或是一个著者集体而阿尔伯蒂是其秘书。科隆纳的著作《寻爱绮梦》(*Hypnerotomachia Poliphili*)，直译为《波利菲洛梦中寻爱记》，被视作寓言体小说体裁，可以与法国的《玫瑰传奇》相媲美。《寻爱绮梦》于 1499 年首次在威尼斯出版，书中含有 200 多幅木版画。它关注的是古代文化在文艺复兴时期的发展，因而古代建筑及其园林的装饰性占据了大量篇幅。书中详尽地描述了复杂的迷宫、爬满常春藤的成排拱廊和整形树篱，还有饰有雕塑的园林局部，这些都影响到了后来的许多园林建筑师。

重申一次，这个中世纪园林是一个出发点，具体来说，位于希腊的塞西拉岛，由必需的蔬菜药草园和附属的果园、树木园组成。然而，那里也有“愉快的灌木丛”和“迷人

的欢乐之园”。仔细观察该岛，可以将它分为3个区域：在外围的灌木圈、中间的草地圈以及后世称为“模纹花坛”的中心区域。在他的描述中，草地圈像是一个文艺复兴风格的园林。各个独立区域由绿廊围合起来，在绿廊的交叉处设有凉亭。每个凉亭由4个爱奥尼亚柱式支撑起有红色过梁的柱上楣构，上面架着装饰着黄色玫瑰的圆顶。接着，作者介绍了艺术化的黄杨手法，其中举塔的巨人、六柱廊和喷水蛇都是壮观的特色（见右上图）。

中心的模纹花坛很容易识别，每一个花床有纽结装饰，中心是一个大理石台，其周围种着整形的云杉和黄杨篱。鲜花排列出图案、交织的色带和叶形装饰等，还有其他如方形或菱形的带状装饰，就像白色大理石带一样。整个区域由剪成圆形的柑橘树、月牙形的黄杨、圆锥状的杜松树丛和桃金娘树篱围合起来。

尽管科隆纳的书《寻爱绮梦》是一个寓言小说，而非园林的理论著作，但是它对于具体的园林规划具有重要价值。弗朗西斯一世是一位热衷于意大利园林的法国国王（1494—1547年），他那位于枫丹白露的园林与意大利园林布局一致。他还迷上了科隆纳那独特的树和苗圃的图形。1546年，就是他去世的前一年，一本法文的删减版《寻爱绮梦》出版了。半个世纪之后，科隆纳的著作被译成英文还冠以《梦中爱的纷争》（*The Strife of Love in a Dream*）的标题，据说英国风景园林建筑师威廉·肯特（1685—1748年）就收藏了好几本。

伯纳德·帕里希（约1510—1590年）

科隆纳的作品被公认为造园理论中第二种园林类型的范例，伯纳德·帕里希亦持此观点。在1563年完成的《真实的感觉》（*recepte veritable*）一书中，他阐述了类似的园林景象。与法国的习惯做法相反，他的园林北部或西部毗邻山脉。他用小径将该园林划分为

左上图及上图

▲ / ▲ 弗朗切斯科·科隆纳所著《寻爱绮梦》的木刻版画插图

威尼斯，1499年

阿多尼斯的墓冢（左上图）

黄杨的多种修剪方式（上图）

◀ 美第奇佩特拉亚庄园，佛罗伦萨

模纹花坛鸟瞰

▲ **兰特庄园，巴涅亚**
石窟池

4个相同大小的区域，并效仿科隆纳的做法，在中心设置了一个圆形剧场；在园林的角落，则设置了石窟状的“内室”，并让小径通向这些狭小的房间。帕里希对园林的设计和内容作了非常详细的描述：

“第一个洞穴位于园林北边的角落里，倚山而建。我用烧结砖将上面提到的内室塑造成一个‘就地’掏空的悬崖，再在室内砖砌墙体上挖出一些可以坐的地方。”

帕里希同样十分细致地描述了小径连接的内室：完全用榆木建造，呈古代小神庙状，里面生长着药草和苔藓。

较之当时的时代，帕里希的描述显得风格奇异。花园似乎仅由相互交叉的小径构成，因为他并没有提到其他方面的设计。相反，他认为那些石窟和内室——其中有的是多层的，有的带有长廊——才是园林中最重要的组成部分。在文艺复兴晚期和巴洛克时期的园林中，能够发现他这些富有想象力的创意的痕迹，例如佛罗伦萨的波波里花园或波玛索的奥尔西尼别墅。

塞巴斯蒂亚诺·塞里奥（1475—1554年）

塞巴斯蒂亚诺·塞里奥是意大利著名的建筑大师和理论家，为苗圃装饰的发展做出了巨大推动。他设计的结合中轴对称布局的纽结状和螺旋装饰不仅在文艺复兴时期产生了影响，更大大影响了法国巴洛克时期的模纹花坛设计。其形式经过不断修改，产生了众多变化。塞里奥的长篇建筑理论《塞里奥建筑与透视学著作全集》（*Tutte l' opere d' architettura*）出版于1537年，原计划出版8卷，但第八卷并未完成。在第四卷中，他发表了苗圃设计的平面图（见P45左下图）。1609年在巴塞尔出版了前5卷的德文译本。

查尔斯·埃蒂安和约翰·佩舍尔

16世纪时人们逐渐远离了对园林的各种想象，转而将注意力转向了造园的实用性。对于成功的巴黎出版商和医学专家查尔斯·埃蒂安（1504—1564年）而言，园林主要是生产场所。他的作品《农业与田园建筑》（*L' agriculture et maison rustique*）于1564年在巴黎出版，11年后又出版了德译版本。

埃蒂安将园子分为3种类型：第一种是菜园或药草园；第二种是花卉园或香草园；最后一种就是树木园、果园或游赏园。有一条宽阔的中央道路从房子一直延伸至入口。房子北面设计了完全被围墙围合的园子，房子在中轴线东侧直接与花卉园相连，西侧与菜园相邻。轴线两侧接下来都是一个正方形植物园。沿这条中心道路设置的喷泉可以浇灌花园的各个角落。

埃蒂安赋予了花卉园最重要的美化功能。他建议用黄杨、杜松、柏树和雪松，搭配攀缘的茉莉和玫瑰共同构成花架走道来围合花卉园。花卉园分为两个相等的部分，包括一个小型迷宫和一条供休息的长凳，种着草皮和药草。对于模纹花坛，埃蒂安还明确提出要用异国植物来装饰花圃和花架走道，如月桂、桃金娘或松树，也可以用棕榈、柑橘、橄榄树和无花果树。他的一些模纹花坛设计，展现了独创的穿插曲线装饰（见右图），在他去世后这些设计图样都发表在1600年出版的著作中。

埃蒂安从同期园林设计中惯用的方块划分法中得到灵感。花圃的设计和布局、花架覆盖的小径，都符合典型的16世纪园林的特征。他的贡献在于，他是第一个将园林作为整个系统来描述，并尝试将园林、住宅及其周围耕作区融为一体的人。

约翰·佩舍尔是一名来自图林根州的牧师，他提出了比埃蒂安更深入和详细的、针对游赏园的设计原则。他的论文于1597年发表在埃斯勒本，标题非常冗长：*“园林布局，附如何正确地基于几何学来进行实用及装饰性园林设计的有序而真实的详解。”*论文描述了一个纯粹的欢乐之园，既不注重经济实用也不注重宗教熏陶。

园林的尺度由现有地形决定。例如，埃尔福特的一位议员设计了一个小型城市公园，但也会考虑在城外建大型园林。根据佩舍尔的观点，园林边界的形式应该就是墙。围墙内是园林的各种设置布局，有花圃、有一人高棚架建成的迷宫、成五点梅花状排列的树木。对于后者，佩舍尔还设计了4种略不相

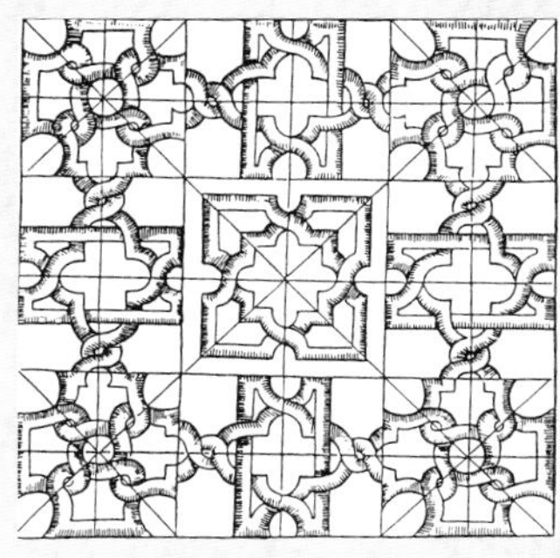

▲ 模纹花坛设计

查尔斯·埃蒂安逝世后出版的著作《农业与田园建筑》插图，1600年版

▼ 花圃平面图设计（左下图）

塞巴斯蒂亚诺·塞里奥著的《塞里奥建筑与透视学全集》第4卷的木版刻画，1537年

▼ 兰特庄园的模纹花坛

▲ 简单花圃设计（顶图）和复杂花圃设计（上图）

取自约翰·佩舍尔的《园林布局》，埃斯勒本，1597 年

同的方形布局模式，每个方形中心点都种植一株树，有点儿像五点骰子的样子：

“我们总是喜欢看到树木以一种有秩序的方式种植，这样人们就可以在整个园林的任何地方毫无妨碍地欣赏这些树木。”

迷宫的棚架或围篱（佩舍尔称其为“围栏”）能结出榛子：

“但在外侧的两条小径中，人们会习惯种植多刺的植物如玫瑰、伏牛花和百两金等。”

在迷宫中心，佩舍尔会设计一个凉亭或喷泉。他对花圃展开了大量论述，在简单图案的基础上又发展出多种不同的花圃图案设计。设计的基本形式是方形，其中包含了一个被对角线或是十字形划分的圆形。随着圆形被分割的片段可以自由组合，于是又创造出诸如钩形等形式。佩舍尔为花圃设计了一系列的建造单元，配有各种图案设计，并将它们用不同的方式加以组合从而形成新的形式（见左图）。他建议在园林中铺设小径和人行道；而对一些不喜欢在园路细缝间长草的园主人，他就建议铺设沙路。

佩舍尔的造园理论是严谨的二维表达方法，既没有考虑到地形的自然特点，也不从整体性来考虑场地布局；既不设计台地，也不设计河道或水池。相反，他一步一步地为花园设计草图，并清晰准确地解释如何把工作室的设计转变为现实。

埃蒂安和佩舍尔的造园理论各不相同，但是都属于第三种务实型造园理论。两位作者都是以中世纪园林作为出发点，然而他们新的设计思想及方案为众多的文艺复兴时期园林的多种设计可能性打下了基础，尤其是埃蒂安那富有想象力的石窟设计和佩舍尔的模纹花坛设计。

奥利维尔·德·塞雷斯（1539—1619 年）

奥利维尔·德·塞雷斯，即普拉德尔庄园的主人，大概是第一位将园林带入宫廷艺术

► 约翰·施温德的花园，法兰克福

老马特乌斯·梅里安的彩色铜板雕刻，选自《修复与发展群芳谱》，1641 年

美因河畔，法兰克福，历史博物馆

范畴的理论家，他将园林是否能帮助增闻广智来作为评价的唯一标准。这可能被视为是从文艺复兴时期园林到巴洛克园林的决定性一步。其作品《农业与田园艺术》(*Le Théâtre d' Agriculture et mesnage des champs*，巴黎，1600 年）在他一生中被重印了 9 次。在书中，德·塞雷斯把模纹花坛设计比作画家的艺术行为。在 4 种园林类型中，与种植块根类蔬菜、药草、果树的园子相比，他特别强调“花卉”，因为“游赏花园更重要的是依照主人的想象力和创造力来提供娱乐，而不是实用”。4 种园林类型，通过小径或者有花架的道路相互分隔。对于“花卉”，德塞雷斯曾写道：

“它必须位于园林的主入口，因为进入园林第一眼就能看到模纹花坛以及美丽的花坛分格，这可比远处的其他景物令人愉快多了。”

作者明确区分了“分格”“分区”和“模纹花坛”这几个概念。分格是一个相当大的种满观赏植物的花圃单元；多个分格由步行道小径或林间小径分隔来共同构成了一个分区；最后，几个分区构成整个模纹花坛。德·塞雷斯建议将大而强壮的植物布置在突出位置，例如用于塑造分区或勾勒林间小径。另一方面，小而精致的植物则用于分格或模纹花坛需要精细装饰的部位：

“这一均衡的分布方式使得整个模纹花坛非常美观，就像一件饰有宽阔镶边的礼服，或一张有装饰边框的图片，令人难忘的布局进一步增强了它的美观。”

德·塞雷斯喜欢用黄杨作为围合空间的植物，因为它们很容易整形成各种各样的形状，如金字塔、人物、动物或者列柱。在提出这些想法时，他一定是受到了科隆纳的《寻爱绮梦》一书中提到的充满想象力的黄杨造型的启发。

毋庸置疑，德·塞雷斯和其他理论家仍然继承了中世纪时期的观念，包括各种园林类型的延续。但是，所有人都一致认为，园林设计是一种视觉艺术。花卉逐渐从农业领域分离出来并在城堡园林中获得了新的意义，它的设计仅仅依据审美标准。

▲ 朱斯蒂庄园，维罗纳

16 世纪 70 年代的朱斯蒂庄园是意大利北部文艺复兴时期最古老的园林之一。歌德称赞其“出色的位置”，还有它那高大的柏树

P48、P49 插图

▶ ▶ 托斯卡纳的多山景观

文艺复兴时期绘画作品中出现的许多风景至今仍然存在于托斯卡纳

意大利文艺复兴时期园林

◀ **安布罗吉亚那别墅**
画作，约1600年，朱斯托·乌滕斯
地形学博物馆，佛罗伦萨

▼ **帕尔米耶里别墅，佛罗伦萨**
别墅花园里的雕塑

佛罗伦萨的帕尔米耶里别墅

"在这座山顶上坐落着一座宅邸，宅邸中心是美丽的大庭院，还有大量开敞的走道、大厅和房间处处装饰着令人难忘的华美的画作，它们不管是相互邻近还是相互独立，都有种罕见的美丽，周围是草地和迷人的庭院，庭院的喷泉里满是清凉的泉水，地下室还储有丰富的优质葡萄酒。这种庭院似乎更适合老道的饮者，而非羞怯、温和的女孩。"

以上引自乔瓦尼·薄伽丘于1348年着手写作的《十日谈》(*Decameron*)，寥寥数语，概括了一座典型的意大利文艺复兴时期园林。"宅邸"一词指的是位于镇郊山上的庄园或别墅；正如薄伽丘在其他地方描写的那样，它距离小镇"只有短短的两英里（1英里≈1609.3米）"。草地和园林包围着建筑，还有喷泉、鲜花覆盖的草地，以及缠绕葡萄藤的花架，都能让人忆起中世纪的游赏花园。如果有人研究薄伽丘在1342年所著的《爱情的幻影》(*Amorosa Visione*) 中对园林的描写，就会觉得仿佛在欣赏由早期荷兰大师或科隆学院的艺术家所画的晚期中世纪乐园一样。但是薄伽丘对这个意大利文艺复兴时期园林的描述也适用于当时的园林，因为其建造目的就是要供园主消遣和周到地款待客人。

薄伽丘引人入胜的描述都基于某个真实的庭院，即佛罗伦萨的帕尔米耶里别墅。可惜这个庭院早已于1697年被彻底改建成一座巴洛克式园林，在19世纪时又通过增加园林面积进一步扩大。然而，借助某些特殊的依据，也可将薄伽丘对园林的描述呈现出来，即朱斯托·乌滕斯的绘画系列作品。16世纪末，弗兰芒人朱斯托·乌滕斯受命于费迪南一世·德·美第奇，以山水画创作来记录这个

著名公爵家族的别墅。乌滕斯把这些风景绘制在贝尔纳多·布翁塔伦蒂所建的拉费迪南达别墅中的宴会厅天花板上。如今这14个半圆形壁画都收藏在佛罗伦萨的地形学博物馆(见P50上图)。这些壁画是别墅及其园林的鸟瞰图，因此可以借以对别墅和园林的设计进行较深入的细部研究。从而生动地了解托斯卡纳地区的别墅园林自14世纪中期以来的发展状况。

卡法吉奥罗庄园

在佛罗伦萨北部的卡法吉奥罗村，这个美第奇家族的世袭领地上，有一座卡法吉奥罗庄园，这是14世纪时建造的防御工事，为科西莫·德·美第奇所管辖。1451年米开罗佐·迪·巴尔托洛梅奥将其扩建为宏伟的乡村庄园（见右图)。如今，在西夫谷上方，这个防御性庄园以森林为背景高高矗立。正如乌滕斯的半圆形壁画显示的，400年前的上层悬挑出的塔楼和生活区扁平的锥形屋顶耸立在广阔的耕地景观中。护城河环绕着坚固的

▲ **卡法吉奥罗庄园，佛罗伦萨**

朱斯托·乌滕斯壁画的细部，约1600年

地形学博物馆，佛罗伦萨

◀ **该别墅及园林的当今景色**

◀ **卡瑞奇的美第奇庄园，佛罗伦萨**

米开罗佐·迪·巴尔托洛梅奥于1457年受科西莫一世·德·美第奇委托所建的庄园

防御墙，一座吊桥跨过护城河通向门楼。栅栏或围墙环绕部分别墅和园林区域，有的地方被姿态优美的果树围绕，还有的被茂密的灌木丛所包围。庄园左边的农场建筑如马厩、粮仓和仆人住所一直保存至今。别墅前的区域都作为农业用地，庄园周围分布着葡萄园、田野和果园。

通过乌滕斯的壁画，有些地方可以借助当今建筑来回溯米开罗佐实施的改造工作。他在门楼和厚重的要塞上覆以扁平的锥形屋顶，并加宽射击孔，改建为窗口。这个时候，也可能是在园林规划时或在别墅后方扩建庭院的时候，这座防卫别墅就成为美第奇家族的避暑庄园。在壁画中可以看出模纹花坛由纵轴和两个横轴划分，成6个方形花圃分格，分别被低矮的黄杨树篱所包围，没有任何装饰。中央小径通向一个喷泉，两侧是绿廊。小径左侧用栅栏隔开，能够看到更多的小花圃，这些可能就是药草园。

这还不是典型的文艺复兴时期园林。藤架、喷泉和被黄杨树篱包围的大型花圃——我们可以想象花圃里都铺满了鲜花——都让人想起薄伽丘的描写。这时，园林开始作为一个休闲、静思和社交聚会的地方。其独特的艺术形式和特点在15—16世纪逐渐发展成熟。

最后需要补充一下，19世纪时，卡法吉奥罗庄园的园林中铺上了大面积的草坪，种上了高大的雪松和从英国引进的垂柳。

佛罗伦萨卡瑞奇的美第奇庄园

阿尔伯蒂对一座位于镇郊小山上的乡村别墅大加赞赏。在其著作《建筑十书》出版5年后，科西莫一世·德·美第奇于1457年听从他的建议，并委托他的住宅设计师米开罗佐将其位于佛罗伦萨卡瑞奇西北部的一栋几十年以前收购的别墅重新设计和扩建。15世纪末，根据老安东尼奥·达·桑迦洛的设计，西立面上添加了较矮的侧翼（见上图）。

在佛罗伦萨的卡瑞奇别墅中，科西莫邀请了人文主义者马尔西利奥·费奇诺、皮

▲ **科西莫·德·美第奇**

木版画，86cm×65cm，1518—1519年，雅科波·蓬托尔莫

乌菲兹美术馆，佛罗伦萨

科·德拉·米兰多拉和安杰洛·波利齐亚诺，与一些艺术家和建筑师如多纳泰罗、米开朗琪罗·邦纳罗蒂和阿尔伯蒂等一起会面并讨论柏拉图的哲学，共同庆祝这位古代哲学家11月17日的生日。

科西莫写了一封热情奔放的邀请信：

“昨天，我到达了卡瑞奇别墅，并非关心我的领地，而是关爱我的灵魂。期待我们尽快见面，马尔西利奥！请带上柏拉图的著作《最大的幸福奥秘》（On Supreme Happines with you）吧！”

受阿尔伯蒂观点的影响，庭院在别墅和乡村之间的位置可能需要充分的讨论。从那时起，这个话题在当时的园林布局中就占据了主要位置。别墅和庭院成为人文哲学必不可少的部分，其中出现了一种新的人生观：人创造自己的“安乐之所”、自己的乐园。正如上帝创造了人与自然，所以人受天性支配，会重复创造过程。在自然界里，人应当顺应自己，自由地决定自己的情感，并且尝试按照自己的需求生活。

园林的纵轴指向别墅，台地取代了原本装饰了花圃和喷泉的坡地。当然，现在除了高大落叶乔木，什么都没了。但人们仍然可以感觉到该园林的结构仿效了前文艺复兴园林。南部主要园林的前部模纹花坛被一堵小巧的墙隔开并饰以陶罐。可以这样推测，和卡法吉奥罗一样，这里的绿廊是庭院的一部分。如今被水环绕着的带有长椅的绿树成荫的凉亭，也许同样可以追溯到最初的园林设计。园林中最精致的项目之一是由安德烈·德尔·韦罗基奥雕刻的丘比特裸像喷泉。该雕像创作于1465年，如今仍竖立在佛罗伦萨维琪奥宫的庭院里。

老安东尼奥·达·桑迦洛在建筑侧翼的上层设置一个凉廊，这个位于西南角的凉廊三面是开放的，其中一面面向庭园开放。当然，在薄伽丘的《十日谈》中也描述过类似的房子和庭院的组合。卡瑞奇别墅里凉廊和庭院之间关系的处理方式成为16世纪许多别墅建造的范例。

▲ 美第奇庄园，菲埃索罗

别墅之下的花园露台和毗邻的主要露台

菲埃索罗的美第奇庄园

后来搬到菲埃索罗的美第奇庄园的柏拉图学院，同样也是由米开罗佐重建的建筑。尽管经历了几个世纪的发展变化，这个文艺复兴时期的园林仍保存得相当完好（见上图）。别墅前面的花园露台被用作一个自然的生活空间。模纹花坛在这个露台下尽收眼底，尽管它原本可能是一个果园和菜园。据说沿着支撑墙曾搭建了缠绕着葡萄藤的花架。毗邻的主要露台有一个小花园似的意大利餐厅，这个僻静的庭院区为学院成员提供了一个特别宜人的场所（见P90～P99插图）。在那里，可以鸟瞰阿尔诺河流域和佛罗伦萨城，讨论柏拉图的哲学思想——正如科西莫曾经期望的那样。

现在模纹花坛鲜有留存，但花园露台的总体布局被保存了下来。装饰了雕像和柱子的栏杆、柏树、方形树篱，还有黄杨球装饰的花坛分格，与路边饰有红陶钵的沙路一起，仍给人以最初设计的美好印象。卡瑞奇和菲埃索罗的两座美第奇庄园和其庭院都是现存的最早的此类建筑的范例。

卡斯泰洛的美第奇庄园

文艺复兴时期的卡斯泰洛庄园，如今并没有完整保存下来，但已经采取了谨慎措施对古老的园林建筑加以保护。卡斯泰洛离卡瑞奇不远，该庄园在1477年被美第奇家族收购。这座13世纪时期的防卫别墅被美第奇家族重建成为一幢豪华别墅。因此，别墅现在的面貌是1538年由科西莫一世·德·美第奇重建的，尼科洛·特利波罗重新设计了该别墅的园林（见下图）。朱斯托·乌滕斯半圆形壁画中的模纹花坛与这个园林设计的现今形式相同，甚至特利波罗设计的赫拉克勒斯喷泉保存了下来，它位于中央小径，延长了建筑的中轴线。而维纳斯喷泉附近的茂密的灌木丛已难寻踪迹。小径交叉处镶嵌马赛克的地面提示着喷泉以前所处的位置。这座维纳斯雕像是乔瓦尼·达·波洛尼亚16世纪下半叶时期的一个雕塑作品，18世纪时被送往美第奇家族的庄园别墅。据说小树林曾经是一座由高大的柏树、月桂和番石榴树构成的迷宫，这样当游客穿过迷宫后突然直面出现在眼前的16世纪的维纳斯雕像时会感到极大的震撼。

分格由树篱艺术性地分隔开。树篱围合成三角形，留出中央的圆形空间布置黄杨球。主路通向花坛围墙和石窟，石窟里的石雕动物看起来就好像是刚刚被上帝放到这个世界似的（见P58、P59插图）。装饰性石头动物群和彩色大理石是安东尼奥·迪·吉诺·罗伦兹的作品。学院的哲学家们讨论的所谓的“第二次创世”的想法在此呈现出来。关于石窟的线索在乌滕斯的半圆窗壁画中也可以看出来。石窟的后面、小溪的另一边，有一片梅花形式的树阵，穿过树阵便到达一处中央浮有一座岩石岛的大水池，这里有巴尔托洛梅奥·阿曼纳蒂在1565年雕刻的蹲伏的河神（见P55插图）。

石窟、迷宫和小山丘等山景，以及岩石砌的水池、雕像喷泉和复杂的供水等，都是一座宏伟的文艺复兴时期园林的财富。不过，它们很少同时出现在一座园林中。

P55插图

▶▶ 卡斯泰洛的美第奇别墅，佛罗伦萨

别墅花园里的河神喷泉雕像。1559年，由巴尔托洛梅奥·阿曼纳蒂设计的雕塑点缀在更高的一部分树林园林中央的水池中

P56、P57插图

▶▶ 卡斯泰洛的美第奇别墅，佛罗伦萨

面向花园的别墅长立面，以及别墅旁的模纹花坛近景照片。右侧的主喷泉由尼科洛·特利波罗设计，最初还有阿曼纳蒂的铜像：与安泰俄斯战斗的赫拉克勒斯（1560年）

◀ 卡斯泰洛的美第奇庄园，佛罗伦萨

别墅及其后部花园的鸟瞰照片。花园在18世纪后期被重新设计

佛罗伦萨卡斯泰洛的美第奇佩特拉亚庄园

这座乡林别墅现在已经被纳入佛罗伦萨的卡斯泰洛小村庄，向我们呈现了另一种典型的文艺复兴时期风格。这座需被称为“主之城堡”的佩特拉亚庄园源于 13 世纪，在 15 世纪时由斯特罗齐家族购得，1530 年时又由美第奇家族接手。1591 年费迪南一世·德·美第奇继承了父亲科西莫留下的这栋别墅后，决定将其改造成为一个避暑宅院。他将这项工作委托给工程师兼剧院建筑师贝尔纳多·布翁塔伦蒂，才使得我们还能拥有与现在的别墅并存的园林设计。如今，仍然可以很清晰地看到这个前文艺复兴时期乡村别墅园林原有的露台和花坛结构。

别墅建筑下面的主花坛上设置了两段台阶通向别墅。园林的整体布局分成两片区域，黄杨树篱构成了典型的文艺复兴时期园林的装饰。园林中轴线的中心位置上的那个有 3 个水池的喷泉始于 18 世纪。从朱斯托·乌滕斯的半圆形壁画上看场地的布局结构几乎没有发生改变。别墅右边的花坛在 18 世纪时就已经是一种模纹式的花坛了，其中心喷泉上坐落着詹波隆那雕刻的维纳斯铜像。从前一间侧厅的位置现已变成了观景亭，站在亭中可以观赏卡斯泰洛以东的托斯卡纳群山壮丽的景色。

P58、P59 插图

◀ ◀ 佛罗伦萨卡斯泰洛的美第奇庄园

安东尼奥·迪·吉诺·罗伦兹在园林的石窟中用石头和彩色大理石精雕细刻的动物雕塑组合

▶ 佛罗伦萨的美第奇佩特拉亚庄园

别墅和规整式园林局部的鸟瞰图

▶ **普拉托里诺（德米多夫别墅）**

1600年，装饰画，朱斯托·乌滕斯

地形学博物馆，佛罗伦萨

普拉托里诺的德米多夫别墅

普拉托里诺别致的园林坐落于佛罗伦萨以北的几千米处。置身于这处园林仿佛是身处天堂，所以它在当时被视为奇迹。属于德米多夫别墅的这座园子得名于19世纪时的主人，只是丰饶的植物、雕塑和美第奇时代的技术装置如今都已湮灭，映入游客搜寻视线的东西已寥寥无几。只有园子里种植着上百年的树木和宽阔的草地令人赞叹。然而，幸运的是我们拥有一本专门详述这座园林的记录，书的作者是德国工程师、建筑师和园林专家海茵里希·希克哈特，他在德米多夫别墅建成后不久就参观了它的建筑和园林。在这位符腾堡宫廷的建筑大师1600年间第二次游览意大利时，他与符腾堡公爵弗里德里希·冯一起在普拉托里诺住了下来。公爵为了美化自己领地并加强其架构，委托他的建筑师在这里对这块“奇迹之地”进行详细的研究。为此，希克哈特对该园林做了详细的研究记录并于1602年在蒙贝利亚尔出版了该书。这本详尽的记录甚至还包括园林中的许多独特元素的手绘图，特别是水系工程的手绘图。借助于他的笔记和朱斯托·乌滕斯的半圆形壁画（见上图）中的景象，在我们脑中可以清晰地形成文艺复兴时期园林的图像。它在当时即为欧洲最有名的园林之一。

“普拉托里诺，这是一个宏伟、美丽、装饰精美的游赏花园。此类园林在意大利已经很难再找到。这座花园归佛罗伦萨大公爵所有，主要作为王子的寝宫。宫殿外有两处靠近水池的露台，沿着其中一处露台的带栏杆的螺旋石阶（形如涡旋）可以到达另一个露台。”

就这样，希克哈特开始了对普拉托里诺的研究。1561年，弗朗西斯科一世·德·美第奇就在这片地区购置了大量的土地和建筑。直到1581年，工程师、剧院建筑师贝尔纳多·布翁塔伦蒂才领导建成这座别墅和花园，为美第奇王子和他的王妃比安卡·卡佩洛提供一个用来消遣的私人场所。希克哈特的描述与半圆形壁画相符。从别墅凸出的中心部分走一段楼梯可以走到外面的露台，通过露台两侧的弧形楼梯和一段双跑楼梯就可以到达别墅的庭院。如要返回屋内需经过一个石窟，这一点使得希克哈特这位符腾堡的工程师兼建筑师惊奇不已：

“沿台阶走向地下室或石窟（有人这么称呼），宫殿下面有着许多绝妙的供水系统，这

▲ **普拉托里诺（德米多夫别墅）**

如今，在这里仍然可以找到文艺复兴时期的喷泉雕塑

些极具艺术性的设置很难在意大利其他地方看到。这个石窟有6个不同的地下室或储藏室。其中较大的房间墙壁和天花板上都镶有琥珀，琥珀中有各种贝壳、奇怪的蜗牛、珊瑚碎片和一些漂亮的石头。到处都是水，使得这里看起来非常原始、奇特。”

希克哈特绘制了这种石窟建筑的平面图，向人们展示了这些在露台下面和别墅地下的空间。大型的石窟被称为“洪积洞”，因为它可以被淹没在水下。一段半圆形的台阶引导人们走进一段走廊，顺着这段走廊可以走向下一个石窟。岩洞里的一组雕塑展示的是海洋女神牵着一只海豚，因此被后人称为伽拉忒亚石窟。希克哈特提到了另外6个洞室所配备的管道和水利装置，它们可以使这些雕塑移动，还能放音乐，并且使喷泉喷水。无疑这些新的水务装置令希克哈特着迷，并详细记录下“先进的”技术：

“墙上满是雕刻的洞口，里面摆放着各种不同种类的雕像，有铜制的、大理石做的和贝壳制作的等，而且几乎所有雕像都可以流出水来。其中很多雕像都可以移动并完成某一行为：一个磨刀，另一个赶牛，还有两只鸭子在小溪饮水然后向上伸展脖子；许多蜥蜴、青蛙、蛇等小动物有时坐在粗糙的石头上，有时喷水；还有被水驱动的球体。”

1600年左右，德语的拼写还很变化无常，哪怕学者之间亦如此。我们惊讶地发现，在德语原文中，希克哈特将他认为重要的动词和名词大写了。机械运动的喝水鸭子或者磨刀的石头令他感到震撼。他还画了一些手稿用来说明技术的作用机制。例如，他画了一个水动力驱动的爬满动物的轮子，旨在暗示狩猎。“走路的少女”移动的原理是由一个链条装置的系统控制移动（见右图）：

“……有一个大约60cm高铜质少女雕塑，她正携带一个小壶在走来走去。”

正如乌滕斯半圆形壁画描绘的那样，主路引导人们从石窟走出，向南穿过公园到达一个大型水池。从这里，我们可看到右面在树木分格中耸立着一座小山：

“除了刚才提到的水务设施，我们还可以看到一座人造山，大约6m高，山顶堆积了很多坚固粗糙的石头，石缝中生长着很多草和灌木；山顶上还有一匹生有双翼、跳跃的白马。在它下面一个小门旁边，阿波罗和九位缪斯女神坐在削平的石头上，还有许多其他人物或坐或站。”

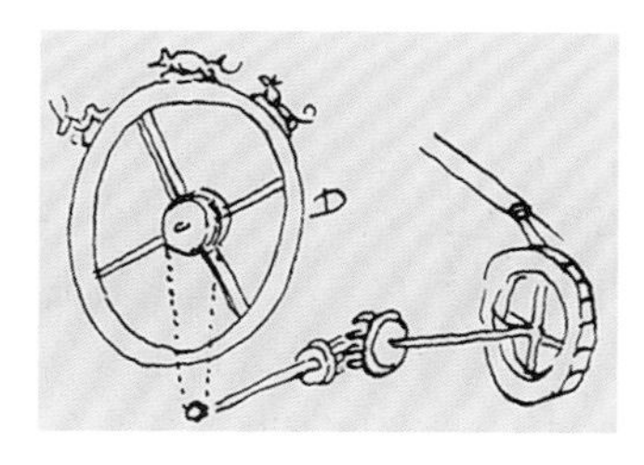

▲ 希克哈特的手绘稿，别墅
德米多夫花园，动物狩猎

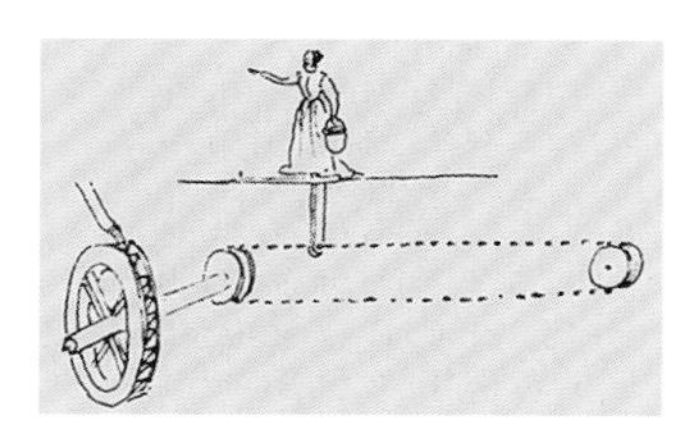

▲ 希克哈特的手绘稿
走路的少女

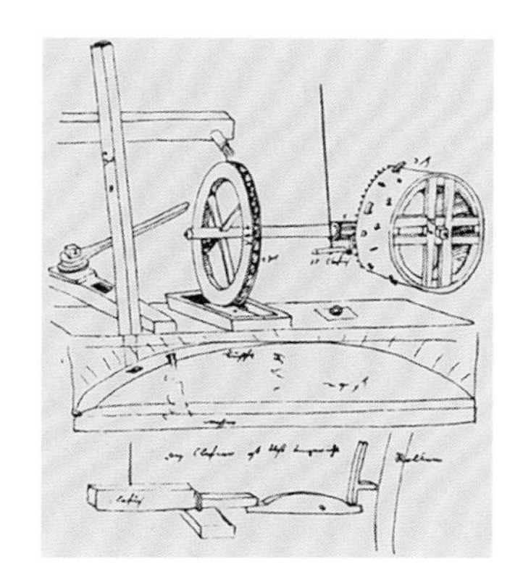

▲ 希克哈特的手绘稿
机械风琴

▲ 普拉托里诺的德米多夫别墅
亚平宁巨人的头部，1580年，乔瓦尼·达·波洛尼亚

这座人造山，正是模拟阿波罗、缪斯女神和生有双翼的神马珀加索斯所住的帕纳塞斯山。1604年由乔瓦尼·格拉所画的更详细的图纸可以展现这座山的精确外观。这样的“小山”在15世纪后期的园林中更受欢迎，特别是在景观平淡的地区。例如，埃斯特家族在费拉拉拥有一座建在高山上的城堡花园，城堡里种满了树木，创造出一个“丛林小山”。普拉托里诺的剧院就在这座山的附近，似乎是受到阿波罗和缪斯女神的影响，它被用于娱乐表演。这座山不仅是该剧院的背景，还是一种巨大的音乐装置：

“山中有一个水驱动的风琴，它有两个音栓：一个主音栓和一个八度音栓，有其特有的音乐效果。当这个风琴开始弹奏时，走在山中的人仿佛听到坐在山上的缪斯女神在演奏音乐。”

希克哈特经过一个圆形拱门进山，反复研究这些机械装置。他的手绘稿清晰地展示了这些装置，几乎不需要任何多余的解释（见左图）。希克哈特还参观了公园的北部，这片区域虽然在半圆形壁画中无法看到，但是仍可通过贝纳多·桑佐恩·斯格里利在1742年所做的木刻版画看出，花坛沿着山坡一直延伸到一个半圆形的水池。在那里，这位符腾堡的宫廷建筑师看见“一个巨大的石像跪在一个非常大的底座上，泉水在石像的下方哗哗地流入水池”。这是保留到今天的少数巨型园林雕塑之一，是亚平宁巨人的化身（见P65上图）。图中的雕塑大约12m高，为乔瓦尼·达·波洛尼亚在1580年所作。这个庞大的雕塑后面有一座山，山上有的石窟并未留存下来，但是根据希克哈特的笔记，这些石窟也配备了水务设施，还有一座优美的喷泉。在斯格里利的木版刻画中，可以看到在这座石窟山的前面有一个圆形的迷宫。对于迷宫

P64 插图

◀ ◀ 德米多夫别墅，普拉托里诺

别墅花园的景色

▶ 德米多夫别墅，普拉托里诺

水池在乔瓦尼·达·波洛尼亚所做的亚平宁巨人像的背景下，约1580年（右上图），男子像与一只鹰坐在小灌木林丛中（右图）

程式化的描述极可能与实际种植的植物不符。斯格里利可能翻阅过莱里奥·皮托尼当时广为流传的关于迷宫的书，这本书于 1611 年在曼图亚出版，并成为当时意大利的巴洛克园林的权威。后面我们将结合罗马和拉丁姆的文艺复兴园林讨论塞巴斯蒂亚诺·塞里奥的迷宫设计。普拉托里诺迷宫就像卡斯泰洛庄园的迷宫一样，可能也种植了巨大的柏树和番石榴树。许多砾石路通向带石椅的小庭院或隐蔽的凉亭，供困于迷宫内的人们休息。

罗马的美第奇庄园

学者们对于哪一个园林是第一个文艺复兴时期的园林众说纷纭。是卡瑞奇美第奇庄园中的园林，是其后的菲埃索罗园林，还是罗马 1377 年教皇从阿维尼翁的“巴比伦之囚”回来不久后规划的一些园林？

由于这些园林没有保存下来，这个问题应当改用另一种不同的方式提问：哪一座是第一座典型的意大利文艺复兴时期的园林？这个问题最好在一座非典型的罗马文艺复兴时期园林或者称之为佛罗伦萨园林的背景下进行讨论。从其设计方式当中，一种关于园林设计的罗马艺术的新革命脱颖而出。这座园林是由大主教里奇·达·蒙特普奇亚诺与 1544 年建造新别墅的建筑大师安尼巴莱·里皮一起设计的美第奇庄园（见 P66 ~ P70 插图）。在贾科莫·劳罗的雕刻版画中可以清楚地看到这些设计元素（见右上图）。主花坛四周种植树篱，每个独立的模纹花坛都仿效 1537 年的塞巴斯蒂亚诺·塞里奥模纹花坛设计（见 P45 插图），紧挨着主花坛的苗圃区种植着规则布局的低矮果树。此外，最邻近别墅的地方有小苗圃区，其中可能还生长着易于辨识的草本植物。该庄园的两个片区可能是分别、逐步地进行规划的。庄园设计之初，整体的中轴线上的花坛可能已经包括在规划中。方尖碑、喷泉和树篱在空间上与立面的高度相呼应，而花圃的装饰图案则是为了呼应建筑物立面的装饰。大概从别墅右翼开始，一排高大的柏树树篱将主花坛与右侧的园林分开。相邻的区域最初可能是独立的实用庭院，后来也被纳入总体布局中。

如前所述，整体概念上它并不是座具有很典型特征的罗马园林。它的构想是在两个维度展开，并明显考虑到了别墅，因而不能任性地发展自己的结构。而这些正是佛罗伦萨园林的特点。

P66 插图

◀◀ 美第奇庄园，罗马

露台的墙壁作为背景的主花坛细部，这也可以从贾科莫·劳罗的《古城印象》（*Antiquae urbis splendor*）的雕刻版画中看出（下图）

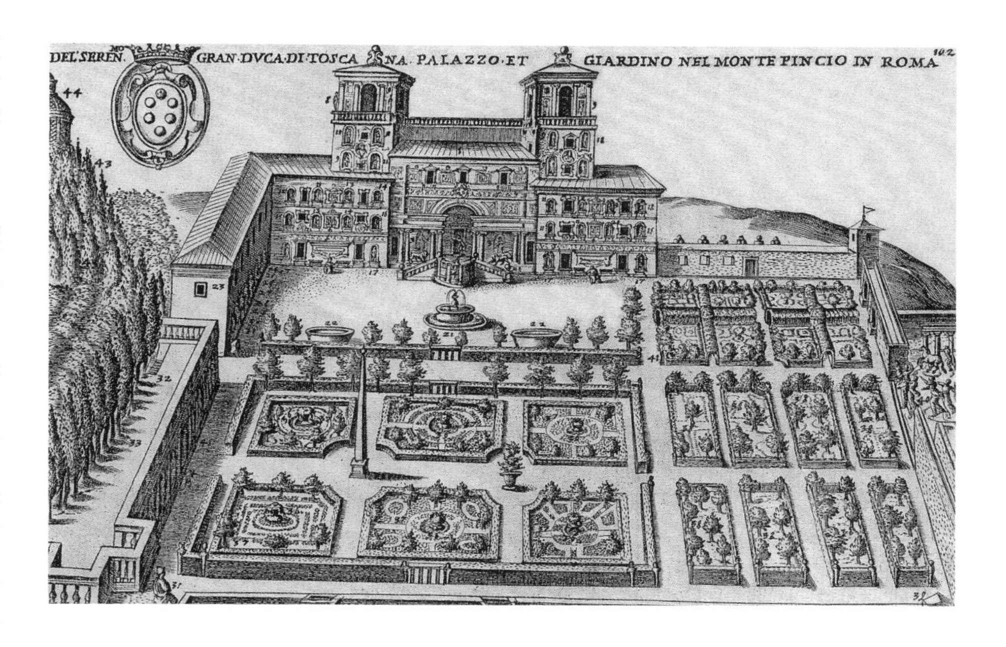

▲ 美第奇庄园，罗马

文：这幅雕刻版画展示了贾科莫·劳罗的《古城印象》中美第奇庄园和它的园林，1612—1614 年

位于庄园主花坛里的方尖碑

P68、P69 插图

▶▶ 美第奇庄园，罗马

庄园园林中由帕纳塞斯山、珀伽索斯神马和缪斯女神构成的雕塑组合

▲ 美第奇庄园，罗马

邻近主花坛的坐落于浮雕基座上的男子雕塑

梵蒂冈望景楼园

虽然与典型的罗马庭院起源于相同时间且相距不远，但这个庭院却完全不同。望景楼园在梵蒂冈宫被视为典型的文艺复兴时期园林，它的示范性影响远远超出了意大利的疆域。乔治·瓦萨里描述的与其说是花坛的设计问题，不如说是建筑问题的解决方案：

“教皇朱利乌斯二世设想将望景楼和教皇宫之间设计为方形的、类似剧场的场地，从而将位于老教皇宫殿和已作为因诺森特八世新教皇宫之间的小山谷围了起来。”

如果要将梵蒂冈宫即教皇宫和位于约300m以外的因诺森特八世的庄园望景楼（见P71上图）连接起来，“小山谷”是主要的问题。1503年，教皇朱利乌斯委托建筑师多纳托·布拉曼特着手这项工程。布拉曼特为解决这个问题进行了一次天才的尝试。当时的目击者乔治·瓦萨里对此有一个精彩的描述：

“布拉曼特在低处建造了两个非常漂亮的多利克式拱廊，上下叠加。在它们的顶部，上面一层楼由密密的爱奥尼亚式柱廊与窗户构成，从教皇宫殿顶层的房间通向一层的望景楼的底层。因此，山谷中凉廊两侧建造长度都超过400步，一侧面向罗马城，另一侧面向后方的树林。这样做的目的是为拉平山谷本身地面并将水源引入望景楼，然后在望景楼建造一个美丽的喷泉。”

布拉曼特开创了一种对园林设计的发展起到关键作用的新方法：他通过建设台阶来开拓整个地形的视觉维度，这样做不仅增加了园林的深度和广度，还增加了它的高度。这个如此大规模的组合，并利用双跑楼梯和栏杆连接台地，创造了意大利园林景观的基本模式。从此以后，蒂沃利的埃斯特庄园或者法尔内塞宫都被规划成立体建筑群。海茵里希·希克哈特，这位来自符腾堡宫殿的建筑大师，也曾站在望景楼对这里的景色大加赞赏。罗马为他后来在斯图加特附近莱昂贝格的园林设计项目起到了决定性的推动作用。

1514年布拉曼特逝世，那时他在望景楼的建设工程尚未完成，后来在皮罗·利戈里奥的监督下于1563年完工。

在罗马，布拉曼特建造的园林很快成为标杆并被复制。最早模仿望景楼的是蒙地马里奥山上的玛达玛别墅的设计，矗立在永恒之城之上。布拉曼特逝世前两年，拉斐尔受大主教朱利奥·德·美第奇和后来的教皇克莱门特七世的委托，为这个庄园设计方案。拉斐尔所提出的设计方案就参考并遵循布拉曼特的范例，将设计与庄园所处的地形地貌相结合。拉斐尔与小安东尼奥·达·桑迦洛和巴蒂斯特·桑迦洛兄弟一起工作，计划将山坡变成台地，从而与山顶的别墅相结合。拉斐尔在庭院前面设计了扩展的平台，从平台的一个望景楼风格的双跑楼梯下到矩形平台和园林入口的花坛。从那里再穿过一个半环形的坡道又可达到下一个庭院露台。这样通过

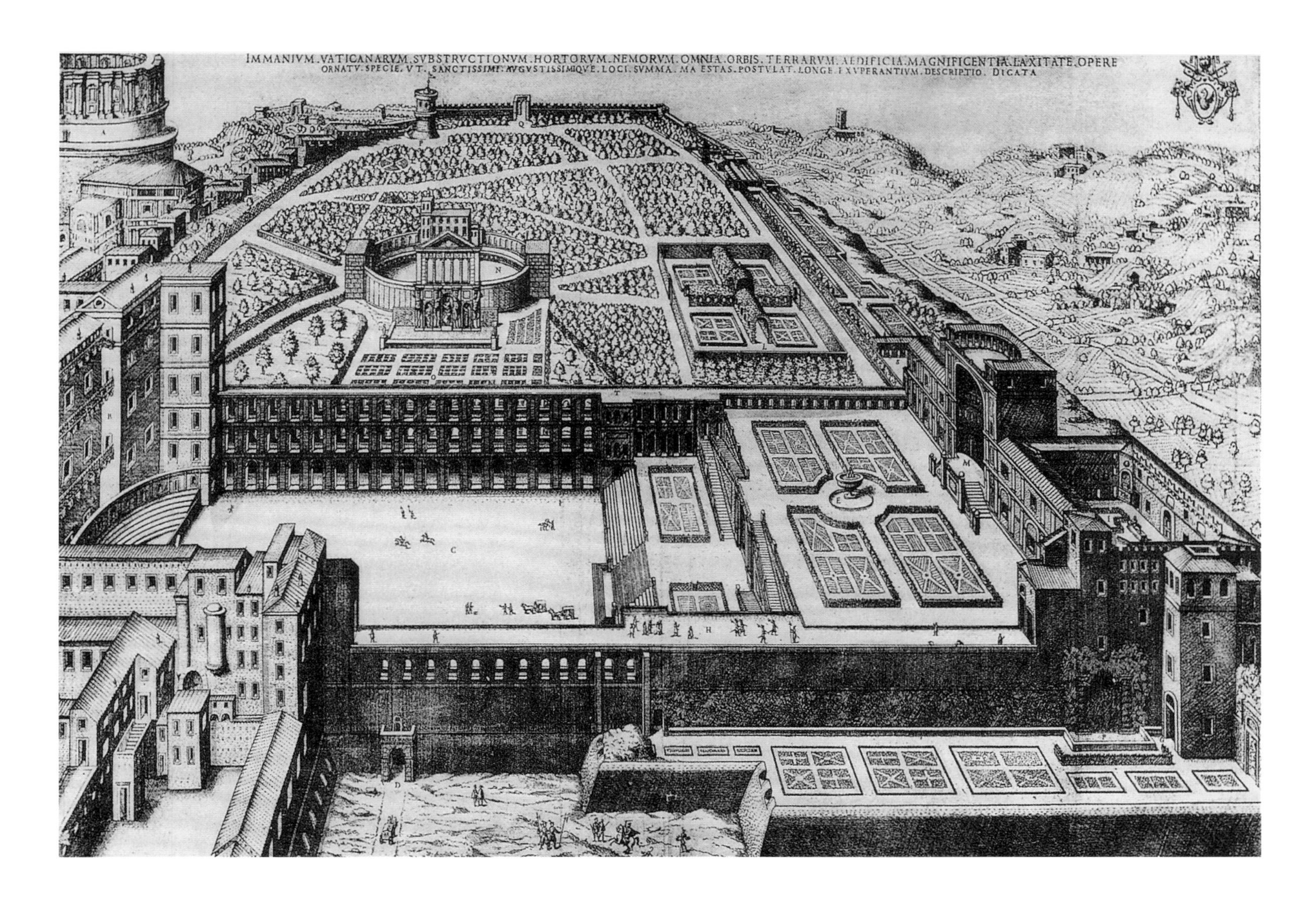

坡道依次连接直到最底层的椭圆形广场（见上图和右图）。但是，1527年查尔斯五世的军队在罗马的掠夺和教皇克莱门特七世的流放阻碍了该园的完工。如今，它大部分已被破坏。拉斐尔设计园林的理念就是将园林作为一个动态的建筑实体，并将它与别墅的建筑相结合，这种理念虽新颖而独特，但这种做法也有先例。他不仅受到布拉曼特的望景楼的启发，而且通过对古典文化的研究获得启示。到1515年，拉斐尔已经成为罗马古典建筑主管，主要负责古代遗址或遗产的照管和研究。他曾亲眼参观过古代帕拉蒂尼山的历史遗迹，并且对马库斯·维特鲁威·波利奥的书和城市别墅庭院也都有独特见解，这些都是他在蒙特马里奥的非凡设计灵感的来源。

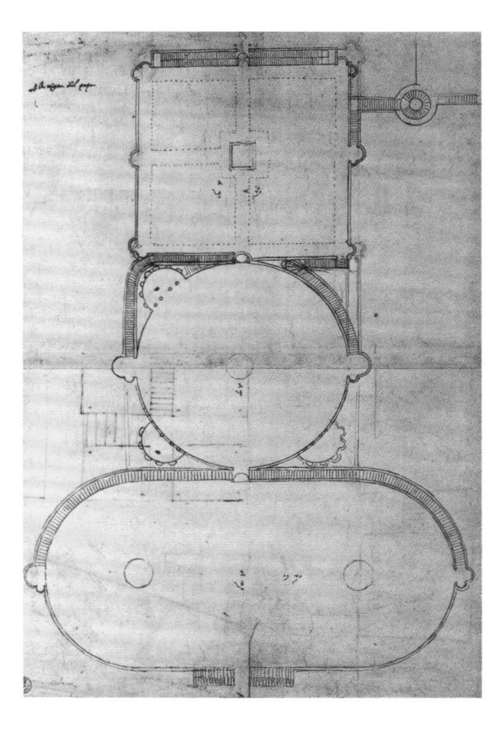

▲ 梵蒂冈宫

H. 凡·斯库尔的雕刻版画，1579年

◀ 玛达玛别墅，罗马

拉斐尔为别墅和庭院的花坛做的设计平面

PIVS IIII MEDICES MEDIOLANEN PONT MAX
HANC IN NEMORE PALATII APOSTOLICI AREAM
PORTICVM FONTEM AEDIFICIVMQVE
CONSTITVIT VSVIQVE SVO ET SVCCEDENTIVM
SIBI PONTIFICVM DEDICAVIT ANN SAL M D LXI
PIVS IIII PONTIFEX OPTIMVS MAXIMVS

▲ **基吉别墅（法尔内西纳），罗马**

花园立面和花园的景色。法尔内西纳别墅是巴尔达萨雷·佩鲁齐的第一个作品。在罗马的1509—1511年，修建了这座意大利文艺复兴时期第一个郊区别墅——基吉别墅

梵蒂冈宫中为皮乌斯四世修建的别墅

在梵蒂冈宫中难得一见的是教皇皮乌斯四世优雅的花园别墅。离开西斯廷大厅，走到乌尔班八世的画廊，从西窗就可以看到华美的庭院，皮乌斯四世别墅为之增添了如画的意境（见P72插图）。1560年，建筑师皮罗·利戈里奥正忙于梵蒂冈宫的扩建工作，他受命于看重感知愉悦的教皇皮乌斯四世，抽空建造这个花园别墅。对基督教的罗马教皇来说，这个小小的赭石色的游园有种大隐隐于市的感觉，他希望在这里能从繁复的公务中休养过来。后来教皇科学院也设在别墅里。

罗马法尔内西纳别墅

文艺复兴时期，阿戈斯蒂诺·基吉是罗马最耀眼的人物之一。作为一个银行家，他拥有大笔财富，不仅慷慨地赞助艺术的发展，而且私下里还致力于文学和占星术的研究。1509年，他托人在特拉斯特维莱区设计一座豪宅。巴尔达萨雷·佩鲁齐为他设计了一座两层楼的豪宅。他利用壁柱和厚重的凸出檐口来划分建筑立面。对于墙体中段和屋顶檐口，他设计出一种硕果累累的花环饰带。他将花园大厅设计为由柱子支撑的凉廊的形式，长廊两侧为凸出的塔状侧厅。

该建筑在1511年建设完成后，这位赞助家委托罗马最著名的艺术家为这座豪宅的室内作画。拉斐尔在敞廊的拱顶上所做的系列壁画可能是他所有壁画作品中最为出色的，壁画叙述了丘比特和普赛克的故事，这个神奇故事的气氛一直延伸到凉亭前的温馨庭院。

1580年，这座庄园已归法尔内塞家族所有，并由此得名。1731年，波旁王朝的那不勒斯家族接手帕拉奇诺。如今，这座庄园成为科学院所在地。

P72插图

◀◀ **为皮乌斯四世在梵蒂冈宫的庭院中修建的小别墅，罗马**

皮罗·利戈里奥设计的古典风格的花园别墅

罗马的法尔内塞庄园

1520年拉斐尔去世。他的同事们，以小安东尼奥·达·桑迦洛为首，继续从事蒙地马里奥山上的玛达玛别墅的建设工作。几年后，大主教法尔内塞决定在帕拉蒂尼山的斜坡上实施他所热望的台地园建设。1525年，他请建筑师伽科莫·巴罗兹·达·维尼奥拉完成园林的设计方案，该园林后来被称为法尔内塞庄园，计划建在古罗马构筑物如宫殿、园林、寺庙遗迹的基址上（见下图），该工程1573年完工。露台、台阶、树篱、陶瓷装饰的栏杆、石窟和小型构筑物一起融合在同一风格的园林里，沿坡地向上的每一段都令人印象深刻。几何形花圃、矮小的灌木丛、喷泉和水楼梯这些组成部分共同创造了这种新型的类似于剧院舞台的园林。不幸的是，该园林至今只有极少数部分被保留下来（见上图和P75插图）。今天唯一值得一看的是鸟园，它由维尼奥拉亲自设计，而且后来又扩大了规模。17世纪初期，吉罗拉莫·拉伊纳尔迪对该园林进行了扩建。

▲ / ◀ 法尔内塞庄园，罗马

庭院布局图（上图）

《古罗马的辉煌》（*Magnificenze di Roma*），朱塞佩·瓦西的雕刻版画，1747—1759年（左图）

P75 插图

► ► 法尔内塞庄园，罗马

台地的花坛上部区域

P76 插图

◀◀ 埃斯特庄园，蒂沃利

水风琴上面的海神喷泉细部

蒂沃利的埃斯特庄园

罗马文艺复兴时期，园林是一种实体的建筑空间。这种传统在蒂沃利埃斯特庄园中得到延续。它常常与望景楼相提并论，因为二者有着共同的设计师。大约 1550 年，皮罗·利戈里奥可能受命于喜好排场的大主教伊波利托二世·德·埃斯特，为这座别墅和花园做设计。那时，布拉曼特的梵蒂冈宫设计有着绝妙的建筑布局，包括台地、开放台阶、坡道和半圆式露天建筑等，都将近完工。利戈里奥为埃斯特庄园也设计了这些元素（见 P76 插图）。

今天依然可以清晰地区分出来组成该园林的两个部分。东北方的斜坡式花园建在一座极其陡峭的坡上，通过一系列的阶地、斜坡和台阶解决高差问题。中轴线由建筑确定，从上方的宫殿平台一直延伸到下方平坦的园林区，再到主花园——天真花园。这里，开放的主要道路变成一个封闭的花架道路，并与另一个花架的道路相交，在交叉点布置了亭子。药草等实用性植物用来设计模纹花坛。在园林建设完工前这个风格化的风景才完成，正如从艾蒂安·杜佩拉克在 1573 年的雕刻版画中所见，这一部分花园在两侧都布置了一个迷宫。最初的计划是设计 4 个迷宫，但实际上只有西南区的两个建造了出来（见上图）。紧跟时代潮流的利戈里奥显然借鉴了塞巴斯蒂亚诺·塞里奥的迷宫图案。当时，这位意大利建筑师和建筑理论家的设计不仅在意大利，甚至在其他国家都非常流行。他的作品甚至被复制到了法国法院的设计中，法国人都极其赞赏这个意大利建筑师的设计图和建筑思想。这也许就能解释为什么在 1542 年，即他关于建筑理论的反思之作《规则》（*Regole*）出版 5 年后，塞里奥成为枫丹白露宫的皇家建筑大师。

▶ 埃斯特庄园，蒂沃利

自然之母喷泉，一处有许多乳房的女性雕塑，泉水都是从雕塑的各乳房中流出

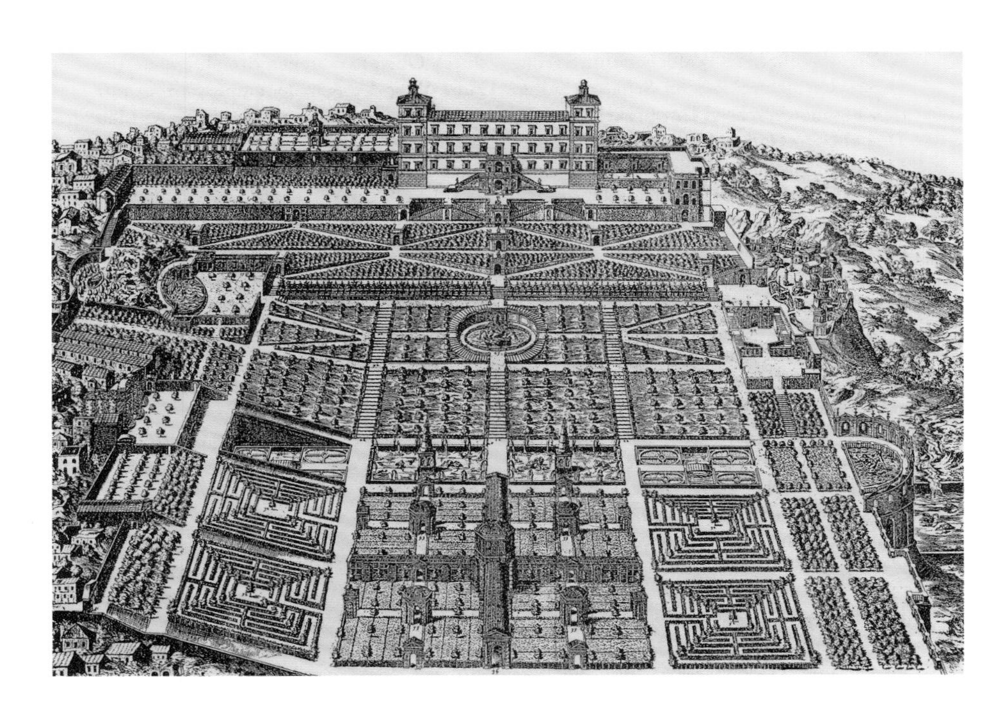

▼ 园林的整体布局，艾蒂安·杜佩拉克的版画，1573 年

主轴线垂直连接了天真花园、坡地花园和别墅。轴线上还有 4 个错列的鱼池，其中实际建成 3 个，并作为斜坡花园的起点；最

池，阿涅内河的一个分支流经地下通道并且不断通过这些地下管道向这些喷泉和许多溢水的喷水池输送水源。蒂沃利喷泉上面矗立着一座假山，山上还有一些石窟流出水来。这里是被珀加索斯庇佑的地方，传说在帕纳塞斯山上，神马珀加索斯能够使泉水涌出来。这些地下水道中的水从三层台地上快速流出。它的背景代表罗马城最重要的建筑。罗梅塔喷泉大部分在1855年时被破坏掉，变成了罗马喷泉的人造假山的一部分。将水从奥尔本山台伯河地区引至罗马的艺术，在这里被视为象征永恒之城的文化繁荣的根本前提。根据当时的记录，当一个人站在蒂沃利喷泉的台地上，目光越过罗马喷泉和罗梅塔喷泉的背景时，还可以看到远处被烟雾笼罩的罗马建筑群（如今人们还能一览无余地看到整个园林的布局）。

埃斯特庄园自下而上设计的景色，也能在艾蒂安·杜佩拉克的版刻作品中看到。参观者不管是走进常绿植物的迷宫里，还是走在中轴线上的道路上，都能看到多种有趣的坡地园林景色，有上下的坡道和大门，它的艺术性地相互交叉，最后看到别墅的立面。在蒂沃利喷泉的台地上，除了园林的美的一面，参观者还可以看到上述的神话隐喻的元

▲ / ▶ 埃斯特庄园，蒂沃利

百泉路（上图），一处喷水口的细部（右图）

P79 插图

▶ ▶ 埃斯特庄园，蒂沃利

龙泉或火轮喷泉（上图）；椭圆形天后泉（下图）

后一个鱼池被布置在西北部的山坡上，延伸至一片双层阶地，上面矗立着水风琴喷泉。这一建筑构思新颖、技艺精湛、引人入胜。利戈里奥选择了一种可以弥合高度差的半圆式露天建筑的设计，就像园林的西南边界支撑墙的半圆形壁龛。这里原先还计划建造一个海洋喷泉和海神雕像，但是最终并未实施。

沿着主要道路向山上的别墅走，经过山上缓坡处柏树围绕的林子，就到达了一条后来修建的奇妙通道，也被称为百泉路，这大概是大主教最大手笔的项目了（见上图）。通道两端都设有一个巨大的喷泉，即蒂沃利喷泉和罗马喷泉。蒂沃利喷泉是园林主要蓄水

素。水从人造山中涌出，再沿输水管流到下一个喷泉池，最终到达罗梅塔喷泉。因此，该园林通过源于史前神话的隐喻，产生了这种与大自然活力相映衬的文化。

杜佩拉克的版刻作品几乎都是明确严格的规则式园林，令人触动。这种规则式园林显然是文艺复兴的产物，许多遵循古典实例的古典雕塑和园林要素也是如此。它们对许多神话典故和历史知识的有趣运用产生了一种矫饰主义的效果，后者尤其适用于罗梅塔喷泉的背景建筑。另一方面，根据视线特别是某一视点角度设计的小道和路径，已经被认为是巴洛克风格的设计元素。

▲ ▲ / ▼ 兰特庄园，巴涅亚
主花坛鸟瞰（上图），水阶梯（右上图），生有双翼的神马珀加索斯喷泉（下图）

巴涅亚的兰特庄园

望景楼是意大利文艺复兴园林的基本类型，其概念被蒂沃利发展到极致；而邻近维泰博的巴涅亚的兰特庄园则被认为是欧洲最美丽的文艺复兴园林（见 P80 ~ P83 插图）。这是现在游览者们参观完兰特庄园所做出的结论。这点是毋庸置疑的，而且该园林在很大程度上保留了其初始状态。甘巴拉娱乐宫的凉廊壁画展示了16世纪时该园林的鸟瞰图，两相验证可以轻松发现，兰特庄园的园林依然保持原貌。除了一些细部，中间较大的4个水池组合与中央的圆形喷泉被周边的花坛间隔包围，和大约400年前一模一样（见 P81 插图）。

兰特庄园的建筑历史可以追溯到1477年。那时大主教拉法埃莱·里阿里奥建成了他的第一个宫殿。间隔百年后，大主教乔万·弗朗西斯科·甘巴拉·达·布雷西亚决定要在伽科莫·巴罗兹·达·维尼奥拉的监督下重建这座宏伟壮丽的豪宅。维尼奥拉不久前刚刚重建了一座长约15km的卡普拉罗庄园，它的主人亚历山德罗·法尔内塞是大主教甘巴拉的亲戚。1585—1590年，在大主教亚历山德罗·蒙塔尔托的监管下，这座庄园终于建成。1656年兰特家族得到了这座庄园。

如上述壁画所绘，庄园别墅群包括两栋设计相同的楼阁建筑，甘巴拉楼和蒙塔尔托楼。主花坛中心水池是摩尔喷泉，四周被花坛分格所包围。长久以来，这些刺绣花坛的设计图案已经改变了很多次。如今，花坛中种植了巴洛克风格的几何图案的低矮树篱。每一块花坛的中心是成圈的树篱而四角则种植了立方体形的黄杨灌木加以强调。走到庄园另一侧的园林，可以看到更多喷泉和复杂的水道。值得一提的是海豚喷泉，这座喷泉通过台阶与巨人喷泉相连接，园林的魅力就来源于这些早已经被看作矫饰风格的水景设施，以及石窟和丛林。巨人喷泉的两侧分别是台伯河神和亚诺河神巨大的人像雕像（见 P82、P83 插图）。这个喷泉池的水来自非常艺术的环环相扣的螺旋形式的水阶梯（见左上图），其结构类似龙虾外壳的形状——暗指大主教甘巴拉的纹章兽（意大利语“甘巴拉”指龙虾）。园林的中轴线也是这个水景的中轴线（见上图）。海豚喷泉、水阶梯、巨人喷泉还有方形喷泉（也被称为摩尔喷泉或佩斯基耶喷泉）共同构成了这一景观轴线。在水阶梯和最后建造的喷泉之间，还有一样奇物，即所谓的大主教的台案，台案上的水渠与庄园的纵轴方向一致。

区分兰特庄园的园林与所有其他在拉齐奥和罗马的园林的要素，就是丰富的水景和亲近自然的树林。该园林是园林自然景观与人工景观相结合的早期范例，森林和花园是该园林向巴洛克园林过渡的特征。事实上，园林不再作为建筑的人造景观而发展，并且平缓的山坡位置也不需要大兴土木。在这里我们看到了向雕塑花园转型的开始，这对于巴洛克园林设计至关重要。

因此，兰特庄园的园林并没有隶属一个明确的分类，而这恰恰是园林本身的魅力所在。自然和文化相结合使得它把自己从典型的文艺复兴时期园林分离出来；它的设计确实带有矫饰主义的特征，但也不能被视为纯粹的矫饰主义，因为有些古怪的手法与刺绣花坛的几何化设计相冲突。园林道路从有序的刺绣花坛通过水阶梯到达巨人喷泉，暗指从巴涅亚到波玛索的道路。

▲ 兰特庄园，巴涅亚

园林的航拍照片，主要有主花坛、摩尔喷泉、两座楼、水景的中轴线、水阶梯

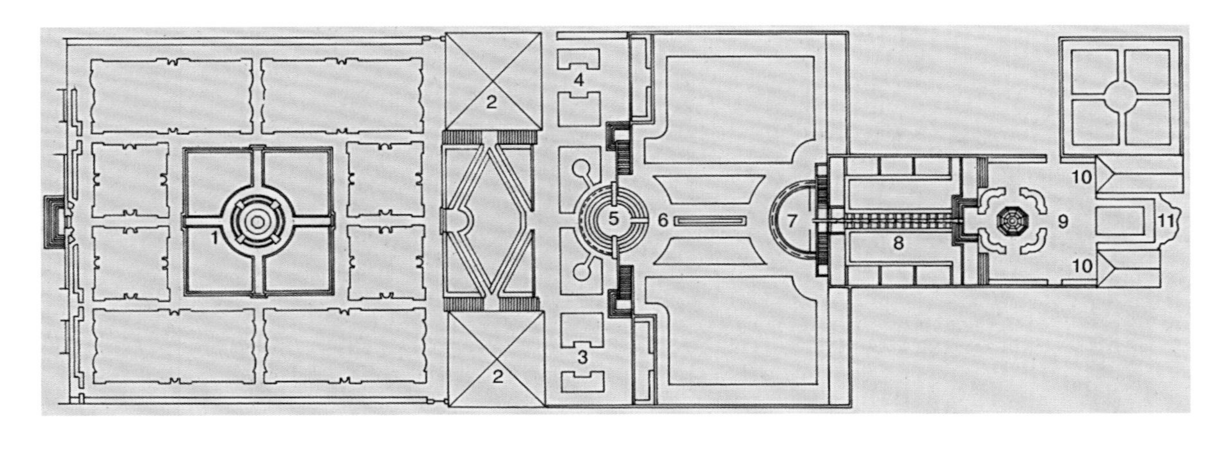

▲ 兰特庄园，巴涅亚

园林平面图：

1. 摩尔喷泉
2. 蒙塔尔托楼
3. 维纳斯石窟
4. 海神石窟
5. 石窟或光之喷泉
6. 大主教的台案
7. 巨人喷泉
8. 水阶梯
9. 海豚喷泉
10. 缪斯楼
11. 水源洞府水池

◀ **兰特庄园，巴涅亚**
巨人喷泉

▶ **圣心森林，波玛索**
睡着的女神

▼ 神龙大战猛兽，大象用鼻子碾压罗马士兵

圣心森林，波玛索

从矫饰主义时期起，波玛索的怪兽公园就一直是一个形式独特、奇异的梦幻花园。维奇诺·奥尔西尼一生就以创造一个怪诞之境为己任。学者们将公园的园林、雕塑和建筑的形成分为3个时期。

第一时期（1548—1552年）被称作爱之剧场时期。带凹凸弧线的台阶的爱之剧场建成，同时建成的还有带喷泉和水系的广场。但这些水系直到1558年以后，即第二时期开始才全部建成。沿始于喷泉的中轴线而建的人工湖、飞马喷泉、船之喷泉和鱼池等直到1564年全部修建完成。其后，大约1580年建成了带有巨大的装饰瓶的高地，设计了珀耳塞福涅广场，修建了坦比哀多教堂。最后，在维奇诺·奥尔西尼生命的最后几年，他用生动的色彩刻画的巨石怪物终于被制造出来。

奥尔西尼别墅的园林不适合从整体来欣赏。为了其中那些奇异的建筑和巨石怪物能有更好的效果，园林故意布置得像个迷宫。矫饰主义的特点就是有意识地避免均衡。人物比例的失真和他们的建筑背景元素的位移，创造出一个无序的错觉世界，将怀疑直指当时存在的和迄今普遍接受的世界观。在波玛索，世界的规则不再适用，就好像是这个园

林希望从自然规律中逃离出来。

当一个人进入怪异的扭曲之屋——奥尔西尼将这座房子献给了他的朋友大主教玛多祖——这个人就会失去平衡感（见P86、P87插图），地平线会翘起，树木和灌木开始移动。游览这个公园的同时也是在参观另一个世界，来访者必须首先调整自己对自然规律的感觉。就如有人走进建筑会发现自己无法站直，他还会觉得自己好像失去平衡，处于异常的状态。当他已逐渐习惯了扭曲，又会惊异于周遭的氛围和雕塑构成的公园新景观。当他离开房子时，这个世界再次混乱了。因此，《疯狂的奥兰多》（*orlando furioso*）中用暴力撕碎一个亚马孙战士的疯狂人物，看起来像是这个新世界的一个特征。不远处，飞马喷泉喷涌着泉水，象征着帕纳萨斯山和文学的力量的迸发。刚刚提到的奥兰多这个人物和其他怪物也正是这种力量的体现。在园中还会看见巨大的石制水果和松果。

此外，人会突然发现自己站在地狱的边缘，面前是一个巨大而怪诞的装饰物。但是进到里面境况就会变得轻松一些，甚至近乎滑稽，因为游客在这儿只看到一个野餐的小屋。附近有座值得一看的庙宇，那是奥尔西尼请伽科莫·巴罗兹·达·维尼奥拉修建的专门祭奠自己亡妻吉乌利娅·法尔内塞的庙宇兼陵墓。

这座公园连同里面的怪物、神像、怪异的建筑和文学典故，与很多古奥的铭文一起，本意为构成一个令人感到梦幻、惊奇的场所。

但是，作为一位博学的贵族，奥尔西尼想要通过展示新的奇迹与古代世界的七大奇观相提并论。神话中发生的诡异事件，通过扭曲视角的手段来欺骗感官，用迷宫的形态塑造自然，从而创造了一个相对于同时代理性主义哲学的颠倒世界。波玛索的奥尔西尼别墅园林不适合与任何其他的园林相比较，虽然它拥有文艺复兴时期园林的元素，但它将其艺术作品的比例加以扭曲并通过夸张的形式使之呈现出幻觉。

我们也可以拿它与后来的巴洛克园林作

▲ / ◀ 圣心森林，波玛索

坐着的女神（上图）；
阿佛洛狄忒或安菲特里忒女神像（左图）

▶ **圣心森林，波玛索**

自然剧院和扭曲之屋

▲ **朱斯蒂庄园，维罗纳**
在露台正面墙壁上的怪兽面具

比较，但前提是把波玛索想象为一种放松、有序和大尺度的园林时，才能够看到其整体。但那时这座波玛索园林将失去了自我。

维罗纳的朱斯蒂庄园

“……朱斯蒂庄园，位置极佳，两侧是高大的柏树，像箭一般挺拔耸立，而红豆杉像北欧的园林设计中那样削尖，大概是出于对壮丽的自然现象的模仿。大树从底部到顶部的枝叶、老叶和新叶一样，300 年以来都努力地向上生长，真是令人敬佩。”

因此，歌德在访问意大利期间参观了维罗纳的朱斯蒂庄园，并向其致敬。园林范围包括了埃施河北面延伸至山坡上的台地园。其格局可追溯到 15 世纪，当时的朱斯蒂家族生活在佛罗伦萨，后来定居维罗纳。他们在山坡的高处建有迷人的文艺复兴风格凉亭。不幸的是，现在只有文艺复兴园林的总体布局还能依稀可辨。18 世纪后期，它被重新设计成当时现代风格的英国自然风景园。显然，歌德是不可能在这种情况下来到的，因为如果他面临的只是一个施工场地，就可能不会有这样富有诗情的话语。

第二次世界大战期间朱斯蒂花园被空袭摧毁了，许多超过 100 岁的柏树和大量的红豆杉树成为炸弹的牺牲品。20 世纪 50 年代时，朱斯蒂花园低处部分的总体规划决定采用意大利巴洛克园林风格。今天，如果站在花园入口处，旁边就能看见方尖碑和凹下的喷泉，向上看是道路两旁高大的柏树，这也许会令人想到朱斯蒂花园曾经的辉煌（见下图）。寓言中的人物出现在被树篱包围的宽广的花卉种植坛、喷泉雕像、砾石路、草坪和花坛分格上，还有各种怪异的面具出现在露台的墙壁正面（见左上图），使人脑海中再次浮现出意大利的园林文化。即使花园已辉煌不再，歌德所描述的一排排柏树和现在珍贵的红豆杉依然能再次让人赞叹。

► **朱斯蒂庄园，维罗纳**
朱斯蒂花园入口与中央柏树大道

P89 插图
► ► **朱斯蒂庄园，维罗纳**
有雕塑和柏树的横纹花坛

▲ **女人与独角兽**
五种感官之视觉的挂毯
羊毛和丝绸，300cm×300cm，1500年，克吕尼博物馆，巴黎

秘园

意大利文艺复兴时期，秘园或隐秘园指面积较小的花园或住宅庭院。这种园林很受欢迎，因为房子的男、女主人在想要独处或三五好友相聚时就有了好去处。因此，秘园选址时就考虑到了这一点。它要么直接位于住宅里的卧室外面，要么位于宫殿或别墅的私人套房外，又或是位于一片开阔的场地可供人们欣赏远处的壮丽景观。

但在观赏此类园林之前，需要先简要地了解一下该类型的历史。“秘园”原指中世纪的封闭小花园，往往出现在圣母玛利亚花园的主题环境中，如玫瑰园和小天堂园。“圣母玛利亚与独角兽”的主题往往占有重要地位（见上图）。追溯1070年出版的《生理论》（*Physio logus*）的古德语译本，这是一本晚古时期的“神兽寓言集”（*Sacred Bestiary*），独角兽是一种只臣服于圣母玛利亚的野生动物。它将它的头放置在圣母玛利亚的膝盖处表示自己的顺从，这与还未出世的基督有关。猎人代表了大天使加百列和带着基督的亲信和狗“希望”和“忠诚”，驱使这些动物服从于圣母玛利亚。如图所示，纽伦堡日耳曼国家博物馆展出的16世纪早期的锡制品（见下图）描绘了一个带防护墙的花园的内外场景。

通过城堡、大门和花园围墙这些元素，能够发现此类园脱胎于欢乐园。人们可能联想到夏季开阔的花园里萌生的宫廷爱情，伴随着优美愉悦的音乐，使人忘却宫廷中的一切约束。人们更倾向于把非公共园林的僻静区作为私人空间，因此最终促成了这种意大利秘园类型的出现。15—16世纪，理论家们就曾探讨此类花园。而作为宫殿的田园版本，它深受所有者的喜爱。秘园不仅有特定的主题，且不时运用与园林主旨联系较少的文化历史题材的主题。比如青春之泉，是与花园周围环境无关的形象化主题，经常出现在浴室环境或康复医疗中心等场所，此外也常与爱的主题联系在一起。意大利古抄本《天球论》（*De Sphaera*）就结合了这3种主题场景（见P91插图）。青春之泉置于园中，秘园就变成了一个爱情花园。

▲ **神秘花园中的圣母玛利亚**
锡制观赏盘，16世纪早期
日耳曼国家博物馆，纽伦堡

▶ **青春之泉，沐浴场景**
来自《天球论》中的细密画
埃斯滕斯图书馆，摩德纳

秘园邻近宫殿，周围有高墙围绕，是王公贵妇用来举行欢宴的地方。园中，几位长笛手、号手、诗琴弹奏者和鼓手为3个坐在长椅上的歌者伴奏。仆人们拿着玻璃水瓶、几只玻璃杯和小碗向喷泉池走去，在池水中嬉戏的赤裸的女人们开心地迎接她们的饮品。站在池边的年轻人为了爬进池水中也脱掉了自己的衣服，在喷泉中间柱子上坐着或跳着舞的小爱神也在颂扬这种公共沐浴的乐趣。永葆青春的泉水增加了其吸引力和爱之园的潜在用途，毋庸置疑地直接暗示青春之泉。

曼图亚秘园是为满足私密性和宁静而设计和建造的典例。弗朗西斯科·贡扎加二世去世后，1519—1523年间，他的遗孀伊莎贝拉·德·埃斯特将曼图亚公爵宫的旧皇宫一楼重新整修来作为自己的新居所，这项工作大概是由巴蒂斯塔·科沃完成的。跟壁橱一样，

◀ **卡斯泰洛美第奇庄园，佛罗伦萨**
秘园

她还在住所内设计了一个隐蔽的花园，有自己的专用通道可以从起居或睡眠区域进入。这个迷人的几何式小花园以中庭一侧的爱奥尼亚柱式拱廊为界，对来访者显示出较强的私密性。

至少在曼图亚，此类直接毗邻住所的花园深受大众喜爱。弗朗西斯科·贡扎加的继任者费德里科·贡扎加二世曾监督曼图亚城门前茶宫的建造，想要通过增加私人领域来扩展这个宫殿。此宫殿为朱里奥·罗马诺设计建造，供庆典之用。这种灵感无疑来自位于市中心公爵宫中伊莎贝拉·德·埃斯特的私人住宅，他指示其建造商为他在大花坛的东北角建造一座小别墅来作为避暑胜地，工程从1532年开始实施，到1534年完工。别墅的前厅通向两个客厅和一个毗邻小庭院的拱顶式凉廊，小庭院里有一个石窟式的凉亭和一个有奇异装饰和凹槽的喷泉（见右图）。

同曼图亚直接与住所相邻的秘园相比，卡斯泰洛的美第奇庄园里，围墙把秘园分别与别墅建筑、主要庭院分隔开（见上图）。虽然从别墅或者庭院，都有入口进入花园，但是贵族业主更重视花园的隐蔽性。小园里种植了绿篱和灌木，并设有藤架或亭，就是一个纯粹的休息场所。

卢斯柏利城堡可以追溯到9世纪，该城堡在13世纪时被拆除并被早期文艺复兴风格的城堡取代。到了15世纪末期，发展为文艺复兴园林。大约1538年，斯福尔扎·马雷斯科蒂伯爵娶了法尔内塞家的奥尔黛西亚，他委任小安东尼奥·达·桑迦洛为他们布置和装饰房间。

▼ **茶宫住宅，曼图亚**
从凉廊看向秘园

▲ 卢斯柏利城堡，维尼亚内洛
秘园

尽管纵向布置的花园不是很大，且给人更多是一种亲密感，但还是由两根轴线来控制。图中可以看出庭院被划分为3个分区，每一个分区又被分成很多分格，它们为位于主庭院下方的秘园留出入口（见上图），且留出向下通往该花园的隐蔽路径。站在上方主庭院的游览者会很难发现这个花园，其设计意图当然显而易见。

现今的设计表明这原本是一个爱之园或者欢乐园。优雅的花坛四周由树篱包围成规则形状。中心可能曾设计了一个凉亭，也许两侧还有小型的果园，中心庭院被花架小路所划分。也就是说，无论意大利文艺复兴时期的秘园或爱之园以何种方式保存在有关别墅与宫殿园林的雕刻和壁画中，可以假定：即使在15世纪，秘园离城堡有一定的距离，但是在以后的几个世纪中它会与主花坛相连接。

由此，卢斯柏利城堡的秘园可以作为园林的一种新类型。它与宫殿的住所不相邻，而是为了保证花园真正隐秘而刻意将花园与住宅分开。

在菲埃索罗的美第奇别墅中，我们邂逅了另外一种隐蔽花园。花园的设计布局营造了一种自然的生活空间，需要通过主花坛才能到达秘园。哲学学院学员也正是到这里讨论柏拉图的哲学，这儿不仅与世隔绝，还能俯瞰佛罗伦萨城市和亚诺河谷的壮丽景象。

▲ / ◀ 加贝阿伊阿庄园，佛罗伦萨

摆放着红陶花盆的台地园（上图）
凝灰岩墙壁龛中的雕塑（左下图）
树篱中的狮子雕塑（左图）

P95 插图

▶ ▶ 加贝阿伊阿庄园，佛罗伦萨

秘园（上图）
秘园结束部分的半圆形布局（下图）

塞蒂尼亚诺附近的加贝阿伊阿庄园

在离佛罗伦萨不远的塞蒂尼亚诺附近，一种类似概念的花园出现了。1610年，扎诺比·迪·安德烈·拉比得到了这处加贝阿伊阿的田庄。自14世纪起这里就属于天主教本笃会，并有座大型别墅、花园和一些农业建筑。加贝阿伊阿庄园二层的南面有美丽的凉廊。在它下面的一座山脊上，花园像一艘开向亚诺河的船舶那样延伸开来。这种船舶般的效果因整形树木围合出的半圆形端部得到进一步增强。园林中这种相对大面积的花园就是从前的秘园（见上图和右图）。

关于这里，既没有设计草图也没有文献记载留下。该花园现在的设计由马蒂诺·波尔奇纳伊和路易吉·梅瑟里受公主乔凡娜·吉卡委托完成，并于1905—1913年间建成了这座花园。设计者对花园主花坛的树篱、锥形树和半球黄杨树进行严格对称的布置，这是源于文艺复兴时期晚期的园林图案。通常被期望设置花坛的地方改为设置大水池，会产生一种奇怪的效果。这种做法与巴洛克园林后期手法相一致。此外，密植的黄杨树也是相似的特征。可以一览托斯卡纳山橄榄园迷人景色的加贝阿伊阿庄园，诠释了其前业主们隐居在家乡自然景色中的渴望。

卡普拉罗拉的法尔内塞庄园

在卡普拉罗拉，游客可能邂逅拉丁姆最与众不同的庄园（见P96～P99插图）。这不仅指五角形状的法尔内塞宫，也包括花园，尤其是秘园。1558年，大主教小亚历山德罗·法尔内塞委托当时大概最炙手可热的建筑大师伽科莫·巴罗兹·达·维尼奥拉为他改建一座城堡，这座城堡刚刚由小安东尼

P96 插图

◄ ◄ 法尔内塞庄园，卡普拉罗拉

娱乐宫中的喷泉雕塑（上图）
娱乐宫下面的河神喷泉（下图）

► / ▼ 法尔内塞庄园，卡普拉罗拉

入口正面（右图）
娱乐宫中的石窟喷泉（下图）

奥·达·桑迦洛设计并着手建造，计划建造成一栋华丽的庆典用建筑（见上图）。这位繁忙的建筑师明白他正面临一项特殊挑战。1550 年之前不久，充满野心且财大气粗的大主教伊波利托二世·德·埃斯特已开始计划在蒂沃利建造自己的别墅，而法尔内塞的目标就是卡普拉罗拉庄园的宏伟壮丽应该超越蒂沃利庄园。维尼奥拉设计了一座独特、令人印象深刻的宫殿，它更像是一个巨大的城堡。而不是乡村花园别墅，宫殿独特的五角形平面的设计起到了决定性的作用。1573 年维尼奥拉去世后，上层的花园由乔瓦尼·安东尼奥·加佐尼和吉罗拉莫·拉伊纳尔迪设计并于约 1580 年建造完成。

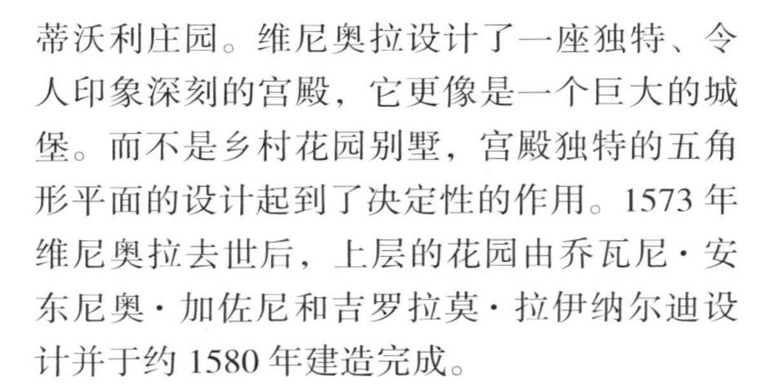

在秘园一个生动的石窟中，河神旁是一座牧羊人喷泉。这个田园主题暗示了秘园的本质为爱或欢乐之园。至少在娱乐宫的一小部分设计方案中，爱的主题再次出现。这个亭子可能由维尼奥拉着手，但是在他逝世后由加佐尼建成。较低矮的廊拱顶壁画中可以看到在爱之园里常见的少女与独角兽。别墅两侧的露台上设有提篮子的赫尔密斯像的方形石柱，一边拖着小狗，另一边在吹笛子。这也属于爱之园中附带图案的尝试。

直到 1620 年娱乐宫和女雕像柱广场一侧的地区规划才由大主教奥多阿多·法尔内塞着手并在拉伊纳尔迪的建筑监督下完成。后面的建筑是一个精妙的秘园（见上图和 P96 插图）。面对紧急政务时，大主教最喜欢的这座夏季花园可以满足其渴望宁静和独处的意

愿。这里被设计成了娱乐和消遣的隐居园，整个园区周围都是石窟和粗琢墙壁。在别墅前院矗立的喷泉四周都是河神雕像，水从河神雕像流泻入水池中。由相互交缠的海豚雕像形成的喷流，也被称为“水之链”或“豚之链”，由雅各布·德尔·杜卡设计。卡普拉罗拉的秘园超过了迄今为止此类花园通常的规模，可视之为布置在宫殿的广阔园林中的独立别墅。

这些案例能够体现秘园最重要的主题和设计图案。此类花园很快就在欧洲其他国家的一部分上层社会流行起来。在意大利建筑师、园林设计师的影响下，尤其是法国的秘园很快成为巴洛克风格式大型园林布局不可或缺的部分。

法尔内塞庄园，卡普拉罗拉

▲ 秘园（上图）

◀ 雕塑：尤迪特（左图）

P99 插图

▶ ▶ 秘园的细部

法国文艺复兴时期园林

13世纪中期霍亨斯陶芬王朝统治结束之后，法国王室和意大利之间的政治来往才变得紧密起来。紧随着14世纪下半叶法英两国之间的纠纷之后，安茹王朝再一次把它渴望权力的目光转向意大利。

100年之后，即1494年，那不勒斯王国登上政治舞台。为了实现对那不勒斯的统治，查尔斯八世，这位13岁的王位继承人带领军队去攻打意大利。小胜之后，却最终被迫臣服于教皇亚历山大六世、哈布斯堡皇帝马克西米利安一世和米兰公爵卢多维科·伊尔·莫罗的联盟并撤军。虽然查理八世并未带着任何政治战利品回到卢瓦尔河谷地区的昂布瓦兹城堡，但是他并非空手而归。在那不勒斯时，他显然有充足时间去详细考察许多宫殿、别墅和花园。他热情地写信给波旁公爵：

“我的兄弟，你无法想象（我看到的）这个城市的花园多么漂亮。真的，这个人间乐园似乎只缺亚当和夏娃了，因为它如此美丽，充满了美好与神奇的事物。”

◀ **维朗德里城堡**

园林和城堡东面的景观
维朗德里花园是法国参观者最多的园林之一

▲ **昂布瓦兹城堡**

靠近城堡的花园

从前的这座文艺复兴时期园林已化为乌有

昂布瓦兹、布卢瓦和加隆的城堡花园

上文更加验证了意大利和其他欧洲国家之间的文化交流。意大利艺术，即文艺复兴时期的园林艺术就此扎根法国，并很快在阿尔卑斯山以北的其他国家传播开来。查尔斯八世在他的昂布瓦兹城堡里雇用了一些来自意大利的艺术家，包括园林设计师帕切洛·达·梅尔科利亚诺，他是一位来自那不勒斯的牧师。虽然没有文献史料证明关于他在昂布瓦兹城堡所做的一切，但他仍然被认为是法国首个文艺复兴时期园林的创造者。遗憾的是，查理八世在1498年死于一场意外事故，这个热衷于意大利园林的人却没能欣赏到梅尔科利亚诺的艺术作品。他的继承者路易十二完成了这项工程。从雅克·安德鲁埃·杜·塞尔索绝妙精细的雕刻版画中可以看到这座园林完工后的全貌（见下图），虽然这显示的是该花园建成数十年以后的样子。在他1570年发表的两幅雕刻版画作品中，杜·塞尔索集合了法国同时代所有重要的城堡和花园，这个时代始于查尔斯八世在位期间，贯穿路易十二（1498—1515年）和弗朗西斯一世（1512—1547年）统治的全盛时期，终于亨利四世（1589—1610年）统治时期。

杜·塞尔索的雕刻版画展示了昂布瓦兹城堡的一座园林花坛，它位于高于卢瓦尔河河岸的一处平台上。杜·塞尔索在记录中批评了这座花园的比例，其种植坛的确只有纵向延伸的两排，这使得花园布局呈狭小的长条状。中世纪城堡建于高大的支撑墙上，其布局决定了空间比例，空间比例又严格限制了花园的范围。因此，城堡和花园之间的关系一开始是不可能和谐的，就像将独立的文艺复兴风格的侧翼添加到中世纪的城堡建筑

◀ **昂布瓦兹城堡**

杜·迪塞尔索描绘的城堡和花园，1607年

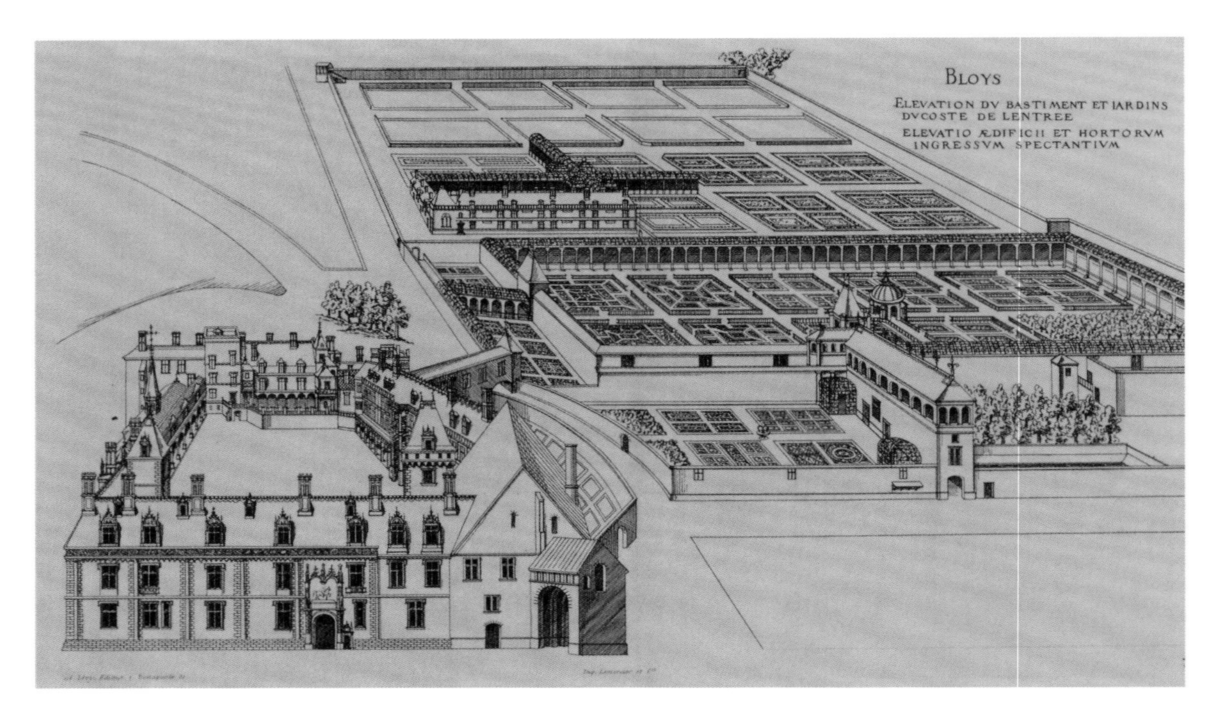

◀ **城堡和花园，布卢瓦**

杜·塞尔索所画园林的总体布局图，1607 年

之上。因而，有人开始在城堡的花园尝试新的形式，后来不断得以扩展并转变为文艺复兴式花园。

路易十二对意大利园林设计的热衷就如同他的前任国王查理八世。他委托大臣去查理八世的昂布瓦兹城堡考察意大利的大理石喷泉，后来不仅在昂布瓦兹，并且在加隆和布卢瓦都建造了此类喷泉。因此，昂布瓦兹园林的典型特征也适用于布卢瓦和加隆的花园。花坛的布置完全不考虑花园与建筑物之间的特定建筑关系。而主库房的周围镶了意大利文艺复兴风格的花床。有别于意大利园林的做法，从昂布瓦兹河边的长廊的设计可以看出，在花园设计之初，这里的景观至今仍未被考虑进去。越来越高的墙体伴随的不过是窗户数量的增加，却并未为卢瓦尔河流域带来一处自由观看壮丽全景的场所。这显示了中世纪封闭花园的理念，一味追求私密和幽静的花园仍占主导地位。

布卢瓦的园林也是在路易十二时期规划的，园林的规划和监督委托给了那位来自那不勒斯的牧师帕切洛·达·梅尔科利亚诺。该园林的建设工作始于 1500 年，与城堡建筑相脱离，只能通过一座桥——雄鹿画廊（见上图）进入这座园林。将城堡和花园紧密联系成为一个整体的理念，或至少尝试将现有的花园整合到城堡中去，这种想法在布卢瓦尚未产生。从杜·塞尔索的雕刻版画中可以看到该园林是由 3 个位于不同标高的台地组成的。它们相互独立，不依靠台阶或坡道相连。最受关注的显然是中央花园，即下花园或王后花园，其他两个花园更多地被视为次花园。地势稍高的国王花园里，一块药草、蔬菜混合园同欢乐园连接在一起。较低台地的花园里可能是一些实用植物和小型装饰花坛，它的长度只有主花园的 1/3。

王后花园有 10 个种植花坛，在园林中沿纵向轴线成对布置，在书中被称为“镶花地板”。这 10 个种植分格并没有按照十字形的轴线布局，原本用于突出轴线交叉点的凉亭放到了右侧。这种奢华的种植花坛参考了意大利的花坛设计，每个独立的分格都各自设计以创造出活泼多样的变化。整个区域除了左前角的区域外，都被围合成“葡萄架”，一种有花架格栅覆盖的园路。那时葡萄架布局方式风靡一时，一直持续到巴洛克时代。这些花架道路往往延伸至主轴线入口处的凯旋门式的仿古亭构筑物。然而，在布卢瓦只有一处发现了这种布局结构，在这里，这种简洁的网格与城堡桥——雄鹿画廊呈直角布置，

▲ **花坛细部**

并与城堡的主花园相邻。

大约在1500年，路易十二为他的妻子安妮·德·布列塔尼建了一座毗邻橘园的花园别墅，其次级花园和中心花园都相互连接。在长条形建筑旁，有一个果树园和两处老式网球场或者球类游戏场地，这个花园别墅得以保存至今。

路易十二的顾问、大主教乔治·德·昂布瓦兹，也许曾研究过国王城堡花园的布局，并认为它还有改进空间。1506—1509年，他请人为他加隆的城堡设计了一座园林，大概也在帕切洛·达·梅尔科利亚诺监督下完成，加隆靠近主教所在的鲁昂市。杜·塞尔索1576年的画作（见下图）中所表现的城堡和主花园之间的关系令人错愕。这座护城河桥将主要区域和围墙内的庭院相连，并是唯一与花园连接的通道，从中我们可以看出城堡轴线和花园轴线之间的关系。

根据杜·塞尔索的平面图判断，为了将该园林的东部作为一处展示花园，城堡东翼的游廊一直延伸至中庭花园的拱廊。这些游廊紧邻高大的支撑柱与围墙，在其4个角和中心位置都有天窗长廊和塔楼。因为地势陡峭，在这修建台地园更需要支撑墙体。花园游廊的中间是一座宏伟的门塔，它与主城堡建筑平行并作为花园的主入口，花园由26个小装饰花坛组成。1517年，一位叫安东尼奥·德·贝蒂斯的人对这座花园中装饰花坛的艺术性做了详尽的记录。他提到，开花草本植物与黄杨、迷迭香一起，共同创造出充满想象力的造型，有骑士、船舶或鸟类，甚至还有皇家盾徽。关于这些设计，贝蒂斯赞道：“极具艺术性。”总的来说，他的记录与理论家奥利维尔·德·塞雷斯的见解基本一致。

▲ **布卢瓦城堡花园**

城堡中的园路（细部）

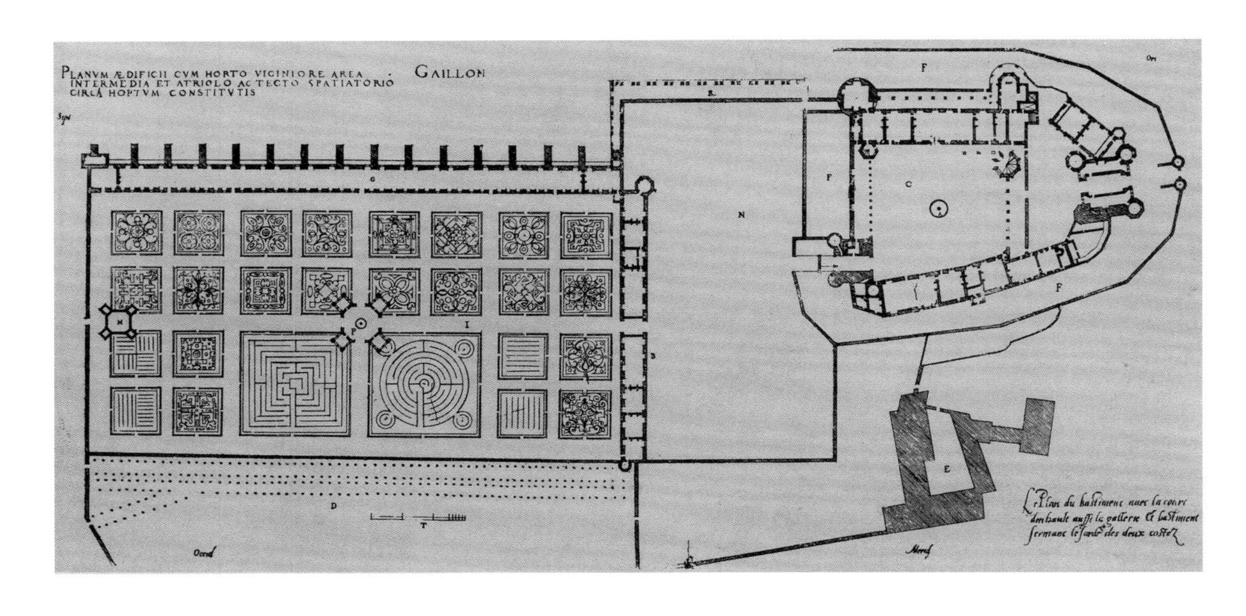

◀ **加隆的城堡和花园**

杜·塞尔索所绘的城堡花园平面图，1607年

▲ **枫丹白露宫**
台伯河喷泉（细节）
亚历山大·弗朗希尼的雕刻版画

塞瑞斯认为装饰花坛应以诸如薰衣草、百里香、薄荷、马郁兰或者迷迭香等草本植物来镶边。在装饰花坛的内部图案中，他则建议种植其他植物和花卉，比如堇菜属植物、紫罗兰、石竹花或蝴蝶花。最后，他建议将适于整形的黄杨修剪成各种充满想象力的艺术造型。

两个迷宫打破了原有花坛群的对称性布局和原来严格的行列式花坛模式。中心轴末端设置了一座园亭，与在花坛群入口布置的顶层塔楼相对应。这种布局结构通过较小塔楼的重复，将花园、花园的构筑物和城堡建筑本身连接起来。

在远离城堡的地方，大主教修建了一所隐蔽的住宅以及一座盆景园，还有一面有石窟的岩壁。回想伯纳德·帕里希提到的有关石窟内容，其灵感源自意大利，在 16 世纪的法国大受欢迎。加隆的隐士居所是这类园林最早的实例，随后，在 18 世纪的巴洛克园林中，这种布置成为园林设计的一个基本元素。

在加隆，建筑物和主花坛是分离的，而这类极具法国特点的庭院通常处于城堡建筑与园林之间。它所起的功能就是连接建筑物和花坛这两个元素。

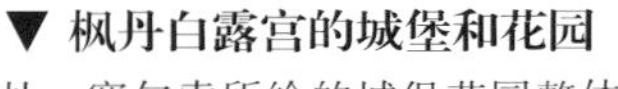

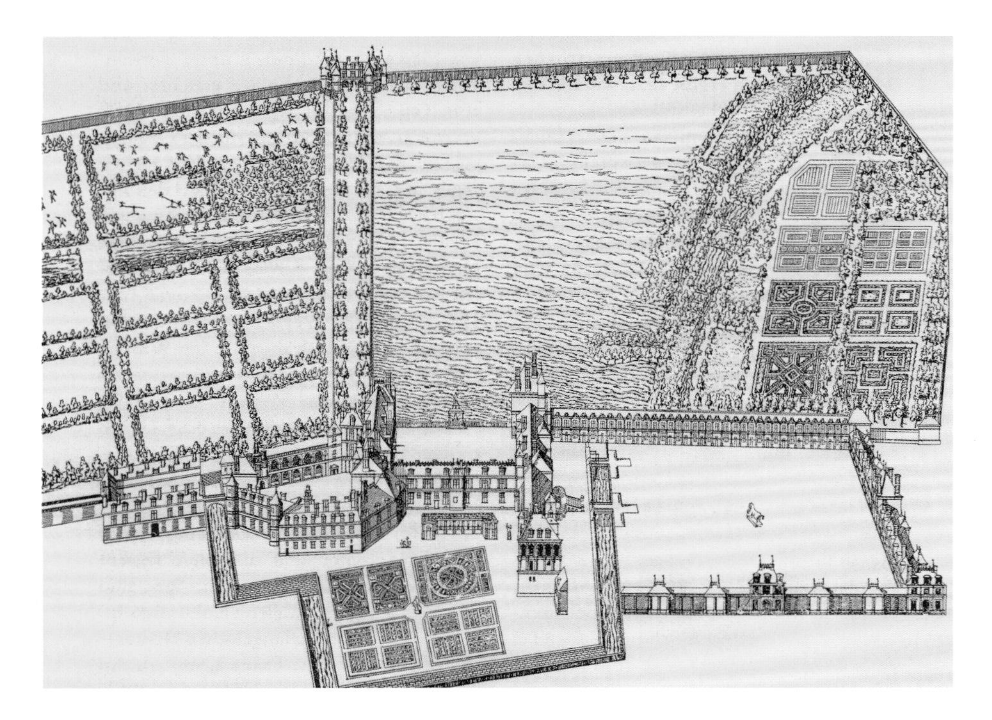

▼ **枫丹白露宫的城堡和花园**
杜·塞尔索所绘的城堡花园整体布局鸟瞰图，1565 年

枫丹白露宫的园林

在法式园林的演变史上，枫丹白露宫和阿奈的园林是接下来的决定性阶段的标志。17—18 世纪时期法式园林发展到了非同寻常的规模和多样性。自 1528 年起，枫丹白露宫在弗朗西斯一世的统治下扩大成为一个狩猎场（见 P106、P107 插图）。老建筑物相互结合产生了不规则的布局。整体上，园林并无建筑上的统一，但也确实创造了一些有趣的机会，如将庭院设计成花园，或使庭院与宽敞的花园区形成反差——类似于加隆城堡的设计——以求找到解决城堡、花园和建筑庭院之间的差异的具体对策（见左图）。

所有者希望拥有的理想花园，是将紧挨着城堡建筑的秘园的传统布局和自城堡延伸

开去的园林相结合，并使之融入自然景色。因而，在城堡由礼拜堂、横翼与主体建筑构成的角落里，他还命人建造了一座由4个种植花坛构成的装饰花园。在轴线相交的位置设置了一尊古典大理石雕像，这座“凡尔赛的黛安娜”如今正放置在巴黎的卢浮宫里，这座花园便是后来的黛安娜花园。整个花园、城堡庭院和城堡建筑都被水道所包围，而且只能通过王宫住所到达这座私人花园。凯瑟琳·德·美第奇主管时，花园被命名为王后花园。花园里放置了古代著名雕像的青铜复制品，包括拉奥孔雕像、望景楼的阿波罗和熟睡的阿里阿德涅。如今，这些雕塑也被安置在卢浮宫里。

在城堡建筑横翼的另一边，延伸出去的是如今所称的弗朗西斯一世的画廊、泉庭和喷泉庭院，围绕它们的是挖掘湿地形成的一个大湖。湖的西面是另一个带果园的观赏园和实用花园。如今，游客可以经过1812年设计的英国式花园散步到达这个地方。湖东是种植着四排树的道路，毗邻一个大型花园。弗朗西斯一世在这里建了一座包括果园、草地和游乐场的园林，杜·塞尔索的版画再现了人们在这里嬉闹和荡秋千的场景。源自大湖的宽阔、绿树成荫的河道从这里潺潺流过。

水在这座大型花园的布局中占主导地位，直至1565年凯瑟琳·德·美第奇主管的时代，这些水景工程才全部完成。因此，玛丽·路易斯·哥赛因称枫丹白露宫为“法国文艺复兴时期的水景花园”也是名副其实。

使用水面和水道作为结构原理对法国巴洛克园林的发展起着重要作用。1661—1664年间，枫丹白露宫花园最后的部分经凡尔赛宫的园林设计师安德烈·勒·诺特尔重新设

▲ 枫丹白露宫的城堡花园

风景园里的18世纪的石制景观亭

P106、P107 插图

►► 枫丹白露宫

城堡和大型水池

▲ 枫丹白露宫，城堡花园
大运河（顶图）
锥形树（上图）

P109 插图
►► 阿奈庄园，城堡花园
古树与水景

计（见 P105 上图和 P106、P107 插图）。勒·诺特尔为了创造一个方形水池而扩大了该区域城堡前的大运河，大水池四周还设有 4 个大型的花坛分格。他在花坛中种植经过修剪的树木为花坛镶边，以此来掩饰其不对称的总体布局和城堡建筑外观不规则的轴线。然而，勒·诺特尔服务的对象不是弗朗西斯一世，而是亨利四世。就在 1600 年之前不久，后者已经把这座实用花园改造成了一个刺绣花坛园，一个基于意大利风格的装饰性花坛组合。1609 年，除了这个大花坛，他还在远处规划了一个大型园区，其中弗朗西斯一世时期以来的大运河被扩展改造成广阔的池塘。随着这些精心的设计改造，这些外部景观首次被划入了枫丹白露宫的园林范围。

大概正是在枫丹白露宫，法国人才第一次有意识地把风景当作漫步园中的视觉体验的一部分。国王将花园视作其领土的缩影，象征着现实中的统治疆域，并且将城堡中的种植坛、道路、渠道和水池等细部要素与他面前的园林全景联系起来，作为他统治的一个隐喻。然而，城堡和花园之间的联系仍不能令人满意，城堡前的庭院区没有充分实现这一需求。而当勒·诺特尔重新设计枫丹白露宫时，他也发觉到布局方面的不足，所以他马上决定采用台阶和种植树木的方法来掩饰立面的不规则。

阿奈庄园

阿奈，这个法国最迷人的文艺复兴时期的城堡之一，由全国最有名的建筑大师菲利伯特·德·奥玛提出了解决城堡和花园之间的联系问题的新方法。1546 年，亨利二世的情人黛安·德·普瓦捷委托他设计和建造一座城堡和花园作狩猎之用。德·奥玛将先前建筑年代较久远的部分整合到了他的设计当中，并成功地在城堡和花园之间创造了一种和谐对称的关系（见 P109 ~ P111 插图）。

像凯旋门一样的城堡大门被保存至今（见 P110 插图），进入大门穿过内院可直接到达两侧有侧翼的主建筑。主建筑外延伸的园林景观逐渐映入眼帘。现在看来这种仪式性庭院和两侧的花园具有相同的重要性。德·奥玛设计了一条贯穿大门、主建筑山墙和花园中央大道等整个建筑群的轴线。

城堡大门的装饰简直是工艺上的奇迹：大门上面饰有一组动物，包括两只猎狗和一只水边的雄鹿，这组动物雕像与门钟的机械装置相连接，德·奥玛对它的描述如下：

“尽管雄鹿出于天性听到狗的叫声是不跺蹄子的，但是经过合理安排之后，当猎狗撞

▶ / ▼ 阿奈庄园

城堡和园林（右图）
门楼的露台（下图）

响每一刻钟的铃声时，雄鹿就会在整点时段不断跺蹄子。”

维尔弗里德·汉斯曼强调，聪明老练的城堡女主人与狩猎女神有相同的名字——黛安娜，这个主题在园林的设计和建造中能够看得出来。一段半月形状的双重台阶（月亮形是黛安娜的象征）将人们从主建筑花园一侧引向三面环廊的模纹花坛，据说装饰花坛的纹章图案与黛安娜的祖先和皇家血统有关。1582 年，这些模纹花坛被由艾蒂安·杜·佩拉克设计和由克劳德·摩勒种植的刺绣花坛取代，后者是法国最早的名声卓著的御用园林设计师之一。

不幸的是，这座文艺复兴时期的花园仅存在了 100 多年，并未留存下来。1681 年，园林后来的主人路易期 – 约瑟夫·德·旺多姆委托勒·诺特尔用更时尚的风格重新设计了该花园。

粗琢的墙壁被拆除后，黛安娜花园成为面积扩大了 5 倍的园林的一部分，从厄尔河引来

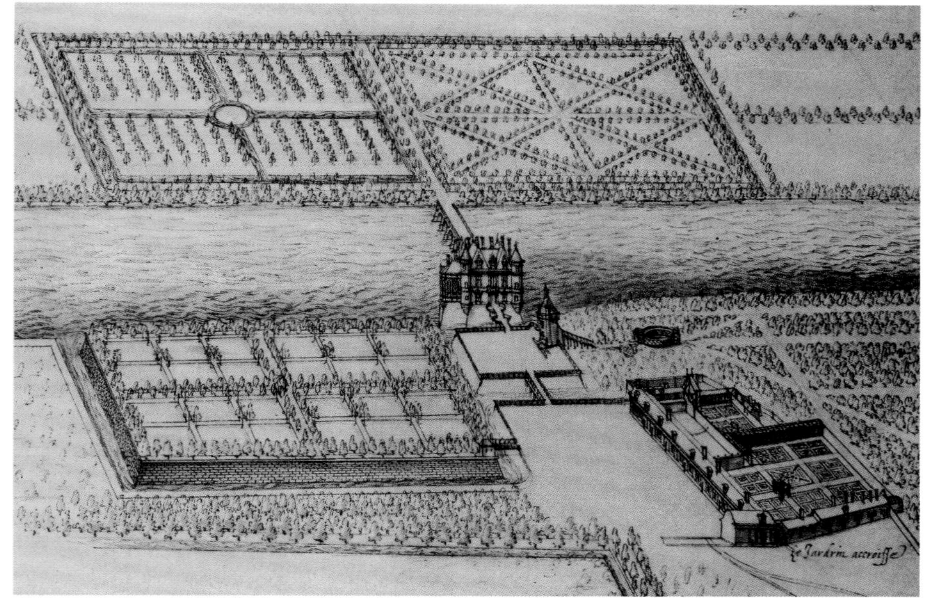

▲ **舍农索城堡**

杜·塞尔索的城堡和园林的手绘图

◀ **舍农索城堡**

东园“黛安·德·普瓦捷花园”的大型刺绣花坛

的水流过西部片区。很快，又一个巴洛克式园林建成并装点着乡村。但这座园林在下一个世纪时就逐渐衰落了。该城堡被毁后，部分建筑在19世纪初期得以重建。大约1840年，新城堡的新主人卡拉曼伯爵阿道夫·德·里凯在此处建造了一处英国园林。

舍农索城堡

在瓦尔河附近的谢尔河边上，花园和舍农索城堡之间有一种异乎寻常而又极具吸引力的联系。

这个文艺复兴时期的城堡依势横跨在谢尔河河床上，像一座充满贵族气息的桥，而城堡建筑的东部相对独立。大花坛铺展开来，其南侧被谢尔河包围（见左图），从谢尔河里取水的一条水渠环绕着这座美丽的花园。河流因此被视为城堡和花园之间美妙的连接——这样的设计在整个国家是独一无二的。

1551—1555年间，法国国王亨利二世规划并建造了这座城堡和园林，并将它作为礼物送给了黛安·德·普瓦捷。1560年，凯瑟琳·德·美第奇拥有了舍农索城堡的所有权，她命人将城堡西面的园子加以修理以适合种植植被，还在舍农索城堡主庭院以西的谢尔河岸上建造了一座小型模纹花坛（见P114插图）。

▲ 舍农索城堡

西园由一个圆形的池塘和条形种植坛之间的草坪组成，没有东园“凯瑟琳·德·美第奇花园”奢华

在20世纪初期，已经在自己国家重建了很多历史园林的亨利·杜舍纳将这片土地恢复旧貌，使得我们得以体验并研究这座文艺复兴式园林，以及其城堡、花园和河流之间的特殊关系。这个园林的布局类似于杜·塞尔索家族留传下来的布局观念。

整个刺绣花坛是以十字形沿对角线划分，从而形成一个个梯形和三角形的花坛。花园中有不对称的砾石路和具有环状装饰效果的薰衣草花带。花坛边缘种植黄杨球和矮小的塞维利亚橘树，以及根据季节来调整的花卉。在花坛内的中心圆形草坪上必定会设置一个喷泉。

对岸，即舍农索城堡入口的西北方向，是凯瑟琳·德·美第奇花园，然而，它的规模就要小得多。这座花园布局与主花园类似，并且毗邻北边向外延伸的花园。

亨利四世的统治时期（1589—1610年），园林设计受到宫廷艺术的影响，而见识现在成了唯一的评判标准。理论家奥利维尔·德·塞雷斯依次参观了枫丹白露宫、圣－日耳曼－昂莱城堡、布卢瓦城堡、杜伊勒里宫以及巴黎的卢森堡花园，并完整详细地记录这些杰出园林中模纹花坛的布局和花床装饰。

P115 插图

►► 舍农索城堡

东园中大花坛的细节（黛安·德·普瓦捷花园）

▲ **舍农索城堡**

有浮雕饰柱（女雕像柱）的盛饰建筑如神殿一般

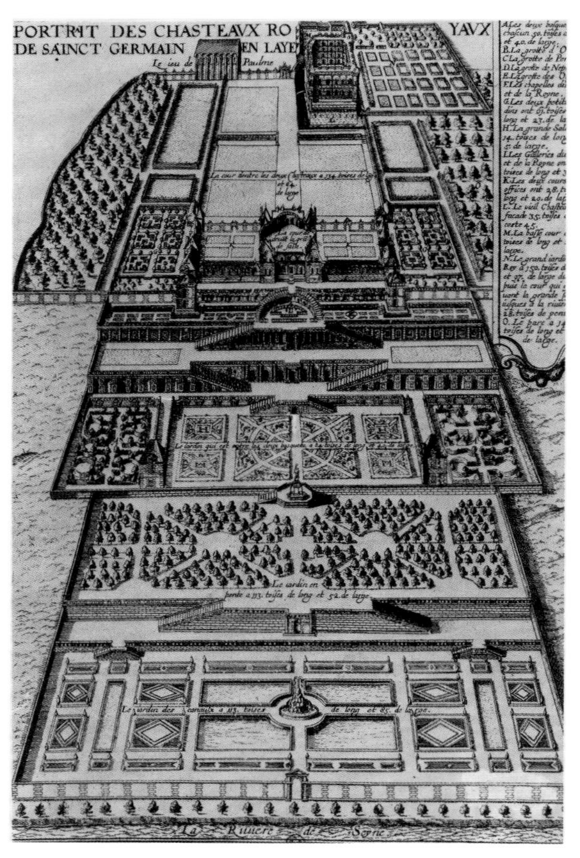

► **圣日耳曼昂莱城堡**

亚历山大·弗朗希尼的版画展现了城堡和花园的布局，1614 年

圣 – 日耳曼 – 昂莱城堡花园

同时期关于圣 – 日耳曼 – 昂莱城堡花园也有一些令人欣喜的记录，这座不朽的园林被誉为世界第八大奇迹。1557 年，亨利二世首先委托菲利伯特·德·奥玛设计了这座园林，并且根据记载所示，项目很快就动工了。亨利二世两年后去世。直到亨利四世统治时期，大约 16 世纪末该项目才完成。1664 年的版刻作品展示了这座宏伟的花园，向下 6 层台地，直达塞纳河边（见左图）。它有一个非常显著的建筑特点，上层平台城堡的凉亭在平面上互相连通，其中一些被设计成半圆式露天建筑；而在其他平台上凉亭更多，以此为起点的游廊，围合出一个个花坛分格。游廊以墙为界，顶上爬满植物并引向更小或更大的凉亭或主体建筑。整个园林以华丽的风景为背景，创造了一种剧场舞台的印象。这种多样而富有想象力的刺绣花坛是由前面讲述阿奈时提到过的克劳德·摩勒设计的。

花园中很多喷泉水景都是托马斯·弗朗

希尼和亚历山大·弗朗希尼兄弟设计的。后者还负责枫丹白露宫的喷泉和水务设施的监督和管理。而前者则是国王路易十三的喷泉设计师，他的儿子弗朗索瓦·德·弗朗辛就是凡尔赛宫喷泉的创造者。有的平台之间通过半圆形台阶连接，有的则通过有扶栏的双重楼梯连接。正对主花坛是石窟区的水景设施，向后走还可以看到著名的俄耳甫斯石窟（见下图）。长方形主花坛两侧划出两个小花坛，中部呈放射状分成 4 个大的花坛。较小的边花坛中饰有国王和王后即亨利四世和玛丽·德·美第奇的首字母。花坛两侧是两个小树林区。花园完成后半个世纪，这座台地园曾经坍塌，后又经路易十四重建。

巴黎的卢森堡花园

1610 年，亨利四世被一天主教狂热者谋杀后，他的妻子玛丽·德·美第奇逃离了她在卢浮宫的住所而转到塞纳河对面的另一住所居住。1612 年，她从弗朗索瓦·德·卢森堡手里得到了一块地，在那儿设计修建了一座城堡和花园。卢森堡花园虽然历经多次改变，但它仍然名声在外（见上图）。在这里，所有者以佛罗伦萨的波波里花园为原型，以期她的祖国意大利能够繁荣昌盛。然而该园林并没有完全达到她的期望，因为托斯卡纳的台地园所具有的魅力是很难在塞纳河边平坦的土地上展现出来的。此外，法国园林的刺绣花坛设计已经脱离了原有的意大利园林形式并发展出自己的设计手法。在亨利四世和路易十三统治时期，1612 年当最有名的花坛设计师雅克·布瓦索发布他的第一个作品时，玛丽·德·美第奇对他设计的花坛就表现出了极大的喜爱，即使她只能辨别出一种“托斯卡纳特征”：正如波波里花园，主要道路并不是朝城堡布局的中心轴方向延伸，而是沿着轴线的垂直方向延伸。这种独特的花坛设计在建筑主立面前展开。布瓦索选择了叶形作为基本图案，然后以其丰富的可能性不断加以变化。他极具创意地将之转变为各种新颖的掐丝图案，包括女王姓名的首字母。布瓦索从来不用花卉，而是用黄杨去创造装饰。

▲ 巴黎的卢森堡花园

沿着装点着雕塑的台阶到达一条小路

▲ 俄耳甫斯石窟，圣日耳曼昂莱城堡

亚历山大·弗朗希尼雕刻版画，1614 年

维朗德里城堡

法国文艺复兴时期的园林要么已经湮灭，要么已经被改造成巴洛克式园林，转而又变成英国自然风景园。许多园林通过这种方式留存至今。但有一个地方则保存了文艺复兴时期刺绣花坛所有的魅力和光彩，虽然曾经间断过，并被其独特的娱乐性所冲淡。

在离图尔市不远的维朗德里城堡，人们会邂逅这样奇特却引人注意的组合：一座12世纪的中世纪城堡和一座文艺复兴时期的城堡，以及一座直到20世纪初才变成一片废墟的18世纪的台地园。

这座园林是重新修建的，并且是当今法国最漂亮的文艺复兴园林之一。有确切的证据表明，重建的并非巴洛克风格的园林，而更多的是推想出的文艺复兴时期的园林形式。鉴于巴洛克式园林在法国的主导地位，这座花园的重建堪称勇敢，并且最终达到了理想状态。

这些应该归功于西班牙人约阿希姆·卡尔瓦洛，他以杜·塞尔索的记录为根据，于1906—1924年间重新设计了这座18世纪的台地园，并与其他西班牙艺术家们共同创造了一座典型的法国文艺复兴时期园林。在城堡的南面，有一处装饰着艺术图案花坛的菜园（见P120、P121插图）。人们可以欣赏东边的音乐花园和城堡东南边的爱之园中的黄杨树篱（见P118插图和右图）。作为花园主轴线的道路将观赏园、菜园以及水景园分离开来。水景园中有水渠穿过，将水从池中输往城堡的护城河。

卡尔瓦洛刻意强调严格的对称形式，并通过一种有趣而富有想象力的纹饰来加以弱化。他主要关注的是要在维朗德里城堡创造一座能替代英国风景园的花园。在他看来，英国风景园已经摧毁了法国文艺复兴及巴洛克式的园林，并严重阻碍了园林设计的传统手法发挥其应有的作用。

法国文艺复兴时期的园林以意大利园林为基础。法国初期对意大利园林文化充满热情，后来逐渐形成自己的具有艺术性和想象力的园林艺术思想，从而进一步发展了意大利园林模式。

▲ **维朗德里城堡**
爱之园的树篱和小型观赏树木

鉴于意大利的城堡和花园在大多数情况下是被作为一个整体来规划设计和实施的，而法国的城堡和花园则长期处于相互独立的状况，因此直到文艺复兴时期结束，法国的建筑和花园才最终融合起来，那时它们便成了巴洛克时期无与伦比的园林复合体。法国园林中的意大利元素，无论是花坛的设计还是通过石窟到台地的设计，都保持着自己的装饰特点。

P118插图
◀◀ **维朗德里城堡**
从城堡向东南方向穿过爱之园

◀ **维朗德里城堡**

通过台阶的引导从较低层的厨房花园（蔬菜园）到观赏花园（爱之园）的台地上

P120、P121 插图

◀ ◀ **维朗德里城堡**

城堡南侧的厨房花园（蔬菜园）

P123 插图

▶ ▶ **维朗德里城堡**

水景园的水池和喷泉

布雷西城堡

布雷西城堡可以追溯到17世纪早期，它位于法国卡尔瓦多斯省的卡昂附近。与该城堡同一时期的布雷西花园，除了被少许的改造过，一直保存至今。其独特魅力在于大量使用台阶、栏杆和阶梯状土墙，还有饰有精细装饰和雕刻的大门。园林的整体结构很像一座拥有大舞台的大剧院，其中包括几个交错向上的场景。一条有4段台阶的中央砾石路穿过4个花坛后到达一处矫饰主义风格的铁格栅大门（见P126上图）。站在最高处可以一览整个园林以及台地园里面装饰着的锥状黄杨木和低矮的树篱。人的视线可以远远地越过城堡上巴洛克风格的装饰山墙，一直到远处卡尔瓦多斯的那些缓缓起伏的丘陵（见左图）。

即使文艺复兴时期模纹花坛的图案特点不见了，但仍旧可以看出这个1600年的花园典型的概念就是独特的台地园结构和装饰。城堡前的花坛展现了令人印象深刻的曲线纹样图案组成的树篱，而栏杆上装饰的松果和雕刻精致的狮子头（见上图和左图），连同其他富有想象力的雕塑，都使花园呈现出法国文艺复兴花园的面貌。

◀ / ▲ / ▼ 布雷西城堡

城堡般的府邸和园林（左图）
栏杆的装饰元素：狮子的雕塑头像（上图）
松果雕刻（下图）

P126 插图

◀ ◀ 布雷西城堡

在城堡前展开的花坛有着异常精美的黄杨树篱装饰（下图），而在较高层的台地上有修剪成各种形状的小树和石雕，形成了园林的氛围（上图）

▶ 布雷西城堡

城堡中缓缓抬升的园林坐落在四层台地之上

德国、奥地利和英国的文艺复兴时期园林

▲ 柑橘园，莱昂贝格

小角亭花坛的细节

德国和奥地利的文艺复兴时期园林

由于德国的园林设计几乎没有什么本土传统，所以意大利文艺复兴时期的园林设计不仅在德国树立了样本，还形成了一套设计标准。中世纪的寺院园林已不再只为满足王孙贵族的要求。由于南德公国及公爵领地和意大利的政治、经济的联系日渐紧密，意大利的园林设计理论专著和具体概念迅速向北传播蔓延。文艺复兴时期园林的理念在阿尔卑斯山以北地区迅速传遍各大城镇，那里，见多识广的伯爵们借此推动与意大利的王侯们的政治、经济联系。

里德林根附近的诺伊夫拉就在多瑙河河畔（离水源不远的位置）为我们展现了一座不一样的园林。16 世纪后半叶，格奥尔格·冯·赫尔芬斯坦伯爵为他的第二任妻子阿波罗妮娅·赫尔芬斯坦设计了一个空中花园。空中花园位于诺伊夫拉圣彼得教堂和圣保罗教堂教区的北边、城堡以西朝向村庄的山坡上。他在这里为城堡花园建造了巨大的拱结构支撑墙，以便创造一片较为平坦的台地。在海利根贝格城堡内有一幅迈因拉德·冯·许芬根于 1688 年所绘的园林画，画中可以清楚地看到诺伊夫拉城堡的这些向上逐渐收缩的支撑墙、巨大的支柱（见下图）。如今，除了一些细微的改动，这些支撑墙体和场地都被保留下来。为了承受拱顶的水平推力，支撑墙体是靠 3 个半圆塔和支撑柱一起来加固的。今天，只剩在北边围墙的半圆塔，但是，人们可以参观位于东北角和城堡一侧遗迹的两

▶ 海利根贝格城堡，诺伊夫拉

迈因拉德·冯·许芬根的园林画局部（右图）

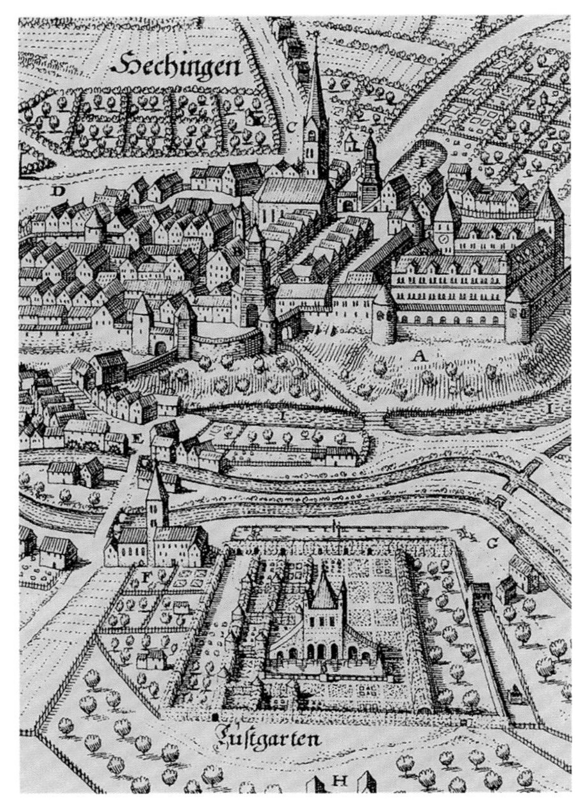

▶ ▶ 小镇中的欢乐园，黑兴根

老马特乌斯·梅里安所做的雕刻版画中的细节（最右图）

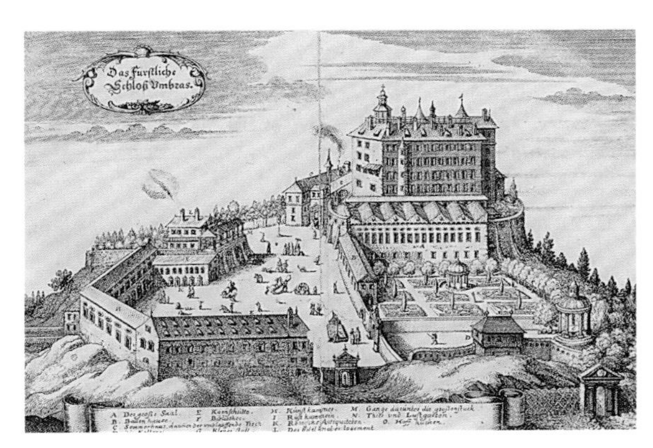

▶ 豪华的城堡——阿姆布拉斯宫

1650 年老马特乌斯·梅里安所做的雕刻版画（右图）

个角亭来弥补这个缺憾。

在选址上，可能由于格奥尔格·冯·赫尔芬斯坦在因斯布鲁克附近的阿姆布拉斯宫度过了一段相当长的时间而受到启发。在16世纪60年代，秘园是一种起源于意大利的较为偏僻安静的私人花园。蒂罗尔·费迪南德大公在这里专门为妻子菲利宾妮·韦尔泽修建了一座秘园（见P128左下图）。花园毗邻城堡中菲利宾妮的住所，所以必须建立在一定高度的地基上。今天，这座往昔的园林的城堡东部的支撑墙上依然能看到拱顶结构。

欢乐园坐落在黑兴根城的山下、宾根南部，在那里，索伦伯爵修建了一座别墅。不过这栋别墅现在只能从1640年老马特乌斯·梅里安所画的园林画中看到了（见P128右下图）。埃特尔弗里德里希四世（1576—1605年）统治期间，黑兴根被改造成一个文艺复兴式的城镇。1579年修建的较矮的城门和拉本加色的圆塔证实了这个城镇的存在，也暗示出黑兴根城前身城镇防御工事的位置。在1577—1595年间，当重建该地城堡的时候，在斯比特科西附近的斯塔泽尔河不远处也建造了欢乐园，它四周布有马厩、畜圈、军械库和赛马场等。

那些年建造的斯图加特园林，与其他位于海德堡、昂布瓦兹城堡和枫丹白露宫的园林一起，被誉为文艺复兴时期阿尔卑斯山以北地区中最杰出的代表。中世纪和文艺复兴时期，符腾堡的伯爵和公爵们热衷于对典型意大利园林的模仿，这很可能缘于斯瓦比亚的婚姻政策。在1380年，米尔德·埃伯哈德三世迎娶了米兰王子的女儿安东尼娅·维斯康蒂。婚后不久，安东尼娅便在斯图加特毗邻老城堡的地方修建了一座意大利风格的园林，位于今天的卡尔斯广场上。1393年官方文件中

▲ 城堡外的公共花园

17世纪初期，来自*Horti Ankelmanniani*
柏林普鲁士国家文化遗产，铜版画收藏

▲ **豪华的欢乐园，斯图加特**
老马特乌斯·梅里安的版画，1616 年

第一次提及该园林，可能顺带也提及了安东尼娅·维斯康蒂第一次将鲁特琴和古大提琴的意大利音乐带到了斯图加特，以及之后的阿尔卑斯山以北地区。大约 100 年后的 1491 年 9 月 12 日，深受人民爱戴的乌尔里希伯爵的妻子伊丽莎白，将这座花园以富有争议的 260 弗罗林的价格卖给了曼图亚国王的女儿芭芭拉·贡扎加，即后来的长胡子的埃伯哈德公爵的妻子。

人们首先会认为斯图加特的欢乐园是一个典型的意大利园林。斯图加特档案馆收藏了那次出售文件对该花园的描述，它主要表述了该花园的“意大利风格”给人的美好印象。花园中心有一个宽敞的园亭，这里“石头上有各种各样的动物雕刻，并通过上色使其更逼真”。参观者行走在由树篱包围的矩形花圃中。草坪上鲜花盛开、草药生长，还有一些“奇异的植物”，即外来植物，其中包括塞维利亚橙树。

这个花园保存下来的图形资料最早的是 16 世纪末。乔纳森·索特在 1592 年画的蚀刻版画可能是描绘该花园的最早的插图。16 世纪时，该花园被称为“公爵夫人的花园”，其中心是一座由柱子支撑的木制凉亭，左侧是带花园的房子。1588 年在亭子的基础上又修建了一个大型鸟舍。所谓的“快乐小屋”——花园房里，有很多狩猎场景和宫廷节日时斯图加特的各种图片。4 个花卉种植坛围绕中心的凉亭，各自都由树篱包围，部分径向划分，以一种规则排列的几何形式分布。离花坛较远的地方——因此在蚀刻版画上看不到——据说曾有一座迷宫和一个拱廊包围的池塘。

城堡东北部的“新欢乐园”，即现在宫廷广场和顶层城堡花园所在地，是由克里斯托夫公爵于 1550 年委托建造的。这个花园

► **橘园，莱昂贝格**
从城堡看向园林的景观

P131 插图
► ► **橘园，莱昂贝格**
从园林看向城堡的景观

很快便被公认为是德国最美丽的园林，尤其是因为格奥尔格·比尔的大宴会厅。老马特乌斯·梅里安于1616年创作的这幅著名雕刻版画向人们展示了这个花园布局的最佳效果（见P130左上图）。从宴会厅的长廊可以一览该园的壮丽景色，前方带喷泉的柑橘园也清晰可辨。这般布局是由符腾堡的宫廷建筑大师（我们之前在普拉托里诺提到过的）海茵里希·希克哈特设计的。橘园后面是地势更高的竖立着方尖碑的新赛马场。从古城堡的方向再往后看，就是今天知名的旧赛马场和保管猎鹰捕猎猎物的房子。希克哈特为这座园林设计的布局可谓精密。这座园林的建造时间是1608—1609年。

莱昂贝格柑橘园

当时，希克哈特受符腾堡寡居的公爵夫人西碧拉委托已经开始着手设计莱昂贝格柑橘园。西比拉曾是斯图加特欢乐园（见P130右下图和右图）的女主人。橘园平行于主城堡建筑，布置在护城河前面的一个长方形阶地上。希克哈特把小凉亭布置在阶地的4个角上；两块花坛分格由两个喷泉池分隔，每块花坛分格内部又分别被分成4块方形的小花圃。花坛用意大利的轴对称方式设计布局，有的以十字交叉和直角形为主，有的以三角形和圆形为主。

1976—1980年间，借助于丰富的历史记载资料，这座园林被当作典范加以重建。从而，我们现在可以确切地了解意大利风格的德国文艺复兴时期花园。

希克哈特在罗马参观了望景楼后，产生了想要在莱昂贝格建造一座可以与它媲美的台地园的想法，于是，他把橘园的建造分成3个部分，通过带双跑楼梯的夹墙和石窟喷泉池来整合。由于没有有关装饰图案的资料，人们可能会认为这符合阿尔伯蒂的自然布局思想，因为他也认为石窟本身“是野性、粗犷的世界”。

希克哈特为许多种植花圃和刺绣花坛设计了多种图案（见P132下图），在这一点上他参考了塞巴斯蒂亚诺·塞利奥的设计。即

▲ **城堡花园，海德堡**

莱茵教父雕塑是前帕拉提乌斯花园中存下来的唯一遗迹

▼ **柑橘园，莱昂贝格**

海茵里希·希克哈特的花坛设计

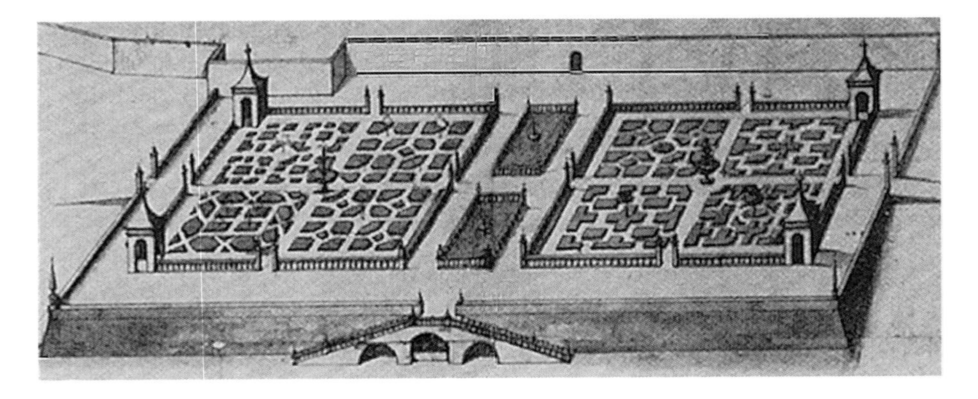

便如此，他们二人的设计还是有显著差异的。符腾堡的建筑大师设计的几何图案更加严谨，花坛轮廓更加鲜明，从而使其装饰图案更加清晰易辨。相反，塞里奥的设计以规模小而图案密为特点，他所塑造的细小的环形与方形的花坛看起来就像细密画。他的种植花坛中的各个入口、角度和片段都呈现出远非基本几何形式的形状。另一方面，希克哈特呈现了各种圆形、矩形和三角形的变形，但同时又没有忽视这些图形的基本形式。当时，他的几何形花坛在德国西南地区有着非常重要的地位，它们甚至可以与所罗门·德·考斯著名的园林设计——海德堡的帕拉提乌斯花园相媲美。

海德堡的帕拉提乌斯花园

法国工程师和园林设计师所罗门·德·考斯去意大利参观时对那里的园林做了长期的研究。1605年他成为布鲁塞尔的艾伯特公爵宫廷工程师，后于1610年进入英国宫廷，在那里他修建了一些水景，并就此完成了一本专著。他还参与设计了萨默塞特宫和格林威治宫的花园，以及哈特菲尔德的罗伯特·塞西尔的花园。1613年，当英国国王詹姆斯一世的女儿伊丽莎白嫁给普法尔茨的帕拉廷选帝侯腓特烈五世时，伊丽莎白就去了海德堡。考斯作为工程师跟着他高贵的女主人去了普法尔茨的住宅并受命在那里设计一处大规模园林。1620年，德·考斯出版了名为《帕拉提乌斯花园》(*Hortus Palatinus*) 的专著，书中用丰富的插图生动地描述了花坛设计和装饰花坛的图案。德·考斯最终没能建完这座花园，因为不幸的政治变动将他的主人从海德堡召到布拉格的宫廷。1619年腓特烈被选为波西米亚王，后来在白山的战争中以失败告终，因此这位“冬季之王”被迫迁往欧洲西北部的低地国家，在那儿度过了他生命的最后几年。

德·考斯对意大利园林的深入研究，使他具备了必要的知识去建造海德堡城堡东部的土方工程。在他敬献给保护人腓特烈的专著里，他记述了将坡地地形改造成一个台地园的过程。一些很久以前便消失了的文艺复兴时期园林在20世纪70年代得以重建，现在仍然可以参观。台地园中有优雅简洁的刺绣花坛、一些石窟的遗迹，以及1615年修建的伊丽莎白之门和一直延伸至“巨塔”南部的园林部分等，这些都值得一观。雅克·丰奎尔雷斯的画展示了宏伟的园林、城堡、海德堡镇及内卡河和远处的莱茵河平原的全景，

▲ **帕拉提乌斯花园，海德堡**
油画，约1620年，雅克·丰奎尔雷斯，海德堡，选帝侯博物馆

连同德·考斯的版画使该花园得以复原成它早期的形式（见上图）。

德·考斯独具匠心地改造了塞巴斯蒂亚诺·塞里奥的花坛设计，而且在结饰花坛中使用相互交错的各色花卉构成的种植带，显然受到科隆纳《寻爱绮梦》的启发。这些交织种植带的花卉主要有百里香、小叶薄荷、迷迭香和薰衣草等。在丰奎尔雷斯所画的风景画右侧的前景中，我们可以清楚地看到迷宫和其西面的柑橘园。由于塞维利亚橘是一种地中海水果，所以它们在冬季时由木栅栏围护着。与迷宫相邻的北边奢华花坛上，其四角都装饰着角亭，花坛中装饰着细致紧密的植物纹饰。花坛周围环绕着一圈圈的花卉植物，根据花期错开栽种，这样的种植方式使得人们可以一年四季皆有花可赏，就像是时钟的指针一样准时。

石窟和水景的施工建设和设计都可以证明德·考斯绝对是一位杰出的工程师。在斜坡上部的一条林荫大道上，他在山体上凿了一处石窟打算装一个抽水机来运转管风琴，放置一个演奏管乐器的森林之神。随着人工瀑布和喷泉的建造，他还打算设计一个可以加热的浴池。虽然无法证明，但可以想象，所罗门·德·考斯也像海茵里希·希克哈特一样，研究过普拉托里诺的水务设施工程。但是由于上述政治原因，这些了不起的水景设计未能实现。

除了帕拉提乌斯花园，德·考斯还写了一部关于水利技术的专著。他的作品《动力理论》(*Les raisons des forces mouvantes*) 于1615年首次出版，1624年第2次印刷。很长一段时间里，这本著作都是欧洲巴洛克式水景设施的设计基础，彰显出作者的重要地位。

大概是德·考斯在海德堡工作的同时，布

伦瑞克－沃尔芬比特尔的海因里希·朱利叶斯公爵在哈尔伯施塔特北边、黑森的水城堡中命人设计建造了布伦瑞克王子欢乐园。宫廷园艺家约翰·罗耶受命完成这项工作。他对园林的详细描述保存至今，此外作于1650年左右的老马特乌斯·梅里安的园林画诠释了该园林的布局（见下图）。

花园包括一座观赏植物园、一座果园和菜园。从水城堡出发，有几座桥通往花园。除了较短的一边以护城河为界，整座观赏植物园都被一座拱廊所包围。其中可见一座拱门，罗耶在它下面设计了一处水景以表现黛安娜、她的护卫队和亚克托安。这位园林建筑师并未对水景设施作进一步说明，大概是因为那时他还未接触到所罗门·德·考斯的艺术理论与技术。老马特乌斯·梅里安所画的喷泉类似于当时常见的安置在凸起的基座上的盆地喷泉。但人们走在上面都要小心，因为它有一个在当时非常流行（如在格拉纳达）的“水把戏”：一个踏步启动的机械喷水装置，就是为了让游客大吃一惊。

可以看到，这个观赏园区包括11座不同的装饰花圃，都是根据赛里奥的花坛设计而建造。花圃用康乃馨、药草和球根植物装饰，个别的有低矮的木制栅栏，上面爬满了玫瑰、杜松和红醋栗。如罗耶所记，把攀缘植物聚拢到一起塑造成富有想象力的造型，会产生诙谐的效果。在观赏植物园区外面，每个种植坛的中心花圃都设立了方尖碑，树篱有多种种植方式，小树则以梅花形布局其中。像很多其他邻近城镇里的王孙贵族宅邸中的伟大的文艺复兴时期园林一样，这个花园已经从世间消失。其他文艺复兴时期的园林随后都被改造为英国风景园，也有一些小的园林幸运地保留了下来，如海德堡的花园。现在能看见莱昂贝格的橘园重现文艺复兴时期的辉煌真是意外之喜。

花园和城堡有时会历经磨难。原位于维也纳郊外的新格鲍德城堡是1569年皇帝马克西米利安二世模仿了意大利的郊区别墅而建的度夏宅邸。到了19世纪时，该城堡不得不让位于一座火药库，而格劳利埃塔和罗马废

▲ 柑橘园，莱昂贝格

花园布局细部

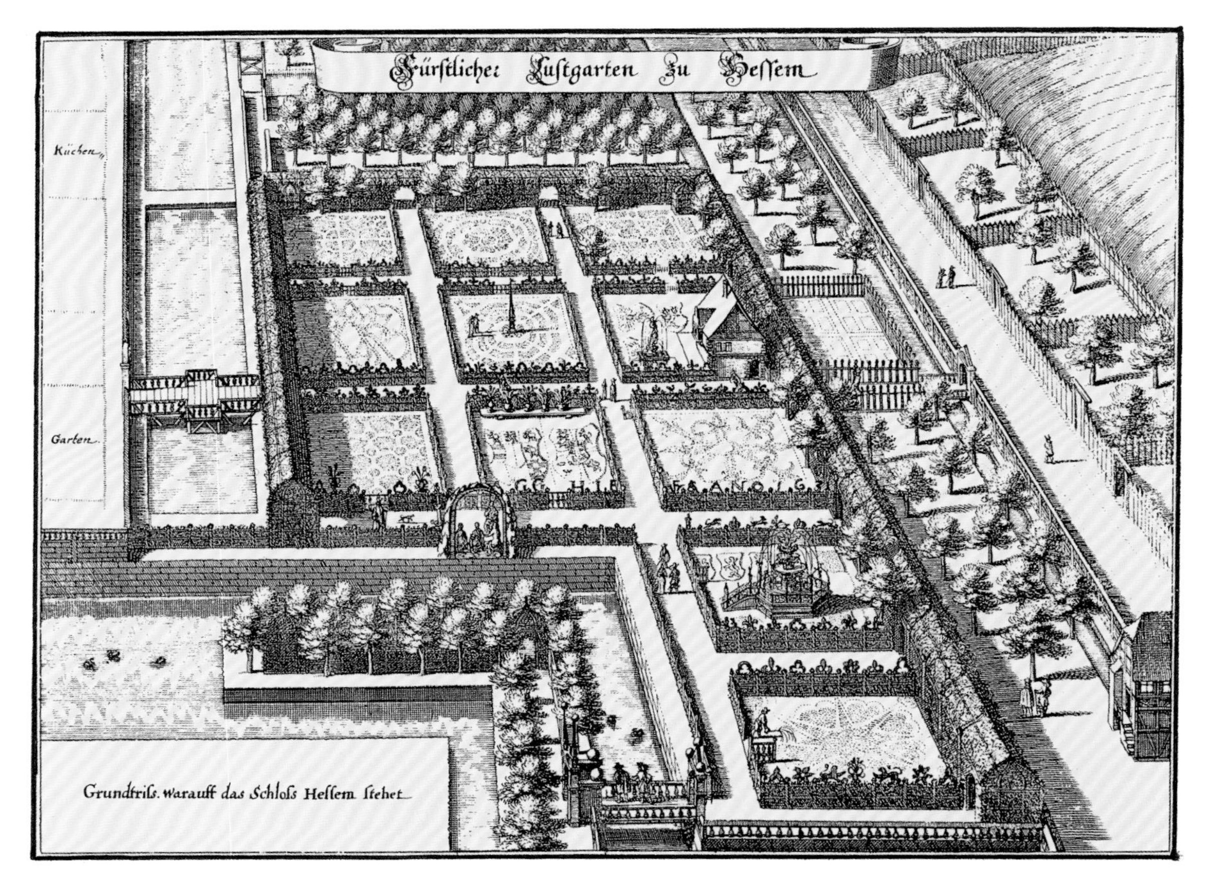

◀ 布伦瑞克·沃尔芬比特尔王子的欢乐园

欢乐园平面图，老马特乌斯·梅里安的版画，1650年

墟开始设计时，城堡的一些诸如柱、柱头、壁柱装饰、大枝形烛台等建筑元素和装饰部件已经使用于美泉宫了。

这座早已消失了的花园是项了不起的工程。国王非常重视园林文化的价值，还派人去意大利为他带回图解说明，使他得以了解伟大的地中海园林艺术。根据文献记载，大主教伊波利托二世·德·埃斯特甚至把他自己的别墅和花园平面图寄送给了马克西米利安二世。

1576 年马克西米利安二世去世后，他的儿子鲁道夫二世开始着手建造并完成这座花园。雅各布斯·邦加伊乌斯曾详细描述这座可追溯到 1585 年的杰出的园林，而他的描述与老马特乌斯·梅里安作于大约 1650 年的园林画（见右图）所展示的景观大致相符。

然而就在完工不久后，花园便开始衰败。1607 年一份关于该花园的资料称此园为“十分荒凉的地方”。当老马特乌斯·梅里安参观新格鲍德城堡与其花园时，园林设计的个性化元素仍清晰可辨。不过，在 17 世纪后半期该花园最终走向毁灭。

城堡在上层的欢乐园和底层花园之间延伸，其侧翼有几条长廊，城堡前方是建在两层台地园上的果园。欢乐园被长廊环绕着，其布局结构与城堡紧密关联。4 个角亭的顶部据说是镀金的铜质亭顶。人们可以漫步在长廊的屋顶上，欣赏花园中各种美景，例如刺绣花坛。整座花坛被分为 4 组种植分格，其中心都设置一个喷泉。每组种植分格又被平均分成 4 块，每个小花坛的装饰图案都各不相同，包括哈布斯堡家族的双鹰图案。

1683 年土耳其人第二次包围维也纳时，维也纳人在奥斯曼军队进军前就从郊区撤到安全的高墙和城市防御工事后避难，这座园林肯定令土耳其人非常赞叹，因此未受丝毫损害。

与文艺复兴时期复杂的园林布局相比，阿尔卑斯山以北的园林给人留下了一种森严冰冷的印象。中世纪寺院园林的基本概念加入了欢乐园并且最大限度地保留了原花园的特点。种植花坛的装饰图案和水景设施是从意大利引进的，尺度适合并进行了一定的改进。我们可以关注一下海德堡帕拉提乌斯花园的建筑理念，以及如何用台地来创造空间，哪怕是以简化的形式。莱昂贝格柑橘园——与意大利园林相比，充其量只是一座微型台地园——但如果考虑到双跑阶梯、挡土墙、露台和简单城堡这些要素，我们仍可视其为一座符合基本定义的花园。当然，这也同样适用于在诺伊夫拉的空中花园，无论如何它都是异常迷人、与众不同的。

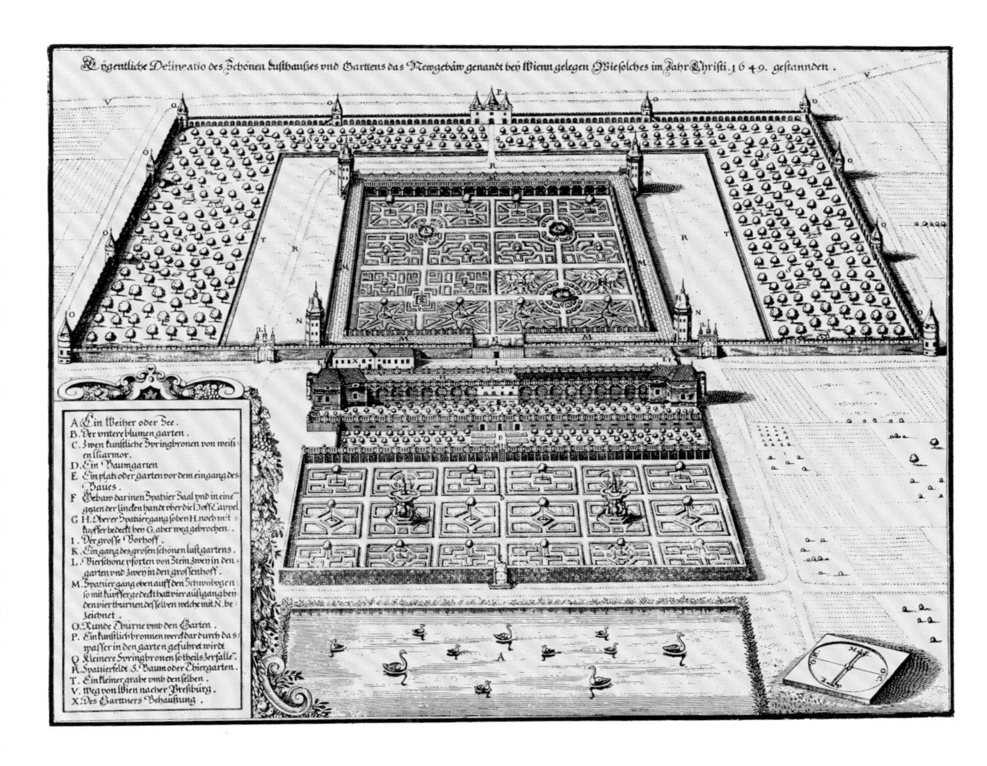

▲ 新格鲍德城堡，维也纳

老马特乌斯·梅里安的版画，1650 年

尽管海德堡帕拉提乌斯花园被当成德国文艺复兴时期的主要园林，除了所罗门·德·考斯之外，另一位优秀的园林设计师也不可忽略。他就是符腾堡宫廷的建筑大师海茵里希·希克哈特。他在海德堡工作之前，已经在斯图加特创造了具有文艺复兴时期园林风格的石窟、喷泉、水景、花坛、优雅的装饰图案以及值得一去的迷宫，还在园林中设计了小树林和少量小棚屋。

此后，希克哈特把注意力转向了橘园的建设。根据公爵的要求，他建构了一种积木式系统，使得建筑在冬季可建、夏季可拆。为了实现这种建筑构造方式，建筑物被吊在轨道上以便安置到指定地点。

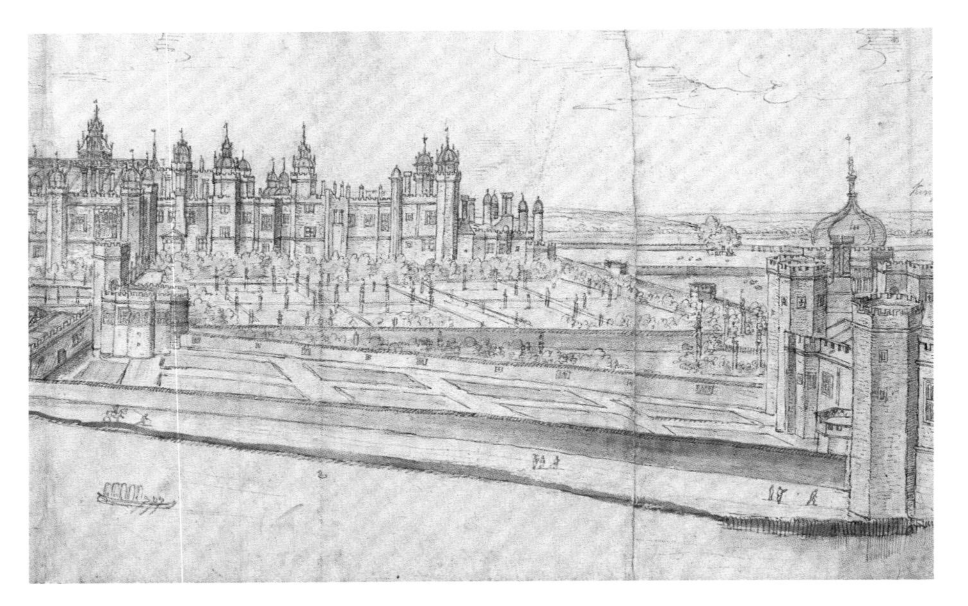

▲ 汉普顿宫，伦敦

秘园和亨利八世的山园

温伽德画作，1655 年

英国的文艺复兴时期园林

英国园林的历史可以追溯到罗马时期。但直到其风景园的形式出现为止，它跟其他欧洲国家园林设计的发展在很大程度上是相似的。

将中世纪寺院园林或者“封闭花园”改造成欢乐园的做法其实源于意大利和法国（更准确地说是 15 世纪的勃艮第宫廷创造的）。英国文艺复兴时期的园林始于早期的都铎式风格。亨利八世自诩在文化上可以与弗朗西斯一世相比肩，最早期的重要园林都是其在统治下建造的：汉普顿宫（见上图）、怀特霍尔宫和无双宫（见右上图、右下图）。

国王在汉普顿宫里建造了一座人造山，这样他站在山上的眺望台上也就是观景亭上就能看到整个宫殿和花园。这样的眺望台或观景亭在西班牙统称为眺台，在都铎时期非常流行。萨福克的梅尔福德庄园就保留下了优雅的砖砌眺望台，沃里克郡的丽石庄园的山上同样也有一个观景台，可以眺望到埃文河流域最美丽的景象。

在汉普顿宫，亨利八世本着务实和中世纪传统园林的思想，还同时建造了一个菜园和美丽的观赏花园，据说他的女儿，即女王伊丽莎白一世特别喜欢在这里欣赏景色。

这种观赏花园往往为结节园设计，这个特点是英国文艺复兴时期园林的重要特征。受到来自包括科隆纳的《寻爱绮梦》和几个法国典型的意大利园林典范的启发，英国园林设计者提出了自己的结节园林风格，该风格从形成起直到 17 世纪才成熟。托马斯·希尔在他 1568 年的著作《园林的实用艺术》（*The Profitable Art of Gardering*）和 1577 年的著作《园丁的迷宫》（*The Gardener’s Labyrinth*）中用的图案非常有名。在《园丁的迷宫》中的木刻版画可以看到，花坛的周围是中世纪晚期园林风格的高栅栏（见右图和右上图）。

这也可以解释登比郡（威尔士）的乡间别墅花园是怎样出现的。园林本身已不复存在，但在 17 世纪的绘画中可以清楚地看到这

▲ 一座文艺复兴时期园林的小型刺绣花坛

托马斯·希尔《园丁的迷宫》中的木刻版画

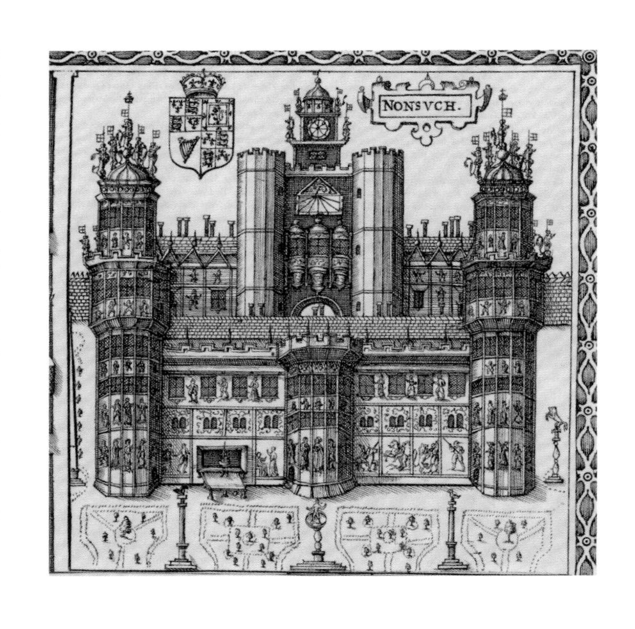

▶ 秘园，无双宫

洪第乌斯画作

座文艺复兴时期园林布局的设计。花园区、大门、亭台楼阁和水景设施都被栅栏或高高的围墙所隔离。主花坛区由许多四角都种植金钟柏的观赏花圃组成。有面墙上开了一扇门，可以通向另一个台地，墙两侧有两个八面锥形尖顶的小角塔。通过一段弧形的楼梯可以到达这个中心设有喷泉的花园，然后通过两段台阶前往低层的花坛。果园、菜园和药草园遍及整个花园。

与法国文艺复兴时期的园林不同，英国文艺复兴式花园依然明显地接近典型的意大利花园，视园林为一种建筑意味的结构。英国文艺复兴花园不那么注重城堡、宫殿或者乡间别墅之间的对称关系，而有着自己的结构布局，包括围墙、大门、亭台楼阁和台阶等。该结构布局是花园台地和庄严外观形成整体的基础。

另外一种英国园林的类型是英国园林设计师理想中的“下沉花园”。这是一个地势低于周边露台的花坛，因此需要在其周围填土或者建造围墙。

现下依然广受欢迎的此类园林首次出现在英国文艺复兴时期。一幅由某位英国画派风格画师的园林作品描绘了诺丁汉郡的皮尔彭特宅邸的下沉花园（见下图）。花瓶装饰的栏杆装点在楼梯的两侧以及矩形花园区的周边，别墅前方还是一个抬高的露台。花坛的设计布局对称，装饰图案丰富，当人们漫步在这个豪华的宅邸中，该花园的花坛便成为最吸引眼球的景观。从花园的露台和别墅都

▼ 皮尔彭特宅邸，诺丁汉郡

布面油画，92cm × 122cm，1708—1713 年

英国画派画家，保罗·梅隆收藏于耶鲁英国艺术中心，美国

▲ **帕克伍德住宅，沃里克郡**

16 世纪的山墙房屋的前方是一座下沉花园

P139 插图

▶ ▶ **帕克伍德住宅，沃里克郡**

高而成形的紫杉树，被称为“传教士”，它们将人们引向另一群整形树木，被称为“民众”

能欣赏到此处的美景。

英格兰和苏格兰还有更多的下沉花园有待发掘，其中一些确实具有“文艺复兴时期的特点”。

帕克伍德住宅的下沉花园位于沃里克郡的霍克利希思附近，这座花园四周围以砖墙，花园与围墙之间是植物茂密的环绕小径。下沉处有座刺绣花坛，里面种着灌木花圃以及一个绿篱包围着的水池。

帕克伍德住宅

这座贵族花园的一个重要组成部分是“山”，一座假山自成一景。帕克伍德住宅的假山幸运地留存至今。树篱之间窄窄的园路蜿蜒地通向山上的观景平台。

除了假山，整形植物是帕克伍德住宅的特色之一（见 P139 插图）。与坎布里亚郡的利文斯庄园一样，帕克伍德住宅被列入 17 世纪时期著名的整形植物花园。这些修剪过的紫杉树和灌木丛不仅流行于豪宅的花园中，而且在较小的村舍花园中也有所应用，甚至几乎遍及整个英国，尤其在格洛斯特郡的科茨沃尔德。

豪宅花园与简单的村舍花园的相似之处在于花坛、灌木丛与菜园或果园的迷人组合。蔬菜种植坛的设计不仅出于经济效益，也是出于审美需要，从而在五彩缤纷的花坛中添加了一种柔和的元素，使整个花园色彩均衡，而没有令人目眩的对比。

▶ **哈特菲尔德宫，赫特福德郡**

伊丽莎白花园平面图，约 1608 年

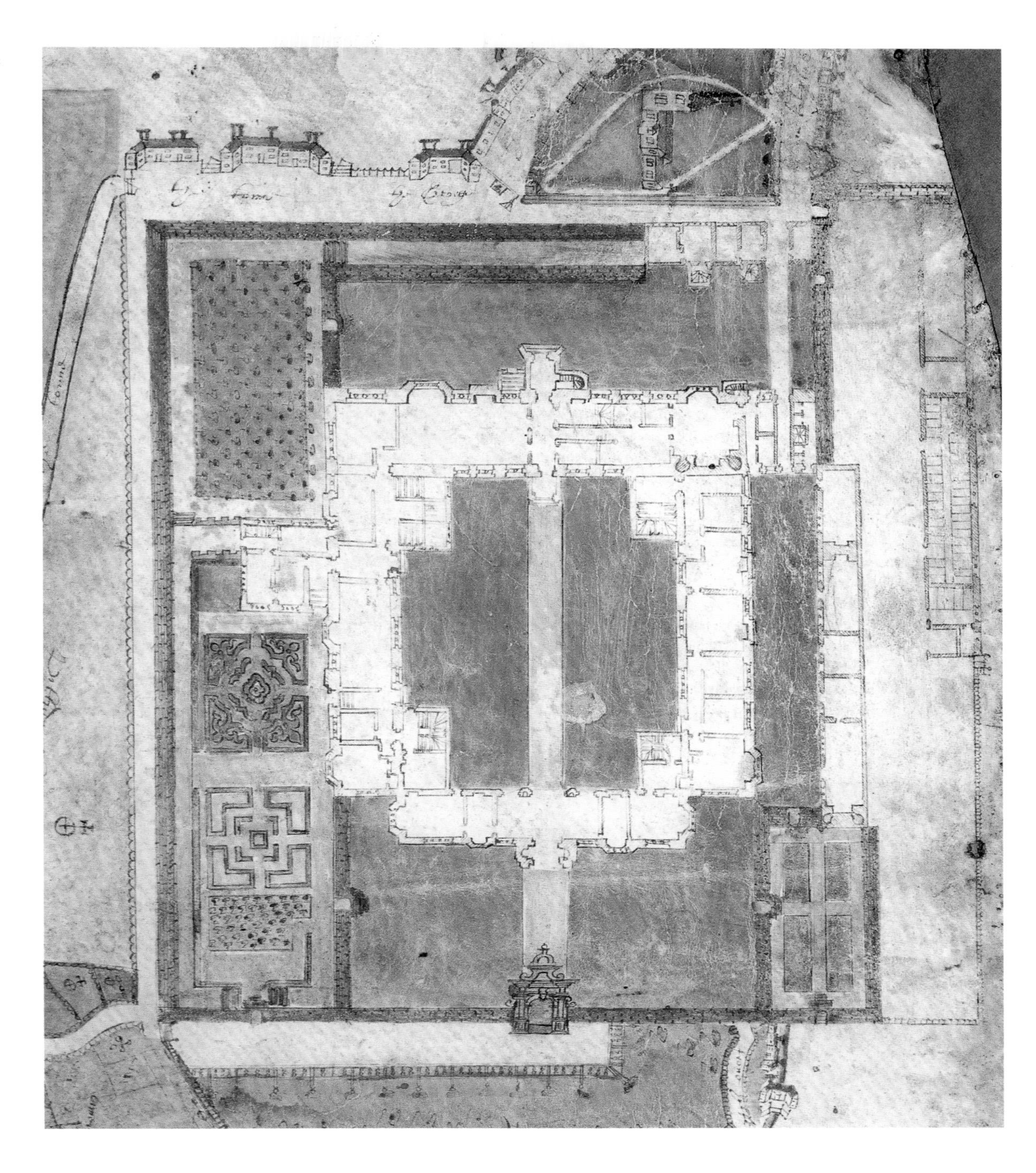

P140 插图

◀ ◀ **哈特菲尔德宫，赫特福德郡**

旧宫前花圃的规则区域

哈特菲尔德宫，赫特福德郡

1610 年，当英国宫廷召唤法国工程师和园林设计师所罗门·德·考斯去设计水景时，考斯才有时间重新设计赫特福德郡哈特菲尔德宫中罗伯特·塞西尔的花园。他保留了托马斯·昌德勒原来设计的台地和台阶，扩大了喷泉池，并增加了一个小瀑布流向人工水景花园。约翰·特雷德斯坎特主要负责植物配置，他曾经多次前往荷兰和法国学习能够使果园和大陆花卉扎根英国的办法，许多记录都保存在哈特菲尔德档案馆与牛津大学图书馆，其中一本名为《特雷德斯坎特的果园》（*Tradescant's Orchard*）的书收录了关于他在哈特菲尔德宫种植的 65 种植物的图纸。几个世纪以来这座花园经历了许多变化，包括被强行改造为风景园。哈特菲尔德宫的几何式园林很多都幸存了下来，例如大平台上用具有典型文艺复兴时期图案的花坛（见 P142 插图），以及花园东面的一个迷宫，从中可以看出德·考斯参与设计的痕迹。这对于不幸已经湮灭的海德堡帕拉提乌斯花园的评价具有非常重要的价值。

德·考斯设计的作品都有一个共同的特征，即他所布置的花坛成为庄园中不同区域之间和花园亭台之间的联系，这一特点也存在于海德堡园林的旧景观中。如今，这种规则式园林和树木茂盛的林地构成了一种和谐融合的景观。树木成排的林荫大道，将人们带入一个宽广的园林。在 19 世纪才种植的一个小树林里种有许多种类的杜鹃花。不同区域种植的不同植物，将这个宽广的园林有节奏性地进行了划分。

哈特菲尔德宫的园林是座传统观念上较为罕见的英国园林之一，它兼具规则性和浪漫性的特色，也就是说园林中充满着互相冲突的因素。这里一切清楚地表明巴洛克式园林不是一定要拘泥于固定模式。喜欢规则式园林的英国贵族地主们在一次次修建园林的同时，也在努力融入新的设计思想。即使是园林设计的现代特征，也没有对园林基本的总体结构有任何破坏，这一事实恰恰可以进一步证明传统英式园林的力量。

毫无疑问，海德堡的帕拉提乌斯花园的创造者德·考斯将意大利式造园带到了英格兰。当受雇于丹麦的安妮王后和威尔士王子亨利为其设计花园时，考斯将意大利之行中获得的灵感和具体的设计带到了英国宫廷。1609 年，他设计了萨默塞特宫和格林威治宫的园林，3 年后，他又完成了里士满宫苑花园的设计。

1613 年，当他离开英国着手他在海德堡的代表作时，他的儿子艾萨克接手了随后的委托项目。直到 1648 年考斯去世，艾萨克设计了许多花园和石窟，包括为第四代彭布罗克伯爵在威尔特郡设计的威尔顿宅邸。花园

▼ 哈特菲尔德宫，赫特福德郡

在新宫南侧的下沉花园中布置的花坛

中依然存活的这些古柏树可能就是艾萨克建园时种植的。在后来的几个世纪中花园经历了几次改造，其中最近的一次在 1971 年，由大卫·维卡里主持。

英国文艺复兴时期的园林文化随着伊尼戈·琼斯的工作而结束，凑巧的是，琼斯也曾经与艾萨克·德·考斯和克劳德·摩勒的儿子安德烈·摩勒一同在威尔顿宅邸合作过。安德烈·摩勒是法国最著名的皇家园艺师，他和琼斯曾经邂逅于阿奈庄园。

安德烈·摩勒 1651 出版著作《游乐性花园》（*Le Jardin de Plaisir*），并在英国有很多实践项目。他的理论和实用思想很吸引伦敦的皇室和琼斯。1614 年，琼斯完成对意大利园林的第二次研究并回国，开始在英国践行安德烈·帕拉迪奥的建筑理念。直到 1800 年，后被称为帕拉迪奥式的风格在英国的建筑上留下了自己的印记。

琼斯设计园林的大门和刺绣花坛，并曾与法国人有大量合作，例如圣詹姆斯公园（约 1630 年）和温布尔顿公园（约 1640 年）。后来，安德烈·摩勒回到路易十四统治下的法国，住在邻近杜伊勒里宫与凡尔赛花园的地方。

1660 年，即去世的 5 年前，安德烈·摩勒再次被召唤到英国，为查尔斯二世的圣詹姆斯宫建造一座新的园林。他设计了一种“鹅掌形”的布局：3 条林荫道从一个圆形场地向不同的方向发散，两排半圆形排列的槐树横穿而过。其他区域用树篱来装饰，这些图案很快被后来的巴洛克园林所采用，不仅在英国如此，在法国更甚。直到去世，安德烈·摩勒牢牢地占据了英国首席园林设计师的地位。

随着一系列的设计和理论著作问世，安德烈·摩勒打开了巴洛克园林的大门。巴洛克风格园林的许多方面都可以在其《园艺及美景剧场》（*Th é âtre des plans et jardinages*）中找到，该书于克劳德·摩勒去世后 1652 年才得以问世出版。他的儿子安德烈·摩勒在他 1651 年写的《游乐性花园》（前文有提及）为园林设计奠定了早期理论和实践的基础，书中他对法国古典园林的原则进行了论述。那时，安德烈·摩勒和他的兄弟皮埃尔·摩勒和克劳德二世·摩勒都在巴黎杜伊勒里宫工作。

1630 年，他们在凡尔赛创作了《刺绣花坛》（*The parterre de broderie*）。虽然，英国和德国文艺复兴园林的灵感来自意大利和法国的园林模式，抑或来自斯堪的纳维亚，而巴洛克式园林则起源于法国。从法国文艺复兴园林到巴洛克园林的过渡是一个流动的过程。起初，那里缺乏城堡与园林之间清晰的轴线关系，导致了透视关系上的混乱。

然而在欧洲，法国巴洛克园林的统治地位可能早在 17 世纪就开始了。但是在欧洲其他国家，什么样的园林形式能够从一个时代过渡到下一个时代？对于意大利来说，这个问题的答案尤为迫切。

▲ 哈特菲尔德宫，赫特福德郡

秘园的喷泉

意大利巴洛克园林

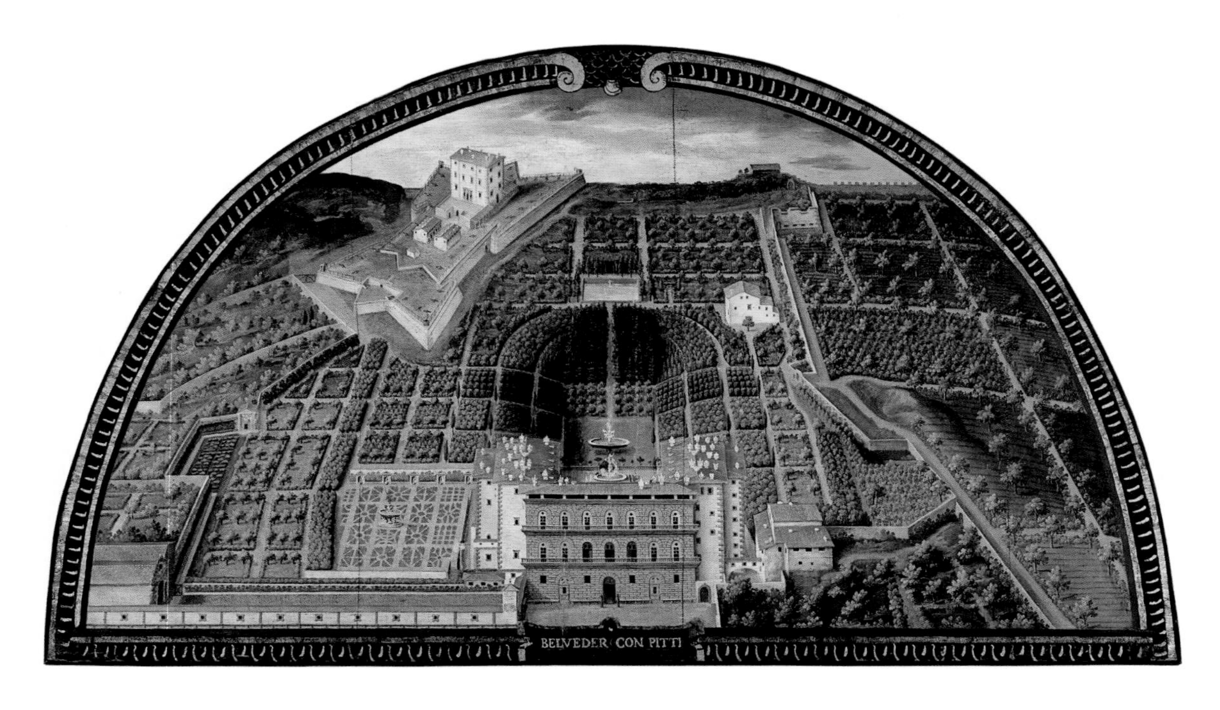

P145 插图

►► 波波里花园，佛罗伦萨

伊索洛陀园的海洋喷泉（左图）
海神喷泉（右上图）
伊索洛陀园的雕塑（右下图）

◄ 波波里花园，佛罗伦萨

美景宫和佛罗伦萨碧提宫
由朱斯托·乌滕斯绘制，1600 年
佛罗伦萨，地形学博物馆

在意大利，文艺复兴式园林过渡到巴洛克式园林的转变无法精确界定。很多文艺复兴式园林的特征，例如大舞台般壮观的水景、融入风景的宽敞平台，以及对称的花圃纹饰的艺术等，都被巴洛克时期的园林吸收、提升，集中体现在法国园林身上，并扩展到更为宏大的规模。

佛罗伦萨的波波里花园

在文献中可以读到关于佛罗伦萨波波里花园的许多不同评价。它通常被看作是一座巴洛克风格的园林，虽然这座园林的建造工作是受到托莱多的科西莫一世·德·美第奇之妻埃莉奥诺拉委托，早在 1549 年已经开始修建了，但 1550 年在园林建筑师尼科洛·特利波罗去世后，他的工作便由巴尔托洛梅奥·阿曼纳蒂接替。因此，波波里花园从根本上讲还是一个文艺复兴式园林。特利波罗利用佛罗伦萨碧提宫后面的小山谷，设计了一个圆形的露天剧场，但并未确定总体风格。位于宫殿中轴线上的主道路通向山谷，一直到顶部的水池结束，将这个露天剧场分成相等的两部分。正如朱斯托·乌滕斯的半圆形壁画中所示（见上图），这条轴线确定了园林对称的结构，也就是该园林的道路系统。

多年以来，该园林的外形发生了改变并逐渐转化为巴洛克风格的园林。这座由植物覆盖的斜坡限定的圆形露天剧场的植物被清除掉。当西部以伊索洛陀广场为主的新园址开始兴建时，该园林的主轴线便不再重要。由阿方索·帕里吉于 1618 年设计的新的主轴线穿过露天剧场与宫殿平面大致平行，同时也与伊索洛陀园平行（见 P145 左图和右下图）。帕里吉设计了一个带有人工岛的椭圆形水池，岛上矗立着乔瓦尼·达·波洛尼亚的海洋喷泉。

▲ 波波里花园，佛罗伦萨

沿着道路设置的雕塑群组之一

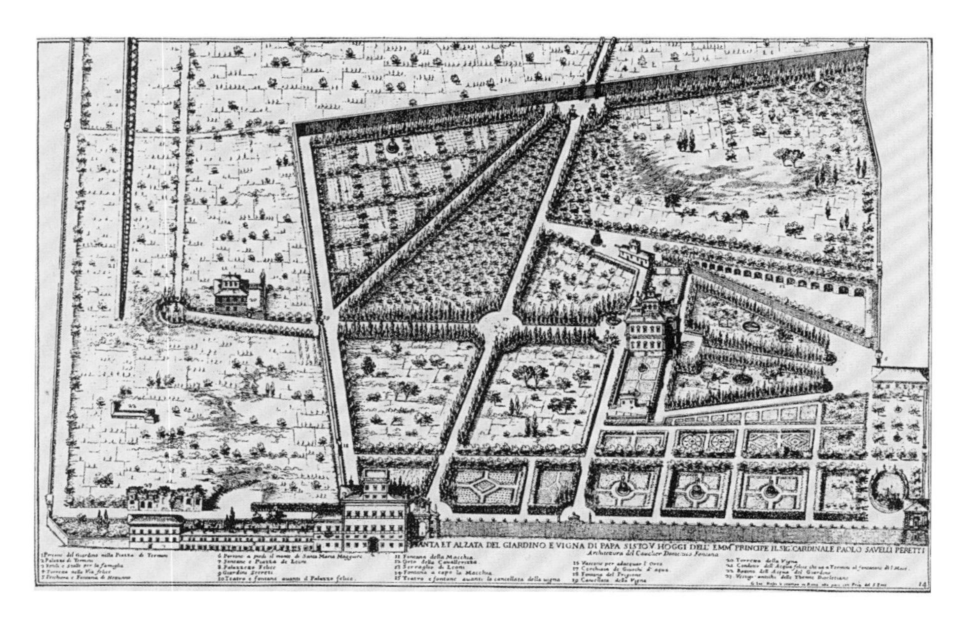

▲ **蒙塔尔托庄园，罗马**

G.B. 法尔达的版画“罗马花园”，罗马，1683 年

当园址扩建时，其严格的对称性由于新的布局而被打破，于是成功转变为巴洛克风格的园林了。“视觉台地”创造了一直延伸至远处的视觉轴线，成为新体验的元素，以及在重新评价和重新布局波波里花园时的重要审美要素。

罗马的蒙塔尔托庄园

在这个发展阶段，园林设计师和城市规划师二者之间是相互影响的。在罗马就有这样一个很特别的园林例子。1585 年教皇西克斯图斯五世公布了他为圣城所规划的新主轴系统，并委托建筑大师多梅尼克·丰塔纳实现他的理念。当其成为大主教时，已经在埃斯奎林为蒙塔尔托庄园设计了一座园林，而且这个园林的总体规划（见上图）与串联起罗马城中 7 个最重要的教堂的道路系统的构思有着惊人的相似。根据教皇所希望的，丰塔纳设计了一条主轴线从城市一端的波波洛广场一直延伸到城市另一端的耶路撒冷圣十字大教堂，而整个道路系统的中心就是教皇最喜欢的教堂——圣母玛利亚大教堂。这些道路由波波洛广场和圣母玛利亚大教堂向外辐射，以开拓这座城市的其他区域以及其广场和教堂。蒙塔尔托庄园建设规划的布局是这样的，在主入口的大门后有 3 条道路向周围辐射，其布局类似于波波洛广场，中间的那条道路通向城堡。城堡的花园一侧建造了一块带有水池的半圆形地区，柏树大道从那里穿过园林，其间与另一条道路相交。这条道路与沿花园围墙的小路相交，交点处有一个喷泉。这座花园第一次把视觉轴线与视角放在比体系结构设计、规则划分花坛更重要的位置——这点和教皇的城镇规划思想一致。蒙塔尔托庄园的这座花园湮灭已久，如今，罗马的中央火车站（特米尼车站）就位于这个园址上。我们可以将这座花园视为教皇重塑罗马城市的一种概念模型，是对这座世界首要城市的布局设计。想要一睹这个城市的模式，就要走到高于波波洛广场的品奇欧山丘上，在这里可以眺望罗马最美丽的景色。今天，你仍然可以清晰地看到教皇西克斯图斯五世的城市规划理念：街道朝着台伯河、国会大厦、奎里纳勒山的方向辐射，经由埃斯奎林山上的圣三位一体教堂到圣母玛利亚大教堂。

罗马的博尔盖塞别墅

博尔盖塞别墅创造者大主教斯皮奥涅·卡法雷利·博尔盖塞，教皇保罗五世的外甥，显然是将蒙塔尔托庄园的道路系统作为范本，于 1613—1616 年间在品奇阿纳城门其家族葡萄庄园里修建了这座园林和城堡（见下图及 P147 ~ P149 插图）。

如人们所料，大门的宽敞道路并没有直

▶ **博尔盖塞别墅，罗马**

置有许多雕塑的花坛沿路细部

▲ **博尔盖塞别墅，罗马**
别墅正立面的双合式楼梯

接通向城堡，而是直奔位于花园围墙前的大型洞府喷泉。当该花园被改建为英式风景园时，老的围墙被拆除了。如今，这里矗立着德国画家和园林建筑师克里斯托夫·昂特伯格于1770年创造的海马喷泉（见P148左下图）。沿路走到半程时，道路和一条通向城堡正面的横向轴道路在一个大的圆形区里相交。更远些的轴线分别与这两条道路平行，同样伴有喷泉和亭台的美景。城堡显然处于从属地位，人们的注意力主要都集中在花园中的视觉轴线系统上。亭台楼阁、喷泉、鸟舍和别墅都是园林为人们提供的同等重要的体验元素。园子里到处是由整形树篱所包围的小树林，树木以松树、柏树、桃金娘和桂花树为主。

弗兰德人瓦桑齐奥·弗拉明戈主持修建的别墅建于1613—1615年间（见上图），其立面与其相邻的美第奇别墅相似。两侧凸出的部分强化了建筑物缩进的正面，一段双合式楼梯通向大门：建筑侧翼的后侧有两座高塔。别墅后面布置了观赏性花园，花园的一侧是种植柑橘、香草本和一些珍稀植物的“秘园”。这栋别墅主要是为节日和庆典活动设计的，它更多的是作为艺术画廊而非供日常居住。庆祝活动中，别墅前面的宽敞区域为客人们的四轮马车提供专门的车道。园中的大片地方都成了动物园，笼子里养着野生和异国动物；池塘里养着鱼；栅栏圈起来的地方还养着家禽。

这座坐落在城市之外的豪华园林有森林区、石窟和亭子，需要大量的水资源。如果不是因为大主教博尔盖塞的舅舅教皇保罗五世的宏伟建设成就，博尔盖塞别墅几乎无法实现。保罗五世修建了罗马最大的高架渠阿夸宝拉喷泉宫。乔瓦尼·丰塔纳负责施工建

▲ **博尔盖塞别墅，罗马**
在花坛边缘的两只斯芬克斯

▼ **博尔盖塞别墅，罗马**
海马喷泉（左下图）

▼ **阿夸宝拉喷泉宫，罗马**
1610—1614 年间，贾尼科洛山的泉宫（右下图）

设，而弗拉米尼奥·蓬佐负责设计贾尼科洛山的这座泉宫（见右下图）。这座泉宫的巴洛克早期的外观显得格外华丽，仿佛是一座具有凯旋门形式大门的宫殿的正面。它凸显出水在罗马的重要性，以及教皇的勃勃雄心：虽然他清楚地知道罗马本身并没有天然的泉水可以支配，但仍期望整个城市都能听见水流飞溅和奔涌的声音。17 世纪时，罗马就因其处处都有丰富的水景世界而闻名于世，许多旅行者惊讶于这一重要资源被浪费的同时，又会不禁赞叹。在罗马的广场和花园里处处都能看到由喷泉形成的水花、泉涌和小瀑布等迷人的景象。

但这并不意味着罗马教皇就是高架渠的发明家和工程师。早在古代帝王时就开始从奥尔本山湖泊或者布拉恰诺湖中取水用作饮用水源，用的就是昂贵的高架渠方式。水聚集在城市中的“水神庙”（一个巨大的储水建筑）里。少女水鱼桥，即阿格利帕经典的“少女渠”，今天以其巴洛克风格的装饰成为著名的特雷维喷泉。现在曾经被希克斯图斯五世修复过的马西亚高架渠，从圣贝尔纳多广场上的菲利斯喷泉流出。但贾尼科洛山的阿夸宝拉喷泉宫被认为拥有最为丰富的水源。据当时的描述，大量的水从三重凯旋门喷涌而出，非常壮观。

阿夸宝拉喷泉宫在品奇欧公园动工，完成于 1612 年，耗时一年。小树丛和观赏性花园现在依然充满生机。事实上博尔盖塞别墅从不是禁止公众涉足的私人领地。大主教非常慷慨地容许任何人自由进入他的领地，有碑文见证了这位权贵的高尚态度：

“不管你是谁，做一个自由的人吧，不要惧怕这里的规则束缚！你可以去任何你想去的地方，做你想做的事，随时都可以离开。这里的一切都可以供陌生人随意使用，甚至比主人还随意。在这个有着普遍安全保障的黄金时代，所有者不想设立强硬的规定。让尊重和自由的意志来为客人们制订规则，但让恶意违反文明行为法则的人畏惧守园人的怒火吧。”

18 世纪时，马克·安东尼奥·博尔盖塞收购了这座古老园林，当时已经有许多园区遭到破坏。德国画家和建筑师克里斯托夫·昂特伯格曾经创造了上文提到的海马喷泉，博尔盖塞委托他将该园林重新设计成英式风景园。所以现在人们游览的这座园林，与大主教斯皮奥涅·卡法雷利·博尔盖塞的庄园中的巴洛克风格的园林已无多少相似之处。但是建筑学上的古典主义遗迹，如 1787 年的阿斯克勒庇俄斯神殿（见 P149 插图）、锡耶纳广场、1791 年由多梅尼科法吉奥里所建的钟

▲ 博尔盖塞别墅，罗马

在该别墅的园林区域内，有一条道路上建有圆形外柱廊式建筑（阿斯克勒庇俄斯庙）

楼广场，以及上述的海马喷泉都很值得一看。简言之，作为最杰出的私人画廊之一，今天它仍享有世界声誉。贝尔尼尼的雕塑作品《阿波罗和达芙妮》(*Apollo and Daphne*) 是别墅中最著名的藏品之一。然而收藏的亮点部分曾经是法尔内塞·赫拉克勒斯雕塑，它是约翰·沃尔夫冈·冯·歌德于 1787 年住在罗马时非常欣赏的作品。他不仅痛惜赫拉克勒斯雕塑的失去，还有更多：*"现在高贵的博尔盖塞决意要将自己这些珍贵的遗迹作为礼物送给那不勒斯国王。"* 他提到在法尔内塞领地曾经发现了大力神赫拉克勒斯雕塑的腿部，而那时已被复制品所取代。其对古物的热情很高，他说，*"至少这些古老的碎片仍然留在罗马……"*

就在博尔盖塞别墅建成后不久，格列高利十五世的侄子卢多维科·卢多维西规划了一座园林，它在很多方面可以与博尔盖塞别墅媲美。今天威尼托岸线优雅地向北延伸至建于 19 世纪末期的品奇欧公园和奢华的玛格利塔宫，那座园林便坐落于此。就像相邻的博尔盖塞别墅一样，这里有修剪过的树篱环绕的小树林。别墅所处的坡地非常陡峭，所以建筑物前必须修建露台。有片带喷泉的大园区，两侧都是观赏园，节日庆典时供客人的私人马车通过。如今，除了种有古树的小块园林遗迹，花园消散殆尽，而这些遗迹可能要追溯到卢多维西时代。门厅天花板上的圭尔奇诺于 1621 年所绘制的《胜利的欧若拉》(*Triumph of Aurora*) 中的欧若拉狩猎小屋也源于那个时代，它至今仍在原地。现在如果从玛格利塔宫走到位于瓦·卢多维西和瓦·隆巴尔迪之间的城堡，其实就是在穿过卢多维西别墅花园。

▲ **多里亚·潘菲利别墅，罗马**
别墅露台及前面的长方形花坛

P150 插图
▶▶ **多里亚·潘菲利别墅，罗马**
花园的喷泉（上图）

多里亚·潘菲利别墅花园中的圆形露天剧场是根据佩雷勒所绘的园林画作所建，1685 年（下图）

罗马的多里亚·潘菲利别墅

这些野心勃勃的教皇无休止地建造一系列项目，他们在罗马城之上修建了带有城堡和别墅的广阔园林，其中，圣·潘克拉齐奥塔门外贾尼科洛山上的多里亚·潘菲利别墅有着特殊的地位（见上图和 P151 插图）。1644 年，教宗因诺森特十世的侄子卡米洛·潘菲利王子委托亚历山德罗·阿尔加迪为他设计和建造一座占地 $9km^2$ 的园林和贵族别墅。这座可与博尔盖塞别墅园林相媲美的罗马最大园林，与本书提到的其他罗马花园命运一样，于 1850 年转变为英式风景园。西蒙·菲利斯画的两幅版画展示了巴洛克式的园林和别墅。与博尔盖塞别墅相类似的是，这座房子的居住处所并不坐落在两条轴线的相交处，它偏居于以小树林为主的园林中的一侧。在通过入口大门后就来到一个小型的园林节点处，从这里分出的两条道路形成了微妙的角度。和博尔盖塞别墅一样，其中一条路通向喷泉池；喷泉后方，圣彼得大教堂的圆顶矗立在远处，景色壮观。沿着这条道路穿过庄园，很可能都看不到建筑。映入眼帘的是离喷泉仅几步之遥的花园，还有穿插着环形绿篱和更大面积绿篱的宽阔园路，通向图案复杂的刺绣花坛群和花园别墅（见上图）的正门。

花坛直延伸至小山较低的一侧，周围环绕着装饰着雕塑和花栏杆的围墙。这座园林几乎可以被视为秘园，但是它的位置又表明并非如此。别墅中央凸出部分的前面设有喷泉，开放式楼梯将建筑侧翼连接起来，这些都显示这是一处举行庆祝活动的地方。客人一定很乐意下楼去毗邻的花园观赏，他们会沿主轴线走到剧场。与观赏花园毗邻的地区向北有一片可能被用作游乐场的区域。宽阔的道路引领人们穿过小树林到达中间设有喷泉的环形场地（见右图）。从那里人们来到一处毗邻秘密花园的半圆形广场，广场上有座有小凉亭的德拉小屋。1849年，当朱塞皮·加里波第反对法国波旁王朝军队入侵、保卫罗马共和国时，该庄园被毁。10年后，建筑师布西里·维西在此建造凯旋门，作为如今公园的入口。

弗拉斯卡蒂的庄园

弗拉斯卡蒂，即古代的图斯库鲁姆，被当时的古罗马贵族誉为避暑胜地。西塞罗、卢修斯·李锡尼·卢库卢斯和恺撒都将自己的避暑山庄建在那里，并不断加以扩建。该城镇在中世纪时期被摧毁，居民被迫迁移，后来在原来城镇的废墟基础上建立了弗拉斯卡蒂。在大主教亚历山德罗·鲁芬诺的统治下，罗马贵族恢复了原有奢华的生活方式。在1548年，鲁芬诺决定修建庄园，其他主教也纷纷效仿，结果，16—17世纪，奥尔本山风景如画的北坡上建成了10多个庄园。

这一时期内分为两个阶段，最重要的庄园都建于第一阶段（1548—1607年）；而在第二阶段（1600—1650年）期间，许多庄园的主人都进行了扩建。很多庄园都毁于19世纪，20世纪时其中一些得以重建和修复。从1620年的一张鸟瞰图中可以看到这一排排重建的庄园（见P152、P153上图）。

法康尼庄园最初是大主教亚历山德罗·鲁芬诺的私宅，他将庄园建在靠近圣玛达莱娜教堂的一座老庄园的园址上。100年后，这座庄园归法康尼家族所有，他们将庄园扩建成为一座拥有四座角塔的富丽堂皇的大庄园，建筑师是弗朗切斯科·博罗米尼。无论是庄园的室内陈设和装饰，还是直到1729年才完成种植任务的台地式花园，事实都证明这是项漫长的工作。庄园与花园的关系看起来扭曲而复杂，一方面是由于地形本身，另一方面则是该庄园的设计概念：其面向罗马城的是较窄的北立面，山谷前空地位于东面，花园

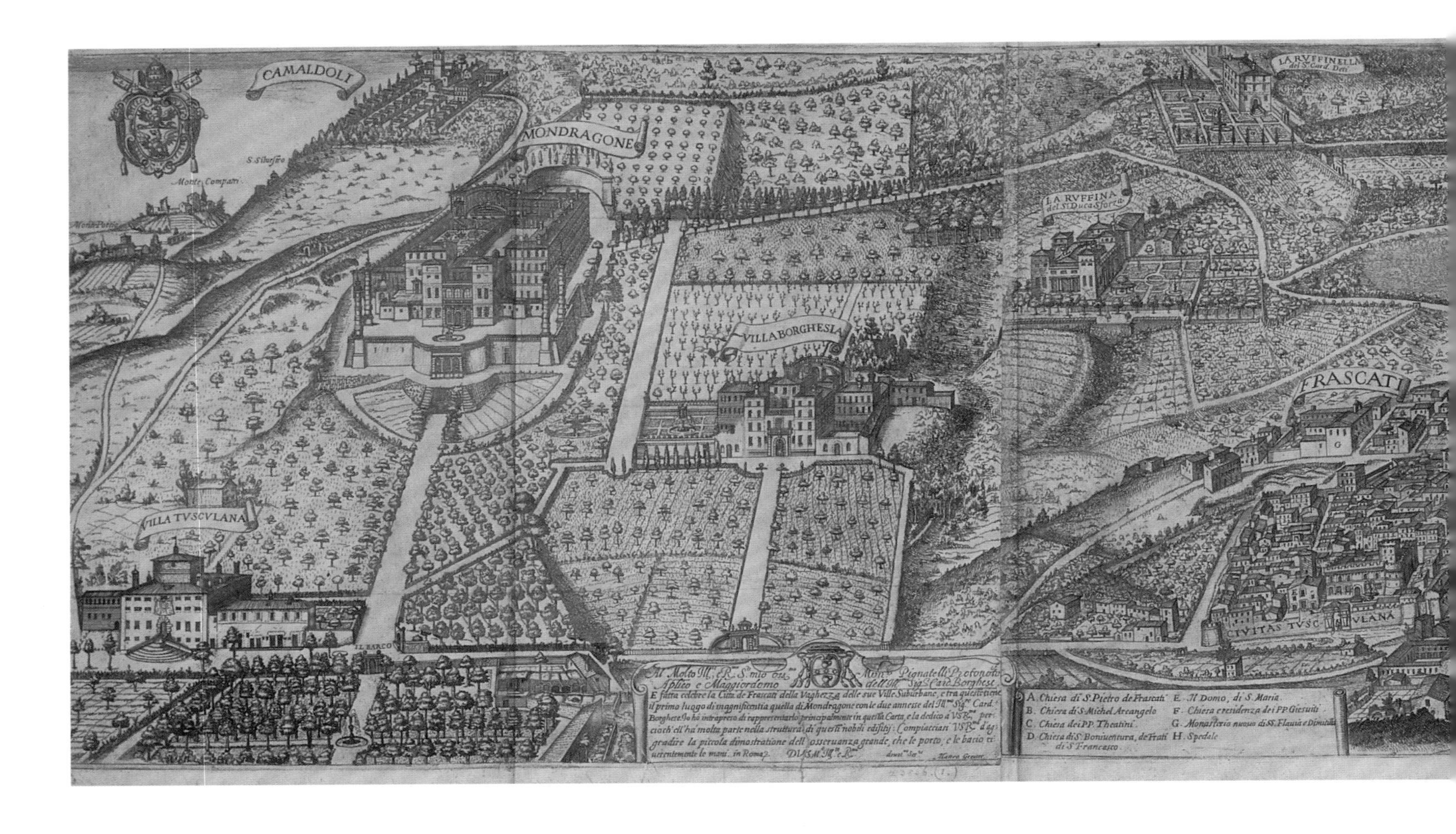

▲ 小镇的庄园附近，弗拉斯卡蒂

马蒂亚斯·格罗特作的鸟瞰图，1620 年

松树和柏树一直是地中海花园中最常见的树木，同样在这幅古老的弗拉斯卡蒂城的鸟瞰图中可以看到这些树种。设计中在水平线上加入柏树尤其适合，是因为柏树本身高大，有细长的树干。种在大门入口通道两侧的柏树有时就像守卫一样，或者由它们形成一个引人注目的景观形式或视廊，就如图中所示。然而在英国的牛津郡布伦海姆宫，你也许会发现柏树的种植只是为了增加树木的种类

却向西延伸。花园露台的重建已经完成，因此人们可以很容易地想象出巴洛克式园林的布局。现在该园林的入口——可追溯到 1729 年的巴洛克式猎鹰大门位于从弗拉斯卡蒂一直通到古代图斯库鲁姆的道路上。园林前方是一个大花坛。狮子门很可能是博罗米尼所建，将人引导至一个双坡道，然后到达一个被柏树环绕着的小湖泊。

西北坡上正对着法康尼庄园的是霍恩埃姆斯的前大主教马克·西提赫的庄园。为了纪念教皇格列高利十三世，他为该庄园起名蒙德拉格尼，即龙山，因为龙形是教皇的盾徽。建筑由建筑师老马蒂诺·伦吉于 1573—1575 年间所建，主要作为教皇自己的住宅。两年后，一座超长建筑瑞提亚塔宫开始动工。

1613 年，大主教斯皮奥涅·卡法雷利·博尔盖塞继承了这座宫殿，同年又得到了罗马的蒙塔尔托庄园，于是增修了一条联结宫殿与庄园的专用道路。著名的建筑师，如卡洛·玛丹纳，吉罗拉莫·拉伊纳尔迪和乔瓦

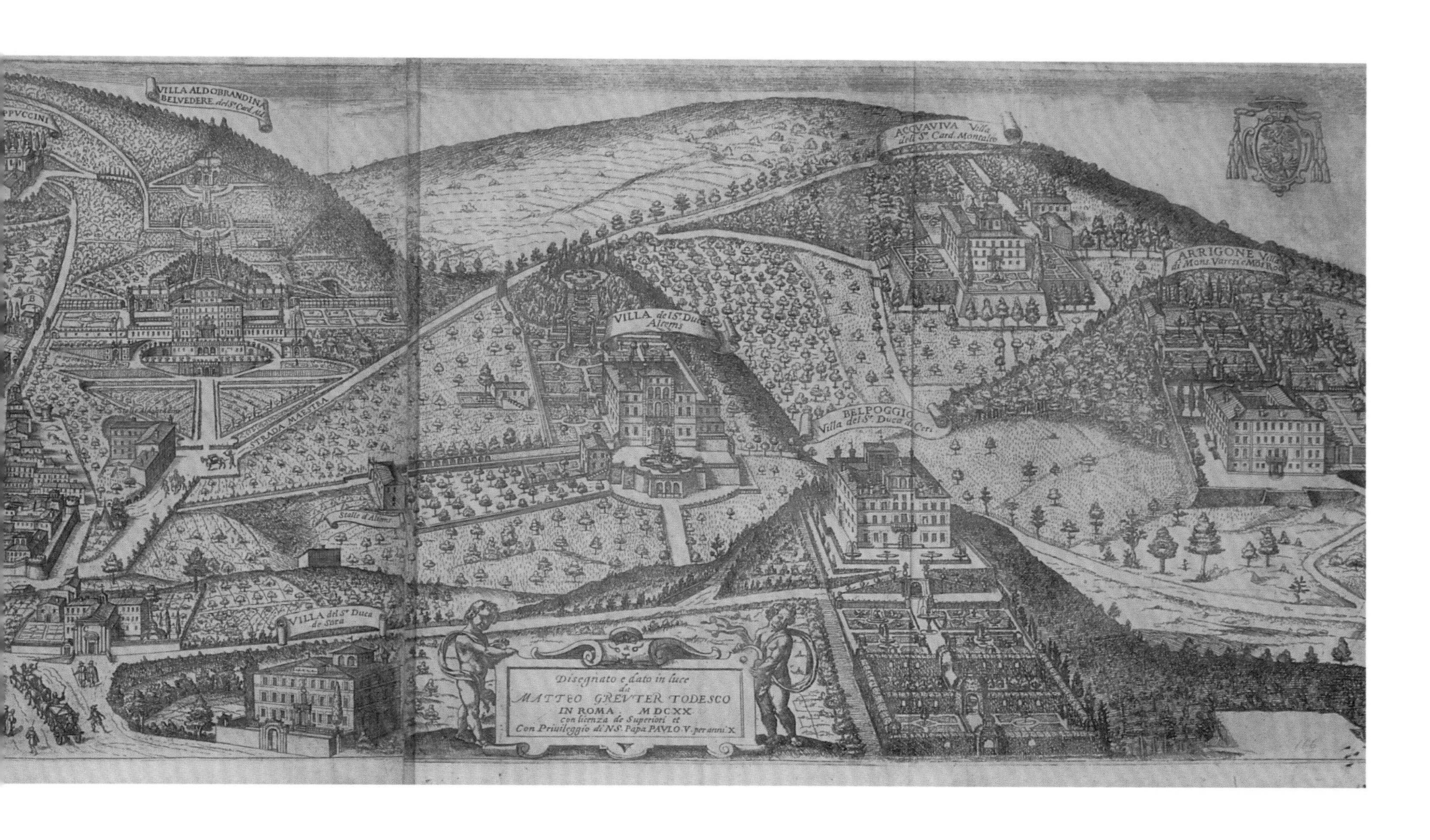

尼·丰塔纳都曾受雇于教皇，他们建造的一系列建筑群构成了最终的布局。

巨大的支撑墙与瑞提亚塔宫和连接侧翼一起，形成了这座有刺绣花坛的宏伟宫殿的边界。支撑墙以东，乔瓦尼·丰塔纳还建造了当时最有名的建筑之一——“水上剧场”；如今只有这座巨大的半圆式露天建筑和双跑台阶留存了下来。园内，树篱围绕着这些花坛，但是原先的喷泉已经不复存在了。

后来被称为“格拉齐奥利庄园”的庄园，约1590年由大主教阿夸维瓦所建，1616年转为大主教帕莱迪·迪·蒙塔尔托所有。随后他重新设计了这座别墅和花园。通过现存的一点园林遗迹的布局特点可以推断，园林设计为巴洛克式。后来为该庄园改名的现主人格拉齐奥利家族还拥有由多梅尼基诺、安尼巴莱·卡拉齐和祝卡利流派所做的壁画作品，这些壁画都非常值得一看。埃利塞奥的壁画为人们提供了观察别墅和园林中花坛的有趣视角。这幅壁画可能是17世纪初卡拉齐的学生所作。壁画展示了两侧建筑顶部各有一个塔，围绕着中心区长长地延伸出去，然后在园林中形成一个向上坡方向伸展的庭院。在主建筑区域的一楼前有一个前方带平台的敞廊，从那儿能看清平台上面的人。建筑前两侧各有一座喷泉。落叶树和松树散落地分布在园林中，毫无专业设计的痕迹，却创造了一种开放景观的氛围，令人更加印象深刻。画中，有两个女人正蹲在白布前，旁边放着一个水壶和两条面包，而另一个女人正抱着一个小孩子，头上还顶着一个土罐朝着建筑走去。一个男人正背着沉重的袋子走近一头拴在松树上的驴。根据各种17世纪的版画作品所知，这些模纹花坛群和喷泉都布置在别墅旁边，面朝山谷，因此可以确信，园林后面的地区几乎没有做过设计。另一方面，当时流行的绘画常以田园为主题。尽管如此，这里仍然是自然风景园的前身。

▲ **阿尔多布兰迪尼庄园，弗拉斯卡蒂**

该庄园的正立面和带有入口坡道的巨型前院，斯佩基的版画

弗拉斯卡蒂的阿尔多布兰迪尼庄园

在弗拉斯卡蒂最著名的庄园之中，其中就有教皇克莱门特八世的侄子彼得罗·阿尔多布兰迪尼的庄园。1598年，贾科莫·德拉·波尔塔为这座庄园设计了一种与众不同的布局结构，在波尔塔去世后，卡洛·玛丹纳接手了这项工程的委托，并于1604年建成了该庄园。庄园建筑正立面的基本设计概念或者其主要设计特点是一个巨大的断裂山墙，并且顶部中央部分通过鼓室加以抬高（见左图）。较低的侧翼建筑则是一种斜切边的三角形山墙。这种斜切的线条会将视线首先引导至建筑的屋顶或者山墙上面。这些复杂的建筑设计手法，包括方形和长方形窗户随着间隔开的壁柱交替布置，是典型的矫饰主义的变化形式。

这座醒目的建筑以一个巨大的平台为基座，要通过两边宽阔的弧形坡道方能到达（见左图）。相反，园林的地形则陡峭上升。一座简洁的半圆式露天建筑结构——著名的水上剧场被引入山坡作为挡土墙，形成了很好的景观效果（见P156、P157插图）。该园林的布局回归到贾科莫·德拉·波尔塔的设计上，并由卡洛·玛丹纳来实施建设。巨大的半圆形墙体上有5根柱子强调出的拱形凹室。按照凯旋门的结构概念，在壁柱之间的几道墙上都布有矩形凹洞，上面可见雕琢的浮雕像。在其上方还有模仿古典风格的圆顶构筑中的半身像雕塑。凹洞内还有神话人物像，包括一组波吕斐摩斯吹奏排笛的雕像（见P157插图）。

► **阿尔多布兰迪尼庄园，弗拉斯卡蒂**

园林侧面的别墅和水上剧场区之间的区域

在中心位置，阿特拉斯跳跃着用双肩支撑起地球，不断收集从半圆式露天建筑上面的小瀑布流下来的水，并将水流引入他面前的水池中。其两侧分别为带园林长廊的建筑侧厅和圣塞巴斯蒂安教堂。

水上剧场往上是雄伟壮观的花园，主景观为一座层叠喷泉。花园入口是一对柱子，喷水头经由盘旋缠绕的花饰雕刻向下喷射水流。这些海格力斯之柱和宫殿之间有着一种微妙的关系。作为宫殿中央凸出部分的支柱，海格力斯之柱将别墅和旁边的小树林、中央的小瀑布还有半圆式露天建筑的栏杆联系起来。如果站在入口拱门正前方中央突出位置上的接待大厅中，往庭院和半圆式露天建筑望去，便可以看到拱门的列柱成了水上剧场的中央部分、小瀑布和上部平台的装饰柱的景框。在一定程度上，视线也可以反过来：从上部的水池前的有利位置向下看，从而看到园林最具吸引力的全景，更广阔的景观。

从古老的版画上得知，限定小瀑布的高高的树篱无疑是借鉴了巴涅亚的兰特庄园。旁边的小径通向更高处的乡野喷泉，处于两块带有农夫雕塑的凹地之间，水流从这里不断流入水池。一段带有卷轴状栏杆的弧形台阶围绕喷泉而建，并一直延伸到下一层的自然喷泉台地，这个天然的凝灰岩石窟进一步受到从小瀑布流下来的水流的冲击。

正是这种了不起的水景轴线确定了整体园林的规划。与罗马庄园相反，这类住宅（在这种情况下应当称为宫殿）以它所处的优势位置，成为这座园林的中心。如果海格力斯之柱是世界极限的隐喻的话，那么在这里就能找到乐园，它就在生命之河旁的坡地上伸展开来。如此理解的话，那么别墅和水上剧场正是乐园的大门和庭院。宫殿正门前有宽阔的私人车道和小路，毫无疑问通往着这个世界、通往台伯河谷宽阔的平原与大海（虽然远，但依稀可见）的道路，当然也是通往世界的中心——罗马的道路。

阿尔多布兰迪尼庄园外部空间与宫内的帕内斯殿相匹配。无论是水上剧场内，还是台阶和瀑布周边，户外以宏大规模呈现出的

一切继而又以小尺度展现在大厅的天花板和墙壁上。这种画着壁画的拱形天花板中描绘了爬满爬山虎的地中海式绿廊、交织的果树枝条和生长茂盛的植物；金翅雀、夜莺、鹧鸪、斑尾林鸽等许多鸟类或栖息在树枝上，或在树丛中飞来飞去；在那些醒目的角落里还有猫头鹰、隼、孔雀以及一只灰林鸮。不仅墙壁上画有田园般的奇幻风景，而且地板

▲ 阿尔多布兰迪尼庄园，弗拉斯卡蒂

庄园附近的整形树篱装饰着的刺绣花坛（顶图）

邻近水上剧场的悬铃树林（上图）

上也相应地铺设大规模的马赛克拼贴来呼应天花板的结构和主题。但最具吸引力的还是安置在一座像凯旋门一样的半圆形后殿里水风琴，设计效果颇佳。在帕纳塞斯山上，有一组珀加索斯从岩石上冲出来的雕像，缪斯女神坐在神马旁的石头上；而最顶上阿波罗正手握古典吉他坐在月桂树下。

这里还有很多类似的例子。古代的灵地就是缪斯女神与阿波罗所在的山峰，对应着围绕着宫殿而逐渐形成的人间乐园，可以理解为永恒的天堂，也是真正的极乐世界。

也许它正是这现世和来世之间的边界，所以大主教比德罗·阿尔多布兰迪尼才想要去探寻。他渴求接近来世的生活，带着拥有永恒幸福的希望，修建了这座乐园。把精神世界的意象和动机反映在客观世界是很有趣的。所以说，此世界正是彼世界的极致呈现。

在一封写于1601年的信中，西尔维奥·安东尼亚诺就房间的室内装修向大主教提出了他的建议。他提出了诸多主题，如狩猎，捕鱼，捉鸟，玉米地、葡萄园和橄榄树林的劳作，牧羊人、养蜂人、养马人的生活以及庭院和果园的维护等。这些鲜明的表现牧歌田园生活的主题来自罗马古代的农业文献。但是这位建议者进一步提出：

“人们亦可以想到其他主题，如青草地、长着鲜花的草坪、开花或挂满熟苹果的果树，以及绿色的玉米田和成捆的玉米。”

维尼亚内洛的卢斯波利城堡

在前往意大利更偏北地区的巴洛克园林之前，我们先谈谈拉齐奥和他的维尼亚内洛这座巴洛克式庄园。这里离维泰博不远，毗邻著名的园林如兰特庄园、卡普拉罗拉庄园或波玛索花园等，它就像一颗隐匿的宝石在等着我们去探寻。如今，鲁斯波利的别墅仍然属于鲁斯波利家族，我们感谢他们以巴洛克式风格重建花坛群、镶上整形树篱，颇为不易地维护至今天（见P158插图）。两根交叉轴线将长方形场地分成3个分区，每个分区又由几块分格组成。低矮的树篱被修剪成装饰性的图案，还有一些形成了鲁斯波利家

◀ 阿尔多布兰迪尼庄园，弗拉斯卡蒂

半圆形的水上剧场

P157 插图

▶ ▶ 阿尔多布兰迪尼庄园，弗拉斯卡蒂

水上剧场细部图

波吕斐摩斯正坐在石窟的左边吹排笛

POTESTATEM · SEDIS · APOST

▲ 卢斯波利城堡，维尼亚内洛

城堡内由树篱组成的刺绣大花坛的鸟瞰图

▶ 从花坛后端平视城堡的园林

族首字母组成的组合图案。

18 世纪初，弗朗西斯科·马雷斯科蒂伯爵以他母亲鲁斯波利伯爵夫人的名字命名这座花园。罗马教皇本笃十三世曾于 1725 年暂住于此，十分享受这里的美食和花园景致。那里还有他十分喜欢的装饰着雕像的小路，不幸的是小路未能保存下来。但是，在庄园里人们仍然能感觉它过去几个世纪以来的痕迹，好像感受到了这块场地的中世纪起源。古典建筑中主楼层的装饰由极具艺术性的缎带交错而成，这些装饰有的是盘绕的蔓藤，有的是仿效山的形式以及是鲁斯波利盾徽的“纹章山”。在 17 世纪初，波玛索名人维奇诺·奥尔西尼的女儿奥塔维亚·奥尔西尼就是这座豪宅的主人。在她的倡导下，1610—1615 年间在公园周围建了一堵带有凹洞的墙壁，而且花坛中装饰丰富艳丽的鲜花，这种设计就是追求矫饰主义风格。

100 余年前，斯福尔扎·马雷斯科蒂伯爵委托建筑师小安东尼奥·达·桑迦洛复建建于 1491 年的卢斯波利城堡。今天，这个带有文艺复兴时期喷泉的前院和饰有壁柱、顶部的小拱顶的入口大厅，依然是这座建筑早期风格的见证。

佛罗伦萨的彼得拉庄园

彼得拉庄园入口就在佛罗伦萨城的北部边缘，靠近前圣迦尔门。

该庄园之所以值得一提是因为它是 20 世纪初亚瑟·阿克顿接手的庄园。他把这座曾经被设计成英式自然风景园的庄园改建成了 17 世纪巴洛克式风格。他的设计自庄园中轴上的正门起始，依托山坡的地形建造了三层台地，台地上建有棚架、喷泉和水池。众所周知，他和他的儿子哈罗德·阿克顿爵士都热爱收集。多亏了他们的爱好，才可能用众多巴洛克风格的雕塑和建筑碎片来装饰园林。他以高度的艺术性利用支柱、碎片和柱顶过梁引导人们的视线，创造出令人印象深刻的景色；他用雕塑组合和喷泉与松树、柏树和树篱搭配，营造出一种类似于矫饰风格的环境。

▲ **彼得拉庄园，佛罗伦萨**
柱子、雕像、喷泉和半圆形柱廊形成一种由花园向南看去的视线

阿克顿花园设计的最高成就是这座低处的台地，他在那儿设计了同心环式的整形花坛布局，并在其中心设置了一个精致雅观的喷泉水池。壮丽的半圆式露天柱廊围绕着整个树篱环，构成了整座花园（见上图）。

阿克顿设计最上面的平台的目的是使其环绕别墅。这个平台没有雕塑，以一座半高的墙体作为边界。从这里向下可以看到台地园中低层平台的壮丽景色。不同高度的树篱、喷泉水池和高台雕塑构成了彼得拉庄园中多样而生动的园林景观。

这座庄园和园林历史悠久，早在 14 世纪就已存在。有资料表明 15 世纪时它的第一位主人便是为美第奇服务的富有银行家。我们可以假定这座花园就是在那时所建，然而并没有图片或文字资料来记载有关其外观的信息。在 17 世纪时，大主教路易吉·卡波尼获得了该庄园并将其重建为巴洛克风格。这次重建不仅影响了卡洛·丰塔纳与朱塞佩·罗

▲ **彼得拉庄园，佛罗伦萨**

这个花园的角落就像一个草木葱茏的舞台布景，这里装饰着栏杆和雕像，末端是一个拱门

明坚一起重新设计的别墅，还影响了别墅右边的花园，一座设有古代雕塑的古典模纹花坛。

卡米格里亚诺的托里贾尼别墅

大多数意大利文艺复兴和巴洛克园林都于 19 世纪转变成了英式自然风景园。然而多亏其原有主人亚瑟·阿克顿的倡议，彼得拉别墅的花园被完整地恢复成巴洛克式园林。在其他地方也已证明，至少小规模地恢复巴洛克式园林是可能的。

位于卢卡东北部的托里贾尼别墅现在处在一座典型的英式公园中间。令人遗憾的是，这可能是伟大的法国园林建筑师勒·诺特尔于 1679 年从罗马回来后设计的刺绣花坛，然而除了一个椭圆水池，什么也没有留下。幸而在别墅底层的房间里有一个旧址平面设计图可以查看。

如此说来，这座被两个花坛围合的建筑可以追溯到 16 世纪，只是于 17 世纪稍微修葺了一下。这里，刺绣花坛的装饰物和主立面的丰富雕刻之间保持了一种平衡。花床的整形图案里填充了彩色石子作为装饰，这种做法早在 1620 年就在法国盛行了，这次可能是第一次运用在意大利。主立面中部凸出部位是根据塞巴斯蒂亚诺·赛里奥模式进行建造的——有上下两个圆拱，每个圆拱的两侧有两个矩形孔洞——结合低层立面上高大的人物雕像，产生出矫饰效果。由于其富有动感的结构特征，整栋建筑呈现出自己独特的美学价值，适合在一定距离以外欣赏。出于这个原因，勒·诺特尔大概也曾设想在别墅和花坛之间设计一片简单的草坪区以使建筑处于一个最佳的位置。英式风景园倡导这种做法，特别是在别墅附近种植高大的树木使得建筑外观看起来有如画的效果（见 P161 上图）。

旧花园旁边还有一个被一堵墙围绕的区域。这是巴洛克时期流行的秘园，在意大利尤为盛行。这个花园有幸被保留了下来。参观者从夏宫过来，穿过花坛，沿着弧形通道进入这个封闭的花园时，会惊讶于种植床的布局（见 P162 下图）。低矮的整形树篱包围着鲜艳的种植花坛。中央主要道路两侧安置着巨大的球形黄杨木，道路通向一个石窟。两个凶猛的怪物已经在入口两侧摆好姿势给新到来的人以惊悚式的欢迎。游览者顺利地进入石窟后，就会即刻发觉自己陷入了半黑暗之中，并且暴露于风之神面前。他们鼓着脸颊，噘着嘴唇（见 P162 上图），履行着自己的工作职责。神明会惩罚过度好奇的人，游客在 7 个风之神像的石窟里，当水聚集到一定程度时会从地板上喷出来，风神的妻子埃俄罗斯，则从圆顶上给客人洒下一阵雨。这些我们从西班牙园林获悉的水的把戏，常以类似的主题被用在石窟里。它们是多利加尼别墅的主要景点之一。

在另一面，花园由两段栏杆上饰有人像的楼梯所围合。旁边是作为水库的供水系统的大池，为 7 个风之神像石窟和下面的迷宫般的一系列石窟提供水源。台阶下面有两个入口，进去是一个无与伦比的石窟画廊，有钟乳石从屋顶垂下，在凝灰岩上还有众多怪物和动物雕刻。

秘园的石窟和水系、奢华的楼梯和华丽的装饰人像都集中在这么狭小的地域里，加上中心位置高傲地矗立着的别墅，使游客得以对整个地区辉煌的早期巴洛克风格有了认识。

P161 插图

▶ ▶ **卡米格里亚诺（卢卡）托里贾尼别墅**

别墅入口的外立面上装饰着富丽堂皇的雕塑（上图）
花园的景色（下图）

► **曼西庄园，西格罗明诺（卢卡）**
别墅花园中水池周围的栏杆，菲利普·大瓦拉设计

卢卡周边西格罗明诺的曼西庄园

在离卡米格利亚尼不远、靠近卢卡的西格罗明诺小镇，坐落着曼西庄园。这座庄园的布局曾经也是巴洛克园林形式。

它由伯爵夫人·费利斯·西娜米委托矫饰主义风格建筑师穆齐欧·奥狄于1634—1635年间建造，并于近期重建，它所散发出来的不同寻常的优雅形态令人惊叹。奥狄创建了一栋可溯及16世纪的庄园。

他设计建造了一个全新的双层立面形式，在主立面前面设计了双跑阶梯，并采用帕拉迪奥母题设计的带有3个弧形拱门的底层门廊。托斯卡纳的双列支撑柱的上楣刻有迷人的雕像。这个主题在上层中间部分进行了重复，而旁边部分则处理得相对简单。三角形山墙上部，每一面都有一个内嵌巨大半身像的假拱。底层窗户的断裂山墙形成了典型的矫饰主义风格，此外还装饰着半身雕像。

18世纪，奥塔维奥·圭多·曼西获得庄园的所有权，他成功请到了曾担任萨瓦省维克多·阿玛迪斯二世宫廷的建筑师菲利普·尤瓦拉负责其花园的项目。尤瓦拉设计了两个花园，花园里藤蔓缠绕，喷泉、树墙和一个优雅的小钟楼坐落其中。

如今，过去的辉煌几乎已荡然无存。巴洛克园林的布局被别墅前英式大草坪以及新种植的树木所取代。只有尤瓦拉的两个水池保留了下来。沿着先前的宽阔巷弄向前走，两侧是月桂篱笆，幽静的石雕少女们从半球形黄杨木中逐渐升起，直到其中一个水池。水池围绕着饰有天竺葵花盘的弯曲栏杆和雕塑（见上图）。再走一小段路进入一个树林，伫立于排列着贝壳的残破的拱形构筑物前的戴安娜沐浴雕像一下子进入造访者的视线。

P162 插图
◄◄ **托里贾尼别墅，卡米格里亚诺（卢卡）**
7个风之神像的石窟（上图），秘园（下图）

◀ 加佐尼庄园，科洛迪（皮斯托亚）

菲利普·尤瓦拉设计的夏宫连接了村庄与园林

科洛迪的加佐尼庄园

位于卢卡的三大庄园，当然包括加佐尼庄园这一最让人惊叹的建筑。庄园建在距离曼西庄园东侧仅几千米的科洛迪小镇郊区。园林依山布局占据了树林的一角，因为别墅的存在而熠熠生辉（见上图）。当人们从高处俯瞰或是从庄园仰视，视线总是被各种各样的喷泉、层层的梯田和台阶所吸引。虽然园林设计是严格对称的，但是整个场地内通路纵横交错的网络如同一个迷宫。这座园林的所有者——罗马诺·加佐尼侯爵对园林有着浓厚的兴趣，并尽可能多地参与了园林的细节设计。设计施工从1633年持续到1692年。在接下来的一个世纪里，罗马诺·加尔佐尼的曾孙接管了该园林并进一步加以建设，他委托建筑师和工程师奥塔维亚诺·迪奥达蒂为大规模的供水系统绘制液压装置设计图。

这座园林幸存至今，因此可以在游览它的过程中细细品味巴洛克式园林布局中的细节。园林主轴线沿着上坡的方向，台阶的布置颇具韵律，双跑阶延伸至3个平台。台阶下的种植坛被修剪成波浪形的高大树篱所包围，并装饰着富有想象力的观赏植物（见P167插图）。建筑师并没有采用传统的植物分格，而是自由随意地种植大面积的不同颜色的开花植物，如薰衣草、迷迭香、石南花和石竹花等，小型的盆栽柠檬树、小的球形黄杨以及大一点儿黄杨树用传统的方法修剪成螺旋形状。带有两个圆形水池的入口区域位于种植坛前，而种植坛则在台阶前面。其中一个水池里生长着睡莲。整个场地铺着碎石路，确保了怒放的花朵连同色彩能够充分地展示出来（见P165左下图）。

逐步抬升的阶梯铺着装饰性的马赛克，两边是红砖色的栏杆。当人们走到一半时，可以看到海王星神的贝壳石窟。大量小喷泉在小路两侧一路陪伴着参观者。上下两个平台被两条小路穿过。较低的小路种植了棕榈树，而上面的波莫纳小路沿着森林，设置的雕塑加强了其存在感，沿着小瀑布，一个急转上升坡道到达最终的法玛水池。在那里，在一个种有睡莲的水池上方设计成一个半圆

P165插图

▶ ▶ 加佐尼庄园，科洛迪（皮斯托亚）

庄园平面图，1692年

从大楼梯俯瞰下部花坛区的两个圆形水池（左下图）

楼梯上的陶土雕塑（右下图）

形龛弧形拱结构，女神法玛站在龛上，宣扬着加佐尼家族的声誉（见右图和P169插图）。短暂的攀爬是值得的——如果你现在转身往下看，视线掠过水面和上段阶梯直至低处平台，靠近右边的水池里还有两只天鹅（见下图）。

时至今日，如果你在意大利旅行是为了让自己更加了解巴洛克园林文化，那么加佐尼庄园以及波玛索花园无疑是令人难忘的体验对象。波玛索花园展现出了令人惊讶的想象力、情趣以及不同寻常的风格。而加佐尼庄园则以一种欢乐和欣欣向荣的方式欢迎访客，同时又不失尊严和优雅。从别墅位于靠边的位置看出，它的第一个主人罗马诺·加佐尼只关注它的花园，对别墅和园林的整体概念考虑甚少（见右图）。

从低处平台看过去，矗立在山上的立面看上去似乎并不是场地的一部分，因为阶梯并不引导向别墅的中轴线，而是偏转约40°的角度，因此园林并不是专门为别墅营造环境的。在这里，园林本身作为一个独立的审美对象，充满了持久的生命力。罗马诺·加尔佐尼的后代已经成功地将这样的做法延续至今。

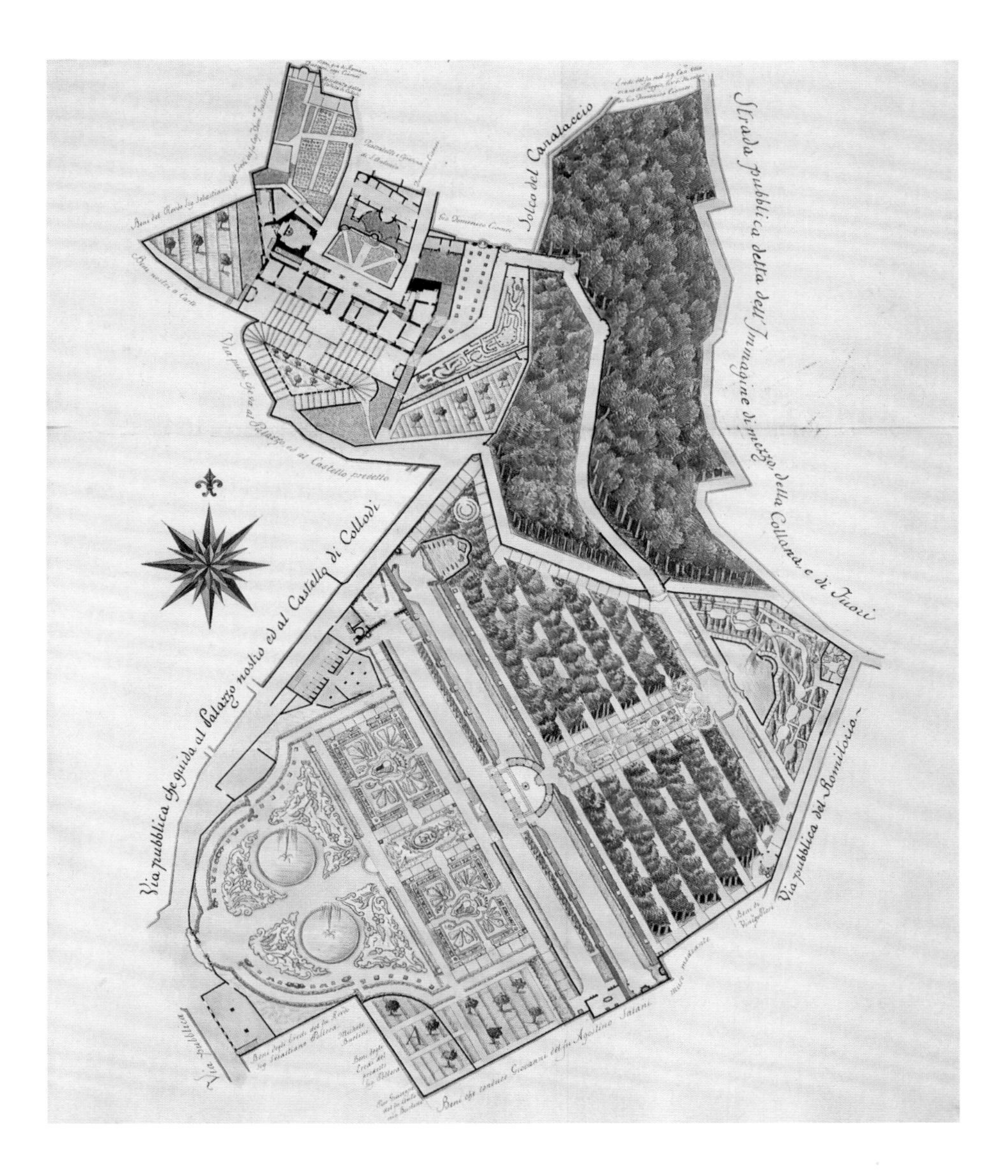

▼ 加佐尼庄园，科洛迪（皮斯托亚）

女神法玛的雕像位于小瀑布的上端

该雕像是卢卡的雕塑家帕拉迪尼的作品

P167 插图

►► 加佐尼庄园，科洛迪（皮斯托亚）

一对双跑阶梯延伸3层，下面的凹龛里放置的是红陶制成的扛着桶的农夫雕像

◀ 加佐尼庄园，科洛迪（皮斯托亚）

手持男人头颅的无头女人雕像

P169 插图

►► 加佐尼庄园，科洛迪（皮斯托亚）

瀑布始端放置的是靠近卢卡的佩夏小镇的人形化身（上图）

法玛雕像下的池塘（下图）

P170 插图

◀ ◀ 基吉别墅，索维奇勒（锡耶纳）

铁艺格栅后面的浅色砾石小径的两侧种植着整形树篱，小路通向着索维奇勒的基吉别墅的正面。教皇亚历山大七世的侄子大主教弗拉维奥·基吉委托巴洛克风格建筑师卡洛·丰塔纳把他的别墅建造在锡耶纳以西。这位建筑大师尝试了由巴尔达萨雷·佩鲁奇在罗马设计的法尔内西纳别墅的立面体系，角部凸出以营造出塔的效果，中部狭窄的凉廊向园林开放。花园的许多部分是由树篱、松树和柠檬树构成的，并且都保留着巴洛克风格的布局

▶ 基吉别墅，索维奇勒（锡耶纳）

在别墅的花园里，道路边有许多柏树，能够欣赏到托斯卡纳景观

▲ 贝拉岛，马焦雷湖

台地园小岛，18 世纪的鸟瞰图由 M. dal Re 雕刻（顶图）

台地底层的花坛平台（上图）

意大利北部的巴洛克式园林

意大利北部的园林并非从根本上有别于这个国家其他的巴洛克式园林，只是偶尔会显示出差异。集多条视线于一点的观览体系似乎并不那么重要。矫饰主义的趣味性在许多巴洛克式园林中扮演着重要的角色，但在其他园林设计中的使用却并不广泛。虽然巴洛克文化在很大程度上比文艺复兴文化更多地被视为欧洲现象，并且几乎所有巴洛克式园林都受到法式园林的影响，但是，这并非意大利北部的园林的主要特征。其特殊性可能主要是因为这个国家的地理环境造成的。在条件相似的情况下，意大利中部的景观，在相当程度上具有匀质结构，而意大利北部则相反：被河流和湖泊分割开的伦巴第平原到阿尔卑斯山山麓突然发生变化，因此陡峭的台地、曲折的道路和小规模花坛都是适合此地形特征的首选。此外，在这个地区有一个不寻常的特例，即马焦雷湖中贝拉岛上的花园，它可能是意大利北部最著名的花园。但是我们也应该看到，从美学角度来说，母亲岛被这个岛的光芒所掩盖了。这两个岛都是远离斯特雷萨村的罗梅安群岛的一部分。卡洛·博罗梅奥伯爵在母亲岛上也有夏季住宅，但很少使用。这里只有少数 16—17 世纪的园林的遗迹幸存了下来，给人留下亲密、田园诗般的印象。带凸出凉廊的园林别墅，靠近别墅外墙的有海豚喷泉的平台，仍给人一种巴洛克式风格的感觉。如今整个岛已经变成了一座风景如画的园林。

马焦雷湖中贝拉岛上的花园

贝拉岛坐落在马焦雷湖内，离岸不远，它像台乐器在阿尔卑斯山的背景前低声吟唱着（见左上图）。远离斯特雷萨村的一座小岛已经转变成了一座城堡，这至少是贝拉岛带来的影响。约 1630 年，为了卡洛·博罗梅奥伯爵和他的儿子比塔利亚诺·博罗梅奥，贝拉岛的城堡及花园布局开始设计。法国民族学者查尔斯·德·布罗斯曾在 1770 年的一封家书里激动地说：*“这个作品真的就像世界上独一无二的童话般的城堡。”*而西奥多·丰塔纳则用普鲁士语概括说：*“贝拉岛与无忧宫的唯一区别是它四面都是台地。”*

建筑师构建的庄严宫殿位于岛的西端，与湖水相平。建筑伸入湖中，就像一艘船的船头，为整个岛增添了一点人工元素。宫殿东部的花园进一步加强了这种印象，花园顺应岛的地形向上伸展形成一个十层金字塔的形态（见左下图和 P173 插图）。最高处是一个宽敞的花园露台，在夏天的时候这里总会有凉爽的海风吹过。可以想象当一个人站在这里时会如何陶醉在美景之中了。此外这里

还会举行各种庆祝活动和表演。

露台从岛尽头的湖边，面对着宫殿优雅地升起。如今，阶梯状斜坡的拱廊前低矮的树篱无章、繁茂地生长着，这在过去一定会被修剪得很整齐；柱子的旁边生长着柠檬树。柱子顶部是3层的石窟，里面装饰着富丽堂皇的雕塑，石窟顶装饰的是纹章式博罗梅独角兽。

博罗梅奥花园的特殊地形特征使它成为意大利最具吸引力的巴洛克园林之一。但是其园林现在几乎没有显示出任何意大利巴洛克园林的典型特征，而且它早已失去了原来的形态。曾经在台地园和宫殿间构成整个花园独特魅力的轴线已经被打断，并被花坛所遮盖，难以分辨。如今，那里有高大的树木和疯狂侵占角落的灌木丛，这座园林已经不再是一个整体，也几乎不能看出其本身的巴洛克式的布局。

▲ 贝拉岛，马焦雷湖

阶梯状的园林布局可以欣赏湖泊和群山

特里希诺·马尔佐托别墅

15 世纪下半叶，马尔佐托家族在维琴察附近的特里希诺建造的坚固城堡已经逐渐演变成一座乡村别墅。在以后的几个世纪中，越来越多的建筑建造了起来，到 18 世纪的时候，这座别墅已经发展成一座规模庞大而复杂的建筑群，其四周还包围着一座颇具规模的园林。事实上，还有在这些台地间散布着的几个花园分别链接着各个独立的建筑单元。别墅由伦巴第的建筑师弗朗西斯科·穆托尼设计建造，他是帕拉迪奥的追随者，并且极力在帕拉迪奥母题的设计方法上做出很多尝试。顺便说一句，他在 1747 年去世前不久出版了一本对安德烈·帕拉迪奥作品的解析著作。他设计的台地的挡土墙以及其门上装饰了涡卷和枝状大烛台，看起来像是巴洛克式舞台剧的舞台布景。

异形的石头基座将空中花园和水池起到框景的作用，而雕塑则立于高高的基座上，这也是穆托尼的设计。整个场地就像一座迷宫，人们一次又一次地漫步进入温馨的花园龛室内，然后又突然发现自己正沿着长长的柏树小径逐渐走远，又或者会再一次发现自己置身在巴洛克式的别墅前，登上南边的台地，在高耸的蒙泰基奥山前享受令人难忘的园林全景。

P174 插图

◀◀ **特里希诺（维琴察）**

特里希诺·马尔佐托别墅

由马里纳利创作的雕塑和较低的别墅前的水池

▼ **特里希诺（维琴察）**

特里希诺·马尔佐托别墅

由弗朗西斯科·穆托尼设计的别墅前花园里的观景楼的壁柱

P177 插图

►► 皮萨尼别墅，斯德拉（威尼斯）

别墅前水渠边排列的雕塑

这座建筑群标志着总督阿尔维塞·皮萨尼的即位，在1730年它也被称为“总督的别墅”

▼ 皮萨尼别墅，斯德拉（威尼斯）

花园旁门廊的内景

斯德拉的皮萨尼别墅

别墅图册（*Villa Books*）一类的书，自16世纪以来一直很受欢迎。在此基础上，在威尼托，归农颂扬的就是乡村生活。在这些书中，作者们都主张农业和人文主义相融合，致力于创造贴近大自然的生活，使生活富有哲学韵味。这些书是针对首都、威尼斯以及内陆乡镇的上层有产者的。许多威尼斯的别墅都在这样的背景下建造起来，尤其是那些位于布伦塔的别墅。

但是这些愿景很快变味了。农业元素失去了其趣味性，生活哲学及其他的道德要素都让位于别墅业主对堂皇庄严的别墅形象的追求。布伦塔的别墅之一——皮萨尼别墅，就是在威尼斯改变范式的一个例子（见P177插图）。

该别墅（在这种情况下，更像是城堡，因为它是参照法国皇家城堡建造的）的建立标志着总督阿尔维塞·皮萨尼在1730年的即位。建筑师吉罗拉莫·弗里吉莫利卡是来自帕多瓦的贵族，他不仅设计了这座宏伟的别墅，还设计了这座庞大的园林的许多部分，例如这处迷宫以及宽敞的拱廊。园林内的亭子和观景楼也是出自他之手。

弗里吉莫利卡受到18世纪法国园林风格非常强烈的影响，其园林内布局的刺绣花坛设计精致而富有艺术性，这种设计手法在意大利北部是一个特例。他还偏爱在园林中设计穿过树林的笔直小路，这些小路长度加起来超过4km。

但是可以确定的法式格调是一条始于别墅的中心轴、终于一个椭圆形水池的宽阔水渠。围合水渠的池壁上装饰着人物雕像，使观者的视线沉静下来。平静的水面明镜般倒映着威尼托的天空——这不寻常的景象就好像是意大利的眼睛。地中海活泼闪耀的水面并不适合皮萨尼别墅。许多法式元素在19世纪就被淘汰了，其中刺绣花坛的消失也许是人们心中特别的痛。

1732年，弗里吉梅逝世后，别墅主人委托玛丽亚·普莱提斯这个严格按照帕拉迪奥的建筑方法设计别墅外观的建筑师，来设计凸出的门廊和划分建筑立面的宏伟的壁柱。这项工作于1740年完成。

你一定会惊讶于这栋豪华别墅的室内装饰。屋内的画作中最值得一提的就是由最著名的艺术家弗朗西斯科·祖卡里、塞巴斯蒂安·里奇、朱塞佩·扎伊斯以及法比奥·卡纳尔所做的画。

但代表绘画最高荣耀的无疑是在中央画廊中伟大的詹巴蒂斯塔·提埃坡罗的壁画。艺术家描绘的是名为《皮萨尼家族的名誉》（*Fame of the Pisani Family*）的寓言，而且采用了一种不同寻常的艺术手法：在壁画的下方可以看到一个小男孩依偎在他妈妈的怀里。这种艺术手法使人们不觉联想到“圣母子”的主题，从而使这一主题变成该画作的趣味中

▶ 皮萨尼别墅，斯德拉（威尼斯）

人造假山上的花园住宅成为一个制高点

▲ **贝托尼别墅，加尔尼亚诺**

别墅前的花坛，这里能够观赏加尔达湖

心。壁画中的中心人物确实是一个小男孩，该家族主人的儿子阿尔莫罗·皮萨诺，后来他成为对艺术的热心支持者。

加尔尼亚诺的贝托尼别墅

加尔尼亚诺夹在陡峭的悬崖和广阔的加尔达湖之间，是一个闲适恬静之处。鉴于这种地形，毋庸置疑，它已然成为意大利北部最迷人的园林了。贝托尼别墅的建造可以追溯到1760年，它的园林也在同一时间建成。

贝托尼家族在一个倾斜的类似于圆形剧场的场地建造大花坛，在铁艺大门后面的中央砾石路两侧种植低矮的树篱，石路一直通向一处喷泉池，喷泉池周围环绕着两层的半圆式露天建筑（见P181插图）。

在其左右两侧，坡道与踏步经过有人物雕塑的小石窟和凹龛，从一个台地到另一个台地直到顶端的花坛。最高台地的两侧是两个门，门上有山墙及分隔的壁柱，这些大门使这座半圆式露天建筑成为和谐的终点。

在意大利后期，人们经常会经过陡坡上的多个台地穿越花园，尤其是在阿尔卑斯湖地区。这些设计师常会寻找制高点，然后尝试在那里创造适当的台阶、坡道及拱廊。

卡塞塔万维泰利的巴洛克式建筑

伊丽莎白·法尔内塞说："法国的光彩为意大利戴上了最美丽的皇冠。"凡尼斯曾是波旁王朝路易十四的曾孙查尔斯四世的母亲，而查尔斯四世是1734年以来两西西里王国的国王。在历代那不勒斯国王中，是他创造了不朽的建筑：卡塞塔宫，俗称"香格里拉"，就是一座城堡。

1750年查尔斯四世召见了建筑大师路易吉·万维泰利，希望他来实现自己雄心勃勃的城堡计划。万维泰利并非总是从凡尔赛宫或卢浮宫中寻找创造法国辉煌所需的灵感，而是向传统意大利宫殿建筑理念寻求方向并将其规模扩大。万维泰利在1756年完成了他的设计（见P182左上图），他设计的布局尺寸超过了凡尔赛的城堡和花园，而且最终建筑大都按照建筑师所设想的建造出来。只有计划作为一个瞭望台的屋顶露台和中央八角形的圆顶并未实现。

随着壮观的奠基仪式结束，建筑工程于1752年开工，两队正规军团和两个骑兵团被

P181插图

▶ ▶ **贝托尼别墅，加尔尼亚诺**

在别墅花园的二层台地的双跑台阶（左图）

凹入壁龛里的两个洛可可风格的雕塑（右图）

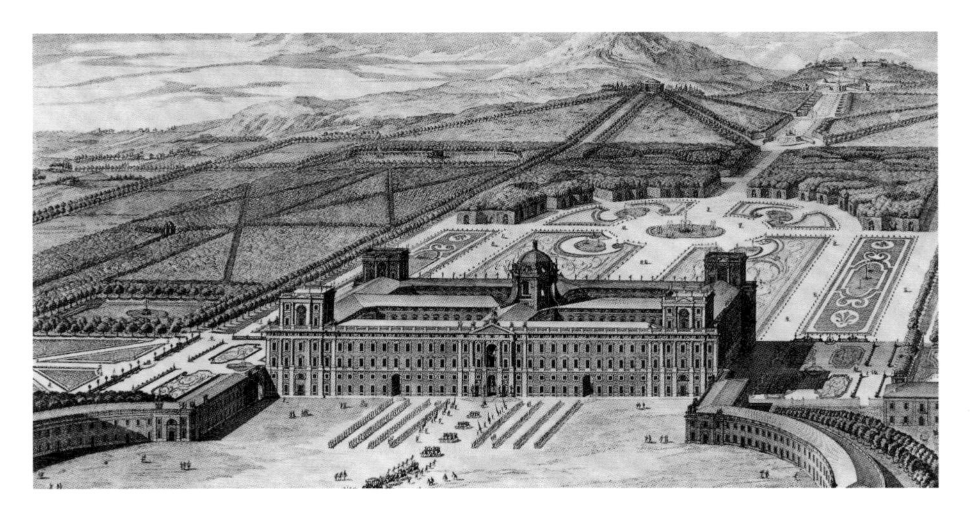

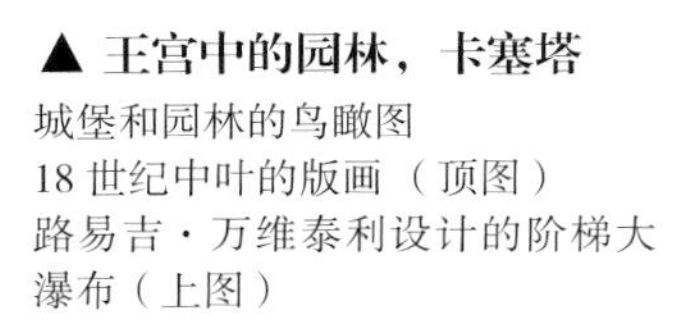

▲ 王宫中的园林，卡塞塔

城堡和园林的鸟瞰图

18 世纪中叶的版画（顶图）

路易吉·万维泰利设计的阶梯大瀑布（上图）

抽调出来用于平面定位。万维泰利于 1773 年去世，这项工作在他逝世后一年完成。

歌德在 1787 年参观了卡塞塔，并指出：*“新的城堡像埃斯科里亚尔宫一样，是一座巨大的方形宫殿，里面有很多庭院，显示出真正的君威……对我来说，它看起来并没有足够的生命力，就如同在巨大的空荡荡的房间里我们感觉并不舒服一样。”*

万维泰利在设计园林布局时必然要解决 3 个基本问题。首先，必须获得大量的水资源，不仅为瀑布提供水源，还要满足城堡的基本需求。为此他找到了蒙泰塔布尔诺东部著名的古罗马泉眼。卡罗里诺水道桥长 41km，这个杰出的工程建成时间仅仅 12 年。其中最引人注目的部分就是如今仍然可以看到的马达洛尼附近的山谷桥。这座桥长 528m，由上下 3 排拱廊构成，横跨山谷，高达 58m。中央柱子的地基深入地下 30m。

万维泰利希望解决的第二个问题是花坛的设计问题，他选择马德里附近的拉格兰哈的园林作为他的范本，那是波旁王朝的国王查尔斯度过青春时代的地方。园内植物种植分隔都装饰着优雅的洛可可式的图案纹饰，道路两旁是对称放置的喷泉和雕像，这些都使国王回忆起家乡，同时也反映出那个时期法国的主流品位，但是这些设想都因造价太昂贵而没能实现。取而代之的是一个宽敞的草坪，其左右两边种植着橡木树林和圣栎，至今我们仍然可以在这里散步。

第三个问题是整个场地喷泉和雕塑的设计，万维泰利在专业的雕像设计师和喷泉工程师的帮助下解决了这个问题。一道所谓“峡谷”穿过园林形成中心轴线。水流由遥远的山泉沿着它流淌，沿途经过一系列喷泉、水

池和瀑布，滚滚水浪冲刷过台阶抑或是向城堡源源不断地流淌。雕像所营造的远古神明的疆域，始于玛格丽特喷泉。园内雕像的名录是由万维泰利的朋友波尔齐奥·莱昂纳第制订的。在著名的海豚喷泉上，巨大的水柱从人造岩石上的海豚喷水孔喷出。再往上是风神埃俄罗斯的领地，能够看到关于风神的寓言故事。然后当到达一个水池时，紧接着是7层台阶，那里有西西里岛的女神克瑞斯。她也是神话中掌管帝国农业的女神，因而受到人们的尊崇，并被仙女和小爱神包围着。在更高一层的台地上的这组雕塑群——维纳斯和阿多尼斯，是由加埃塔诺·萨洛莫内设计的。最后，一处开放的阶梯带我们来到阶梯大瀑布，那是戴安娜的领地。这组雕塑群是保罗·佩西科的杰作，雕塑群充满着生机活力，向人们呈现了阿克特翁与戴安娜的神话故事（见上图）：猎人阿克特翁意外碰到戴安娜沐浴的场景，因而被惩罚变成了一只牡鹿，然后被他自己的猎犬撕碎。

在1773年万维泰利去世的时候，伟大的巴洛克园林时代基本上走到了尽头。1768年奥地利波旁王朝斐迪南德四世的妻子玛丽亚·卡洛琳娜在那不勒斯定居并要求为卡塞塔建造一座英式风格的自然风景园，这种想法在当时是很时尚的。1782年，宫廷传召了英国植物学家乔瓦尼·安德烈·格利弗里。在他的努力下，英式园林出现在“峡谷”东部的斜坡上。他的工作一直持续到19世纪。

在这座园林及城堡中，高贵的波旁家族希望创造一个阿卡迪亚人造世界，这个园林中的乌托邦的世界一直延伸到远山。两西西里王国的国王们希望“无边的远方”以及对大自然的控制能够象征他们的权力。

▲ 王宫中的园林，卡塞塔

雕塑群组在保罗·佩西科设计的戴安娜喷泉那里，1785—1789年，戴安娜和她的随从在洗澡的时候被猎人阿克特翁吓了一跳

法国巴洛克园林

▲ **维孔特城堡，曼西**
城堡之前一个水池中的金色王冠

► **安德烈·勒·诺特尔肖像画，国王的园艺总设计师**
画像，布面油画，112cm × 85cm，1678 年
卡洛·马拉塔
凡尔赛宫，法国城堡博物馆

P184、P185 插图
◄ ◄ **维孔特城堡，曼西**
略过园林遥看城堡

安德烈·勒·诺特尔的花园（1613—1700 年）

1679 年，安德烈·勒·诺特尔开始了他期待的漫长的意大利之旅。他受教皇的许可参观了罗马和梵蒂冈。在他参观那些著名的欧洲园林期间，他深有感触地评价：意大利人在园林设计方面还很不成熟。勒·诺特尔怎么可能会做出这样的评论呢？当时恰逢法国国王邀请了意大利的建筑师、雕塑家以及画家们，并为他们授予了在法国被视为欧洲艺术技能上的最高荣耀。此外，勒·诺特尔的朋友和国王路易十四都认为他是一个谦逊的人，因此人们难以理解他在这方面给予的如此严厉的批判。勒·诺特尔 20 多年来一直主管法国皇家建筑定局，被欧洲的所有国家视为最重要的园林建筑师，因此根本不需要靠诋毁另一个国家的园林来给自己的能力增添更大的光彩。

勒·诺特尔的理由纯粹是客观的。意大利那些令人赞叹的园林对于空间的构思及后来高度的考虑，不只是表现在表皮和尺寸上，亦如法国的设计手法。勒·诺特尔试图设计巨幅的自然画作，并且加入一些浮雕的特色在其中。在意大利，雕塑、建筑、黄杨树篱和小树林，都在空间中聚集在一起。关于花圃的装饰图案，塞巴斯蒂亚诺·塞里奥的模式仍然占主导地位，然而在法国，已有多种植物种植的新颖方法，如“刺绣花坛”“裁剪花坛”，结合小观赏树木和灌木的花坛构成的图案。法国已跻身欧洲园林设计前列，而意大利的巴洛克式园林尤其是在那些年里从新的园林设计方法中汲取养分。例如位于卢卡东北地区的托里贾尼别墅的花坛群，据说就是勒·诺特尔从罗马返回法国时设计的。

在路易十四统治时期（1661—1715 年），勒·诺特尔在这一时期的法国园林上打下了他的印记，并将其发展成为一件件壮丽雄伟的艺术品，使其辉煌胜过了所有其他欧洲园林。维孔特城堡的无与伦比的园林、巴黎杜伊勒里宫的园林以及无可争议的头筹——凡尔赛宫的园林，主要都是由勒·诺特尔来设计完成的（见 P184 ~ P196 插图）。

勒·诺特尔（见下图）1613 年出生于巴黎的一个园丁家。他的父亲让·勒·诺特尔是国王的首席园丁并在杜伊勒里宫工作了很长一段时间。他们在宫殿附近还拥有一处房屋，勒·诺特尔便在那里成长起来。1637 年，即勒·诺特尔 24 岁时接手了父亲的工作，同样在杜伊勒里宫开始工作。在那里，他的设计理念第一次变成实实在在的形式。他的概念基于一个清晰的结构：一个中心轴分为两个分区，每个分区由不同的装饰图案的花圃组成。较低的区域中心有两个主要刺绣花坛，

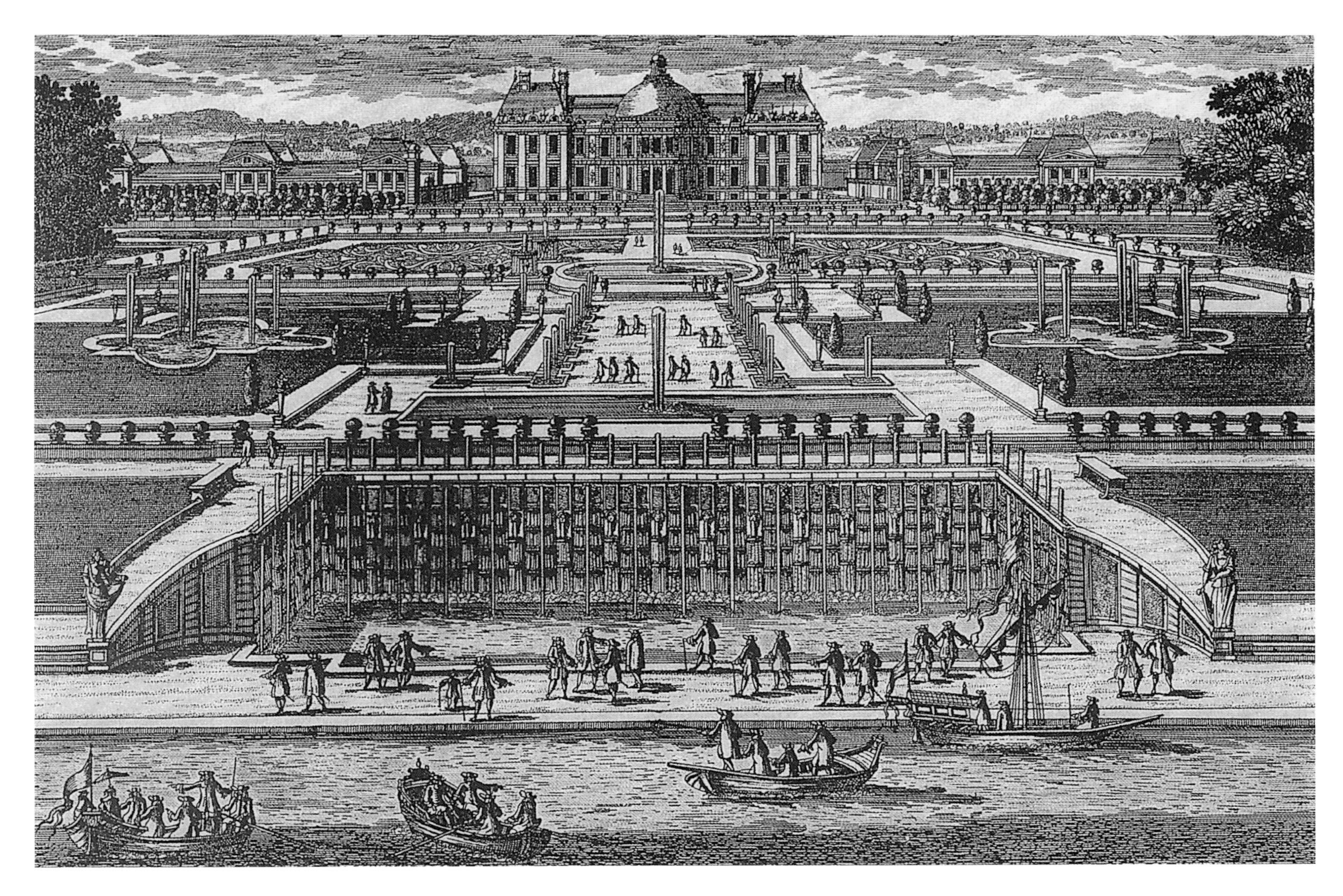

▲ **维孔特城堡**

大瀑布、花园和城堡

艾夫琳的版画

其中心是水池。在中央轴线上与其相邻的是一个较大的圆形水池与园林尽头的八角形水池来匹配。从工资表显示的来看，勒·诺特尔在17世纪80年代仍在杜伊勒里宫工作，可能参与设计和照料小树林。1642年，他服务于加斯顿·德·奥尔良亲王，在卢森堡花园工作。3年后，他提交了为枫丹白露宫的橘园花坛隔间所做的设计，这是他的第一个现存至今的设计。那时，这位艺术家已经引起法国贵族的注意，但其辉煌时刻出现在1656年的维孔特城堡的设计中。

维孔特城堡花园

当时皇家财政部长尼古拉斯·富凯的城堡甚至超过了路易十四的城堡和花园，因此勒·诺特尔将要设计的是一个真正的皇家园林。富凯召集了在法国从事建筑和室内装饰工作的最著名的艺术家。建筑的平面图由宫廷建筑师路易斯·勒·沃设计，他后来又在凡尔赛宫工作过；室内装饰由查尔斯·勒·布伦来设计，他曾在法国古典主义先驱西蒙·乌埃工作室跟勒·诺特尔一起学习。富丽堂皇的城堡仅用了一年就宣告建成，耗资巨大（见P184、P185、P188、P189插图）。椭圆形的大客厅通向花园，它有一个圆顶，立面由两层柱廊构成。两侧凸出部分的高屋顶重新出现于宫殿建筑里。从花园看去，屋顶微微向后缩进，屋面比城堡本身还扁平。勒·沃用这样的方式赋予了建筑物的长边、顶角和主体部分一种韵律，它逐步上升到一个中央主体部分，并在穹顶的灯室处达到高潮。同时，这也确定了整个场地的中心轴线，这对于当时依然默默无闻的勒·诺特尔而言至关重要。沿着这条轴他设计了一条宽阔的中央通道，地面稍微倾斜，通往风景的深处，并由此延伸到遥远的地平线。他创造了一片意想

不到的宽敞空间，并能通过缓和的台地进一步提升这种效果。这意味着花园第一次被有意识地利用透视原理进行布局，以创造出非凡的距离感。可以看到，两座前后布置各包含两部分的刺绣花坛由一条横道隔开，并在与主路的交叉点放置喷泉水池。巨大的种植坛将风景转换成精美的掐丝工艺装饰。勒·诺特尔通过两座喷泉以呼应平台上方的大喷泉，并以此突出强调两座花坛的内在曲线。他通过这些方式将人的目光集中于远方，还设计小树林来拉长这种效果。小树林位于花坛两侧，又起到了景框作用。这样，人们的目光是有意识地从离散的侧面聚集到中间。对于勒·诺特尔来说，维孔特城堡提供了实验用的巨大空间，他从不同的欧洲园林，尤其是他后来所蔑视的意大利园林中吸收了一些基本元素，如输水管道、水池、开放的台阶或者坡道。所有这些元素的结合构成了他的艺术思想以及新理念。

当年轻的国王路易十四首次参观维孔特城堡时是什么样的感觉呢？他无疑非常喜欢这种宽敞的、异常华丽的园林布局。那时在凡尔赛，他自己仅有一个小狩猎屋。1661 年 8 月 17 日的开幕典礼上，客人走到遥远的山上欣赏着不朽的赫拉克勒斯雕像复制品——明显暗指城堡的主人。在这个高度上，人们可以通过独特视角纵览整个场地。当时人们甚至说*“这是世界上最灿烂的美景”，“所有的喷泉、水道、花坛、瀑布和苗圃在一旁，还有另一边修剪整齐的小树林，小路上行走着饰以丝带和羽毛的女士和朝臣，可以想象这一切所产生的最美景致，这样的华丽是任何语言都无法形容的。”*

部长在典礼上热情大声地给每一位客人炫耀。在面对部长野心勃勃的暗示时，后来自诩为太阳神阿波罗的国王，一定是颤抖的。

总之，毫无疑问只有一种可能，他觉得非常嫉妒，当然还有一个不可避免的疑虑：一个王国的大臣是如何筹措那么多钱来建造

◀ **维孔特城堡，曼西**

刺绣花坛中的雕塑，巴洛克花园雕塑主要设计特点之一，1620—1720 年

▲ **维孔特城堡，曼西**
从城堡观赏广阔的园林景观

▼ **维孔特城堡，曼西**
在花园后部区域的喷泉、水池和坡道（离城堡有一定距离）

这巨大的花园呢？难道是因为他是财政部长的缘故？有一则传闻说，伴随着一场音乐会、舞台剧、芭蕾舞以及绚烂的烟花的结束，仅在这个光鲜的开幕式几天后，富凯便被投进了监狱，此后在狱中度过余生。事情很快查明，富凯在摄政期间挪用了国库的钱修建城堡和花园，从而导致国库大量亏空，因此城堡的主人享受他辉煌灿烂的财产的机会非常短暂。

凡尔赛宫苑

历史上最著名的宫殿和园林都始于维孔特城堡举行的盛大的开幕庆典以及其悲惨主人。同年，路易十四开始建造凡尔赛宫和园林，而那场开幕庆典对于富凯而言，则是命运的转折点。勒·诺特尔证明了他不可否认的能力，当然备受青睐地被选为园林的主设计师。空缺的财政部长由让·巴普蒂斯特·科尔伯特担当，他迅速成为国王最重要、最高效的部下。1665 年部长写了以下几句话给他的国王：

"陛下应当明白，当战争减少时，没有什么可以比更多的建筑成就能显示一位王族的伟大和精神成就。"

正如前文所述，早在几年前国王就已经决定系统地扩建凡尔赛。但是这些话也加强了国王建设凡尔赛宫的决心。毗邻的土地经过平整适合种植，并被纳入园林的范畴。

城堡的建设工作进展非常迅速。直至 1666 年，第一次庆祝活动得以在国王的宫廷举行，顺便说一句，在活动期间，莫里哀的《伪君子》终于开始上演了。

早在 1668 年，皮埃尔·帕特尔就完成了一幅想象的园林和城堡鸟瞰图（见 P191 插图）。观赏者感觉自己好像飘浮在大地之上。广阔大气的景观展现于世人面前，又逐渐消

失在西面远处那烟雾缭绕的一连串的青山，而南、北两侧轻轻起伏的山脉就像景框一样。但是整个园林无法在全景视角下完整地呈现，它延伸到山地景观并越过了地平线。基本上，园林中以城堡为参照点构思了3个区域，小路像扇子或者像太阳的光线一样向周围空间辐射；在那里它们又分支成多种形式，从而确定了构成园林的越来越多的新部分。

第一个区域是今天称为珀蒂公园的地方，它的修建始于太阳王的父亲路易十三，由雅克·布瓦索监督实施。可能从1661年开始，所谓的比斯计划就已经开始制订（见P192下图），这应该是最古老的凡尔赛宫的规划。这座大花坛面积有93hm²，毗邻小树林，边界的横路穿过阿波罗水池。第二个区域是大公园，如今它扩大了10倍。在上面提到的画中，它越过了地平线，也就是说远远超出了界限。第三区域是前大公园，占地6475hm²，是最大的区域，有巨大的狩猎区，包括如圣西尔修道院、赫内慕兰或马尔利等村庄。这个区域的边界是一座长达43km的围墙，上面有22个大门。

凡尔赛宫原本不仅是为了提供一个避难所或消遣和娱乐的住所，它同时被理解为一种对于新的空间组织的想象的缩影，象征着一种新的政治秩序，也必定是一个新的世界秩序。路易十四代表着“太阳王”，与希腊太阳神阿波罗之间不仅仅是一个神话般的比赛，而且特别是作为一种政治策略。作为缪斯女神的领导者和世界和谐的创始人，阿波罗象征着路易的政治目的，被看作是被赋予和平的基督教新世界和政府的领导者。因此，该园林体现了由国家权力运行操作维护秩序的

▲ 凡尔赛宫苑鸟瞰

布面油画，115cm × 161cm，1668年

皮埃尔·帕特尔

凡尔赛宫，法国城堡博物馆

▲ **凡尔赛宫**

视线穿过由鲜花和树篱装饰的花坛，直到花园旁边的宫殿立面，都是1668—1678年间由勒·沃和朱尔斯·哈杜安－芒萨尔创造的

P193插图

►► **凡尔赛宫苑**

拉冬娜喷泉，1668—1686年

▼ **比斯计划的制订可追溯到1661—1662年**

巴黎，国家图书馆

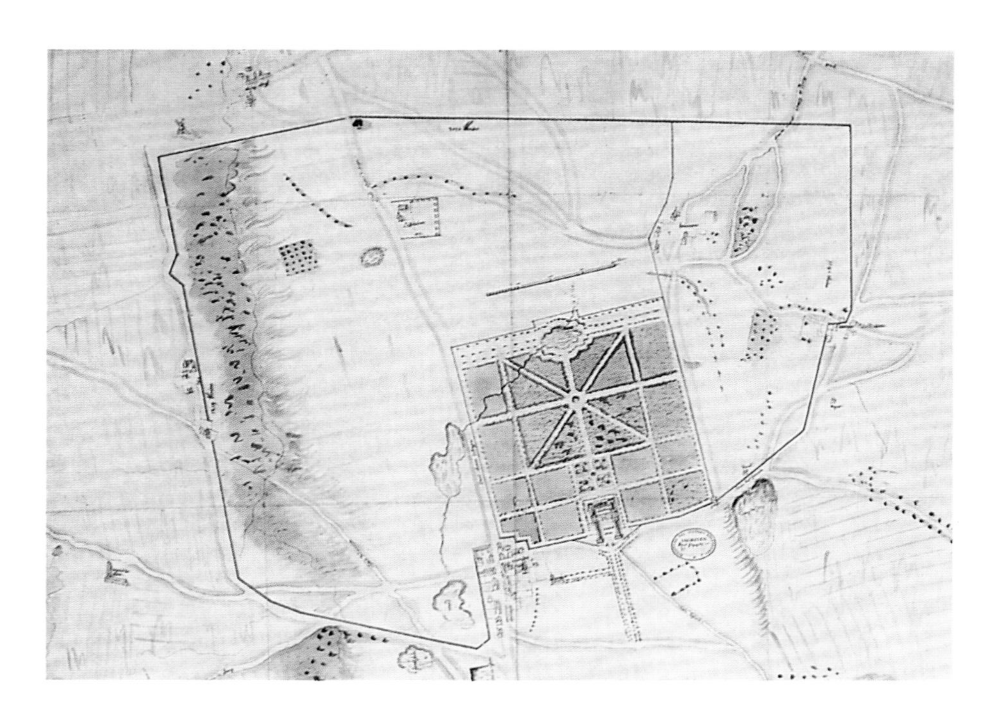

原则，通过其反过来引导文明。

珀蒂小公园的图像揭示了王室世界的秩序的重要性。在他生命最后的日子里，路易制订了参观他的公园中最重要特征的路线。如果你穿过镜厅到达宫殿外，发现自己处于“碧水潭”的台地上，那里有由勒·诺特尔设计、朱尔斯·哈杜安－芒萨尔于1683—1685年间建造的两个水池。你的视线在那里朝向中心轴线，并在地平线上的阿波罗池和大运河之间徘徊（见上图）。世界似乎是个有序的空间，一个有着太阳和光芒的世界。水面倒映出了天空，而宫殿中镜厅的镜子反射出这些有趣的图像，似乎它们渴望将外部空间的景观吸纳到内部空间里去。接着你会穿过一个古典的阿波罗雕像的青铜复制品和哈杜安－芒萨尔的杰作（1684—1686年）——橘园，然后来到一座带有动物喷泉和蜿蜒曲折路径的迷宫——这可能是勒·诺特尔最富有想象力的杰作（1666年）。根据古代的描述，据说在那里迷路会是一段愉快的经历。游人会穿过25种特色景观，体验这个自然的世界和神话主题、景观全景以及植物的蓬勃生命力。

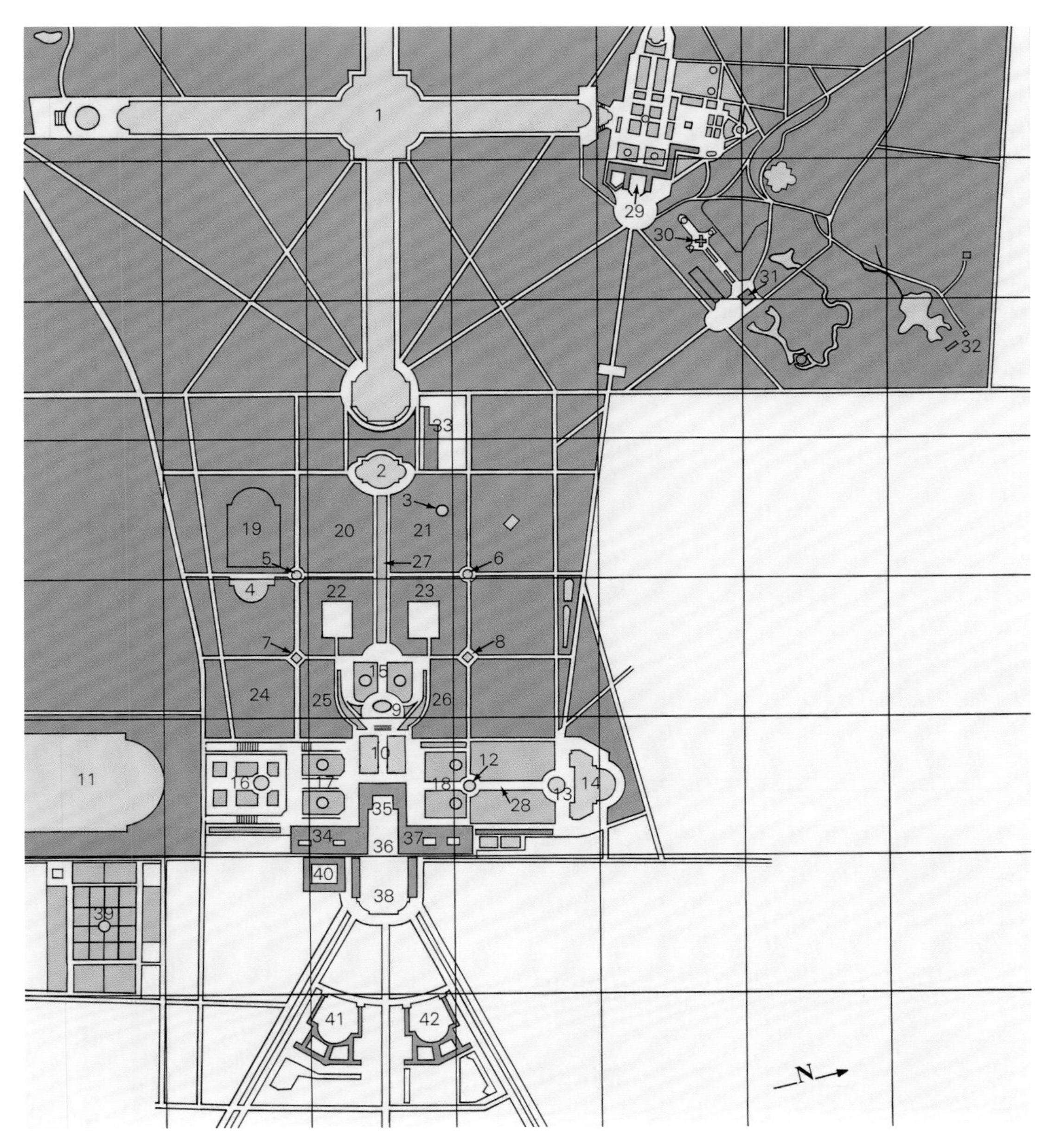

◀ 花园布局和特里亚农宫的平面图

水池
1. 大运河 C1
2. 阿波罗池 C4
3. 恩克拉多斯池 C4
4. 镜池 B5
5. 冬池 B4
6. 春池 D4
7. 秋池 B5
8. 夏池 D5
9. 拉冬娜池 C5
10. 水场所 C6
11. 瑞士池 A6
12. 金字塔和浴中的宁芙 D6
13. 龙池 D6
14. 海神池 D6

花坛
15. 拉冬娜花坛 C5
16. 橘园花坛 B6
17. 南花坛 C6
18. 北花坛 C6

小树林
19. 王之林 B4
20. 柱廊小树林 C4
21. 圆顶小树林 C4
22. 南梅花点阵 C5
23. 北梅花点阵 C5
24. 王后之林 B5
25. 海贝壳小树林 C5
26. 阿波罗之浴小树林 C5

小路
27. 国王的小径和绿地毯 C4
28. 水径或怪诞的小径 D6

宫殿及建筑
29 ~ 32. 特里亚农宫
29. 大特里亚农宫 E3
30. 爱之神殿 E2
31. 小特里亚农宫 F2
32. 哈姆雷特城堡 G3
33. 小威尼斯宫 C3
34 ~ 38. 宫殿
34. 宫殿南翼 C6
35. 大理石庭院 C6
36. 国王的庭院 C6
37. 宫殿北翼 C6
38. 荣誉之庭和内阁侧翼 C7
39 ~ 42. 次要建筑
39. 果菜园 A7
40. 主账房 C7
41. 小型马厩 C8
42. 大型马厩 C8

第一个主要建筑阶段是从1661—1680年（见P208“凡尔赛宫苑纪事”的时间表）。在此期间，种植了以路径为边界的15丛小树林。每丛小树林是一个独立的世界，由各种几何模块构成立体造型。1679年，勒·诺特尔在布置“源泉丛林”时，设计了在众多的溪流中蜿蜒曲折的小路，似乎在愚弄这整座严格对称布置的园林。对于勒·诺特尔而言，这些无规则的形状其实恰恰包含了某种规则。可能正因为此，哈杜安–芒萨尔在1684年受命“整顿”小树林并添加了一个有柱廊的圆形大厅（见P194插图）。

同年，国王任命哈杜安–芒萨尔作为主要负责的艺术家，园林设计朝着古典主义的形式发展。由此，“建造建筑学”更严格地有别于“植物建筑学”。哈杜安–芒萨尔避开石制支撑墙，转而用覆草的路堤来代替。在设计独特的步行系统巧妙地从树林中蜿蜒穿插而过时，哈杜安–芒萨尔经常设计的都是草皮小路。

凡尔赛宫苑中的雕塑（见P198插图）

同时期隐喻太阳王的代表是花园里占主导地位的雕塑群，它是弗朗索瓦·吉拉尔东

P194上图

◀◀ **凡尔赛宫苑**

从大特里亚农宫花园的阶梯看向大运河

P194下图

◀◀ **凡尔赛宫苑**

在哈哈大道上的喷泉池中的雕塑

在1668—1675年间所做的著名代表作《阿波罗喷泉》(*Apollo's Bath*)。吉拉尔东曾在去意大利的旅途中做过详细的研究，这组雕塑是仿照梵蒂冈古典主义雕塑《观景楼的阿波罗》(*Apollo Belvedere in the Vatican*) 而设计的。而他所创作的雕塑《萨杜恩》(*Saturn*) 和《冬泉》(*Winter Fountain*)(1672—1677年)，同样也在凡尔赛花园雕塑中出类拔萃。安托万·柯塞沃克也曾果断地参加了凡尔赛宫的内部装饰设计。他最著名的代表作可能就是置于城堡作战室的灰泥浮雕《马背上的路易十四》(*Louis XIV on horseback*，1678年)。在城堡花园中被保留了下来的数量尤其众多的是让-巴普蒂斯特·杜比的作品，其中包括阿波罗喷泉中驾马车的神，创作于1668—1670年间。还有由杜比创作的《镀金的"芙罗拉（花神）"》(*The gilded Flora*) 或《春泉》(*Spring Fountain*)(1672—1679年)，皆是当时的杰作。除了吉拉尔东和杜比，加斯帕德·马希和巴尔塔萨·马希创作的《酒神巴克斯》(*Bacchus*) 和《秋泉》(*Autumn Fountain*)(1672—1675年) 也同样是杰出的作品。马希兄弟还创造了《太阳战马》(*Sun Steeds*)，可以看作是与阿波罗喷泉相关的作品。它描述了在仙女们为神沐浴和抹油时，他的战马被拉去饮水。还应被提及的是很多以严格的古典风格创作的寓言作品，例如拉·贝尔德利1680年创作的《忧郁者》(*Melancholic*) 或者艾迪安·勒·宏科创作的《空气》(*The Air*)。

▲ 凡尔赛宫苑
拉冬娜花坛中的博尔盖塞花瓶

供水是一个重要问题。1664年安装的一个马力驱动的水泵系统用来从克拉格尼池塘中传送水源。后来，又发掘了勒·沃水库，但是库存的水很快就无法满足城堡和园林的供水需求。于是又挖掘了一些泉眼，17世纪80年代时又建造了一座以风车来驱动的水泵系

P196 插图
◀◀ 凡尔赛宫苑
柱廊的细节图，1684年由哈杜安-芒萨尔所设计

◀ 凡尔赛宫苑
《河神》，拟人化的罗纳河
1685年，让-巴普蒂斯特·杜比创作

▲ 凡尔赛宫苑

《忧郁者》，1680 年，由拉·贝尔德利创作（左图）
《空气》，1685 年，由艾迪安·勒·宏科创作（中图）
《加尼米德》（*Ganymede*），1682 年，由拉维龙创作（右图）

◀ 凡尔赛宫苑

《阿波罗和仙女（阿波罗喷泉）》，1666—1675 年
由弗朗索瓦·吉拉尔东创作
大理石及岩石雕塑，真人大小

P199 插图

►► 凡尔赛宫苑

《太阳战马》，1668—1675 年
由巴尔塔萨·马希和加斯帕德·马希创作，大理石雕塑

► **凡尔赛宫苑**

《克瑞斯（谷物女神）》（*Ceres*）或《夏泉》

1672—1679 年，由雷诺丁创作

铅，镀金

► **凡尔赛宫苑**

《萨杜恩（农业之神）》或《冬泉》

1672—1677 年，由弗朗索瓦·吉拉尔东创作

铅，镀金

P200 插图

◄◄ **凡尔赛宫苑**

阿波罗喷泉的详图，1668—1670 年

由让 - 巴普蒂斯特·杜比创作

铅，曾镀金

▲ **凡尔赛宫苑**
《芙罗拉（花神）》或《春泉》
1672—1679 年
由让 – 巴普蒂斯特 · 杜比作
铅，镀金

P203 插图
► ► **凡尔赛宫苑**
在中央的消失线上的阿波罗喷泉（上图）
橘园花坛和瑞士宫水池（下图）

统。水塔竖立在水池旁，它们不仅为水池供水，而且为小树林提供水源。1678—1685 年间又开挖了很多的沟渠，而凡尔赛宫周围很多小池塘和沼泽地干涸了。这些水被输送到不同的池塘，而后通过沟渠输送到一些水库，然后再从那里被输送到城堡和花园中。在马尔利，国王命令哈杜安 – 芒萨尔在 1676—1686 年间改造了一座修道院，其中放置了一个由 257 个泵组成的系统，这个著名的马尔利机械装置（见下图）通过输水道将塞纳河的水穿过小山运送到凡尔赛宫中。

国王大概很快厌倦了宫廷的生活，于是他分别在特里亚农宫和马尔利修建了离宫。1670 年，也就是特里亚农的村庄被摧毁之后，国王便委任勒 · 沃为他的情妇蒙特斯潘夫人建造了特里亚农瓷宫，这是欧洲第一座用中式风格装饰的避暑离宫。随着皇室新的潮流发展，这座避暑离宫不得不在 1687 年让位于另一座新建筑特里亚农大理石宫，该建筑由哈杜安 – 芒萨尔建造并因其壁柱是微红的大理石而得名，后来定名为“大特里亚农宫”。前面的花坛被设计成“芙罗拉（花神）”的世界——一座纯粹的花卉园（见 P204 插图）。

1674 年凡尔赛建立了宫殿之后，哈杜安 – 芒萨尔的艺术理念，包括园林设计已经深得国王的青睐，勒 · 诺特尔申请离开凡尔赛并继续他意大利的旅行。勒 · 诺特尔在意大利见到了一些特色水景和小瀑布设计的艺术作品。虽然他对意大利的园林评价不高，但是他也采用了意大利的一些装饰性花坛的图案，并将其改良运用于法国园林中。此外，这位法国著名的园艺家不仅是一些意大利别墅的座上客，更是在花坛设计事务方面非常抢手的顾问。在回归对勒 · 诺特尔的讲述之前，让我们暂时追寻一段后续的凡尔赛宫的历史。

1715 年路易十四去世后，路易十五接管了这些在过去的几十年里已经发生巨变的园林。那时，小树林的树木已经长得很高以至于很难修剪。对于路易十五，特里亚农宫是一个理想的离宫，他在这里修建了一座本土式的动物园，饲养着一些具有经济价值的动物。这种理想化乡村生活的新形式取自于浪

► **输水道与马尔利机械装置**
布面油画，115cm × 161cm，1724 年
皮埃尔 · 丹尼斯 · 马丁
马尔利博物馆展廊，马尔利

▲ **凡尔赛宫苑**

“特里亚农大理石宫”，即我们所熟知的大特里亚农宫，宫殿与花坛都是由哈杜安－芒萨尔在1687年设计的

P205 插图

►► **凡尔赛宫苑**

大特里亚农宫的柱廊门厅及花园一角

漫主义前期的田园生活的景象，园林设计形式逐渐改变并开始采用英国自然风景园的形式。1763—1767年间，国王命昂热－雅克·加布里埃尔修建了小特里亚农宫（见P207插图）。1774年路易十五去世后，他的继任者路易十六为他的妻子玛丽·安托瓦内特修建了一座小城堡，她在那里享受着无忧无虑的快乐的乡村生活直到法国大革命爆发。

直到18世纪后期，英式园林变得越来越盛行，以至于大家都很期待来自海峡对岸的园艺家们的作品。这时流行的是未经雕饰的大自然，例如放置一些石头、一些瀑布或者长满野生植物的堤岸。为表现乡村特色，这里建造了一座拥有11间茅草屋的仿造村落，就是“特里亚农的村庄”（见P209插图）。法国大革命后这个花园就被毁掉了，直到拿破仑统治时期特里亚农宫才再次受到关注。

凡尔赛宫的英国风情

人们常说的自然风景园的主要特点是消弭园林和外部景观之间的边界。虽然这一概念最早确立于18世纪的英国，但其一些重要特点已体现在勒·诺特尔的大型巴洛克式园林以及理论家安东尼·约瑟夫·德扎利埃·达让维尔的理念中，下一章节将会有详细的介绍。于是，法国人已开始接受与英国自然风景园相关的一些观念。

大约18世纪中叶，凡尔赛的一些大型园林逐渐发生了一些变化。数十年前种的小树丛已经逐渐长成了茂密的大树林。摄政时期和路易十五的统治时期修剪树木轻松容易。而此时，修剪这些树木对于那些使用超高的脚手架的园丁而言，则变得越发困难。最后导致这些酸橙树和榆树的枝条越过了之前限定的边界，使得这里占主导地位的几何布局开始逐渐变得模糊。

人与自然的关系在那些年里也有所改变：人们更加喜欢花时间在户外、树林里，寻找一些人迹罕至的由树丛包围的草地；在夏天，他们喜欢待在有小溪流过的可以庇荫的地方。18世纪初，安东尼·华多和弗朗索瓦·布歇在他们的绘画作品里就描绘了这样的景象。

这种对自然全新的体验可以被描述为理想化的乡村生活或田园牧歌式的生活方式。在小特里亚农宫附近的村庄（见下图），即路易十六送给他妻子玛丽·安托瓦内特的礼物，图中描述了那里田园生活般的生动画面。一户农家从都兰搬到这个小村庄的畜牧场中，这里有一位农工、一位牧牛人以及一位照看动物的女仆。当然，这种田园生活并不反映当时真实的社会和政治状况，从1774年起便转变成为一种英国自然风景式的园林。安东尼·理查德在之前去英国的一段很短的时间里研究过斯陀园和邱园，对于设计方案，他提出了一种中英结合的风格，这个方案在经过数位景观设计师的修改后，终于在女王的严格监督下实施。

首先，最紧要的是给园林一个英式风格的定位：穿越假山的不规则的道路系统，古典寺庙的遗迹以及中式庭院和宝塔（后者并未被建造）。最后，从1783年开始，特里亚农的村庄——这座田园牧歌式的小村庄在一个人工湖边建立起来（见P209插图）。如此一来，人们沿着湖岸散步的同时也可以欣赏这些独立的建筑，就如夏特勒在1786年所绘制的那样：有奶牛棚、渔民的瞭望塔、通过绿廊与女王的住所连接起来的桌球室以及小作坊。

这初看起来似乎是一个明显反差：在欧洲最著名的巴洛克式园林几乎和谐地演变成了第一座欧洲大陆上的英国自然风景园。这

▲ 为奥地利约瑟夫二世举行欢迎庆典而在小特里亚农宫设计的明礁岩石和观景楼的园林照明效果

布面油画，60cm × 74cm，1781年
克劳德－路易·夏特勒
古堡博物馆，凡尔赛宫

◀ 凡尔赛宫苑

小特里亚农宫的正面，由昂热－雅克·加布里埃尔在1762—1764年建造

P206插图

◀◀ 凡尔赛宫苑

小特里亚农宫花园中的“爱之神殿”是理查德·米克在1777—1778年间为玛丽·安托瓦内特所建造的

种规则式的园林并不像人们普遍认为的那样充分发挥它的潜能。恰恰相反的是，巴洛克式园林的诞生无论从实际意义还是象征意义上都被看作是景观设计的典范，而这种对大自然的新的卢梭式的体验促进了它的转型。唯一令人奇怪的是英国在法国之前很早就选择了这条道路，但却不能在任何一方面脱离法国。德扎利埃·达让维尔在18世纪初这样描述花园："存在于外部空间中的一个开放的内部空间。"所需的各种的设计元素取决于周围的自然状况。为了让绿篱的高度、街巷以及小树丛与相邻的地形相符合，需要确定与自然相协调的比例。花园必须要有一个边界，但又不能太显眼。德扎利埃·达让维尔所推荐的哈哈墙的初次使用是在英国，而不是法国，例如在白金汉郡的斯陀园里。

凡尔赛宫苑纪事

● 1623年，狩猎小屋建成；
● 1638年，雅克·布瓦索设计第一座花园；
● 1661年，园林和宫殿的发展；
● 1662年，勒·诺特尔设计花坛和小树丛；
● 1666年，首次节日活动：莫里哀的《伪君子》首演；迷宫建成；
● 1668年，勒·沃扩建宫殿；特里亚农的村庄被拆毁；
● 1670年，特里亚农瓷宫建成（毁于1687年）；
● 1671年，勒·诺特尔设计建造小树丛包围的水剧场；
● 1674年，凡尔赛宫殿建成；
● 1675年，小树丛包围的水剧场替代了迷宫；
● 1676年，哈杜安-芒萨尔设计马尔利的修道院（直到1686年）；马尔利机械装置（水管道和水泵）修建；
● 1678年，哈杜安-芒萨尔主持扩建宫殿；有时宫殿和花园里工作的人数达到36000名；
● 1679年，瑞士宫水池建成；
● 1680年，大运河建成（始于1667年）；
● 1681年，岩石树林和圆形露天剧场建成；
● 1682年，法国法院正式建立；
● 1683年，哈杜安-芒萨尔设计的有水的花坛建成；
● 1684年，哈杜安-芒萨尔建造橘园；小树丛种植进入第二阶段；
● 1685年，柱廊（哈杜安-芒萨尔）和马尔利-凡尔赛宫高架输水道建成；
● 1687年，特里亚农大理石宫建成（后来称大特里亚农宫）；
● 1699年，由哈杜安-芒萨尔设计并建造宫廷教堂；
● 1700年，勒·诺特尔去世；
● 1708年，哈杜安-芒萨尔去世；
● 1715年，路易十四去世；
● 1722年，路易十五，被称为"受人喜爱的路易十五"，接手花园的维护管理；
● 1750年，特里亚农宫经济实用动物展；
● 1761年，特里亚农宫设计植物展和育种园；
● 1762年，昂热-雅克·加布里埃尔沿着园林的中轴线建造小特里亚农宫；实用花园搬离；
● 1774年，小树丛被清理和重新种植（直到1776年）；
● 1775年，法国花园的剧院建成；
● 1779年，设计植物园时以强调田园风格的英国自然风景园为原型；
● 1783年，特里亚农的村庄建成（质朴的乡村建筑）；
● 1789年，法国大革命，一切设计活动停止；
● 1793年，路易十六被处死，园林被拆分成很多片区，有些片区被毁坏；
● 1795年，中央理工学院成立；凡尔赛宫向游客开放；
● 1798年，栽种"自由之树"；
● 1805年，特里亚农宫被拿破仑一世改造成私人寓所；小特里亚农宫和特里亚农的村庄得以重新修复；
● 1860年，路易十六时期种植的小树丛被清理和重新种植；
● 1870年，普鲁士军队摧毁了园林；
● 1883年，小树丛被重新种植；
● 1889年，1789年举行的三级会议（états-généraux）的百年纪念庆典。

P209插图
▶▶ 凡尔赛宫苑
王后的村庄，1783年由理查德·米克为玛丽·安托瓦内特所建造
王后住宅（上图）
小作坊（下图）

▲ **尚蒂伊城堡**

城堡及有着巨大水池的园林

尚蒂伊城堡

1663 年，在凡尔赛花坛的初步设计制订不久，勒·诺特尔被传唤到尚蒂伊为国王路易二世孔代亲王（大孔代）设计园林。这座壮美的城堡在几年间拔地而起，后来又按照建筑师哈杜安－芒萨尔设计的方案图进行了扩建。尚蒂伊城堡在法国大革命的动乱中被毁坏。但在 1830 年，奥马勒公爵委托建筑大师奥诺雷·多梅以新文艺复兴的风格加以重建。让我们继续回到园林的历史长河，勒·诺特尔设计了一个与在凡尔赛宫相似的巨大水渠系统。来自诺奈特河的水从高处通过小瀑布流下来，汇集成与城堡正面相平行的“大运河”，并被引入一个大型的水池中。在大运河中部，水面向城堡扩大（见上图），两侧设有带喷泉的水景花坛。大孔代花园中，渠道和水池里水量充裕。这项工作由勒·诺特尔主持，显示出了他是一位设计能力涉及领域宽广的艺术家。在维孔特城堡和凡尔赛宫，他强调了把水作为主要的设计因素而把这些花坛分区、分格置于次要地位；但是在尚蒂伊城堡，他却颠倒了花坛和渠道的关系，这里的植物种植坛、林荫小路和草坪成为水池和水渠的组织架构。

◀ **尚蒂伊城堡**

城堡花园中的水渠桥之一

▲ **安德烈·勒·诺特尔后来设计的克拉格尼城堡和园林的平面图**
如今保留极少的巴洛克式园林的遗迹，体现了勒·诺特尔园林设计典型的艺术手法

▼ **马尔利城堡和亭台楼阁的全景图**
油画，296cm × 223cm，1724 年
皮埃尔·丹尼斯·马丁
凡尔赛宫，法国城堡博物馆

马尔利和克拉格尼

1676 年，路易十四决定在靠近凡尔赛的马尔利建造一处庇护所。他选定哈杜安－芒萨尔和自己的园林建筑师勒·诺特尔来完成这项工作，终于在 1686 年基本建成。现今已无法区分两人在这项工程中承担的工作。整个建筑坐落于树木繁茂的小谷地中，地势从东南向西北降低，特点是以水为轴线（见左下图）。水从东南部的顶峰一泻而下，在城堡后方经由被称为“拉里维埃”的大瀑布进入山谷。城堡前面有 4 个大水池，在池畔的两条主路旁，各有 6 座楼阁，象征着黄道十二宫。

神话的安排再次以阿波罗为主题，因此也象征路易十四就像希腊诸神中的太阳神是一个统治者。同时，建造的这组建筑是勒·诺特尔设计的两组花坛分区的边界，他也许还是伟大的水阶梯——河流瀑布的创造者，这个特点可能受到意大利的许多类似瀑布的启发。

无论是在凡尔赛还是在马尔利，都可以看到典型的勒·诺特尔的个人印记。他在维孔特城堡工作时还是一个默默无闻的艺术家，那时他首次提出了自己对于花园设计的新设想。他的园林设计根据距离的影响构思出明晰的方案，这让这位艺术家受到了国王的关注。勒·诺特尔也想在克拉格尼实施同样的规划和类似的方法。坐落于凡尔赛城东北部的克拉格尼的小城堡，早在 1769 年时因为整修工程耗费巨大而被拆毁。哈杜安－芒萨尔的建筑是 1680 年为王室的女主人蒙特斯潘夫人所建，其中还包括一座广阔的园林。由于没有任何遗迹留世，我们只能在克拉格尼平面图（见左上图）的帮助下运用自己的想象力去复原它当时的情形。从主体建筑大厅前的园林平台上可以看出，勒·诺特尔在克拉格尼，柔化了曾经在维孔特城堡设计的严格的布局体制，但他没有放弃远景设计。视线穿过位于低处的一座主花坛群，沿着园林的主轴线延伸到湖里。湖中间是一座抬升的小岛，作为视觉焦点，并强调出园林布局中所产生的远景效果（上面的平面图中并没展现出来）。在主花坛旁边、与城堡同一层的位

▲ **马尔利领地**

在大水池畔的小路和观赏树木

置，是一个小树林，内部道路呈对角线布局。穿梭在这些树丛中会一次又一次地被一些有趣的景观所打动，有时会看到主花坛的一角，有时又看到城堡，或是远处的湖和湖中的小岛。鉴于已经在维孔特城堡实施过一个严谨而行之有效的方案，所以在克拉格尼城堡的设计中，勒·诺特尔想到的是设计一个多元化的规划方案，其关注更多的是私人享乐而不是政治象征。

到现今要评价勒·诺特尔的艺术作品对于欧洲巴洛克式园林设计的影响程度是非常困难的，这其中的一个原因是对于这项作品和这位法国园林建筑师个性的研究还不够充分。与此同时，这些园林到现在才被复建，并且常常只是零星的重建，因为很难找到更多的方案平面图、草图或者财务细节。而另一个原因则是勒·诺特尔的艺术作品遍布整个 17 世纪的欧洲，并且这种影响力在法国一直延续到 18 世纪下半叶。

如果你希望简要概括一下勒·诺特尔艺术作品的特点，透视论的理念可能是一个不错的答案。他的确是在用心去结合远景与近景，包括地平线的运用都是他方案中一个明确的设计特点。对于这位园林建筑师，近景和远景是他的两种方法。为了塑造大段景观并为景观增色，他将视线转译为小径和水渠。他设计的园林像是一个剧场舞台，在上面可以远观近看宫廷社会和自己的行为。但是另一方面，它是关于巴洛克文化作为一个整体的重要部分：幻觉艺术。相应地，勒·诺特尔是法国风景画家和蚀刻家克劳德·洛兰（1600—1682 年）作品的狂热爱好者和收藏家。在他死后，他所收藏的这些画作归国王所有，现在则在卢浮宫展出。

克劳德·洛兰用与众不同的构图和色彩手法把一幅风景画的透视关系融入温暖而朦

P215 插图

▶ ▶ 马尔利领地

饲马雕塑位于园林边缘的旧的供水处，让人回想起马尔利 17 世纪时的辉煌

▼ 马尔利领地

小径边成行的观赏树木和大水池的秋景

胧的傍晚光线里。他把距离视为不可名状的维度来扩展空间，而不是真实的细节和可测的近景。

观察皮埃尔·帕特尔的画作（见 P191 插图）有助于如实理解勒·诺特尔的艺术特点。这幅鸟瞰图系人工所作，因为当时没有条件拍摄。它呈现出凡尔赛宫的花园作为风景画的表现对象，其目的并不是用这种方式来记录其建筑特征。这其中的区别在于，对于这种理想化的描绘，无疑是从克劳德·洛兰的作品的构图方法和色彩运用中获取了灵感。而洛兰的作品主题所具有的理想化的意义就是对于一种和平和有序的世界的渴望，这种渴望在凡尔赛被转译成路易十四的新世界秩序的模式。任何人今天站在凡尔赛或维孔特城堡的刺绣花坛群中，在温和的夜幕中伴着场景的灯光照明，都可能会想到勒·诺特尔希望借助于他的艺术工作，使克劳德·洛兰的画作成为一种自然的具象，这就好像他所追求的在宫廷里行走如同穿梭在画中。

勒·诺特尔究竟留下了什么？除了一系列相似的花园设计，大概只有早已在凡尔赛有了预示的这座自然风景园：早在 1779 年，凡尔赛的植物园设计以一种清晰的田园景色为重点，这毫不奇怪，它紧密模仿了英国自然风景。勒·诺特尔无疑创造了一种鉴赏此类新型花园的思潮和方法，并且受到人们普遍认同。

◀ 圣克卢公园，巴黎

17 世纪的水阶梯

圣克卢公园可以追溯到 1577 年获得该地的贡迪家族。勒・诺特尔为安茹伯爵设计了一座巴洛克式园林，还加入了水阶梯的设计。1667 年，建筑师安托尼・勒・保特利开始了他的工作，而弗朗索瓦・芒萨尔于 30 年后完成了这座壮观园林的设计。但是由于梯度太缓导致喷泉不能运作；此外，水阶梯也没有足够的水，因而它必须依靠几千米以外的水渠，通过水管网络输送到各个喷泉

埃里尼亚克庄园

埃里尼亚克庄园是佩里戈尔（见P218～P223插图）的众多令人感到惊喜的地方之一，其原因大概是现在已很难再找到这样的园林了。到那里要通过像田间小路般狭窄的小道和黑暗狭窄且迂回曲折的林中小径。但也许正因为如此，从埃里尼亚克到萨拉北部，该园林都没有引起人们的关注，因为周围的田园景观本身就像一个花园。尽管如此，埃里尼亚克的花园看起来无疑还是一处神秘的天堂般的场所。

花园场地和乡村别墅要追溯到安托万·德·科斯特斯·德·拉·卡尔普勒内德，身为萨拉城的第一执政官，他不得不为捍卫自己的领土而反对“大孔代亲王”的侵犯。他的孙子路易斯·安托万·加布里埃尔·科斯特斯·德·拉·卡尔普勒内德·侯爵，强制布置了巴洛克式园林风格。19世纪，这座花园的命运与几乎所有的法国巴洛克式园林一样，被改造成了一座英国的自然风景园。

然而，自1960年以来，花园在当时的园主吉勒斯·瑟马迪拉斯·普佐的主持下再次改变，他希望将这个规则式园林的各方面重组为埃里尼亚克最为风景如画的场所。

重新设计的成果令人难忘。这里，曲线优雅的植物走廊、带花纹窗饰的小房间、两侧置有方形树篱的精致的文艺复兴式水池，都给人一种巴洛克式风格的暗示。园中具有装饰性的碎石路引导人们从一个片区到下一个片区。小城堡前的这座花坛可以看作一件杰作，装饰性的方形树篱与锥形黄杨树一齐按巴洛克的方式排列，缓缓上升的台阶通向小树林，然后再经过碎石路通向高处的一个平台，在那里可以看见另一座巴洛克式花坛群。

无论一个人是正好站在一个18世纪的喷泉池边，它的水会收集到墨洛温王朝的石棺中，或者走过窗边或穿过未修剪的宽阔草坪，或顺着延伸的树篱小巷看去，这些惊叹之作和众多视角都赋予了埃里尼亚克花园生命力。

▲ 埃里尼亚克庄园，萨利尼亚克
庄园景色

P218 插图
◀ ◀ 庄园的花坛

P220、P221 插图
▶ ▶ 鹅耳枥小径

P222 插图
▶ ▶ 池塘和树篱
有雕塑的凹室（上图）
环形树篱（下图）

P223 插图
▶ ▶ 花园小宅

▲ **贝尔比宫，阿尔比**

布置了树篱和花坛的观景平台

P225 插图

►► **贝尔比宫，阿尔比（上图）**

局部细节（下图）

阿尔比的贝尔比宫

作为一所主教座堂，坐落于阿尔比的贝尔比宫大约建于1265年，它紧邻12世纪建成的圣－塞西勒主教座堂。“贝尔比”得名于奥克语中的“*bisbia*”，意为主教区。在内部城堡的下方有一座花园，这座花园在17世纪被改造成巴洛克式欢乐园。它保留了其固有的几何特征和独特魅力，特别是它至今还留有酒神巴克斯和四季女神的雕像。从观景平台可以俯瞰塔恩河和阿尔比旧城，这无疑是花园最引人入胜的地方。

在此，值得一提的是中世纪的封闭庭院，一种幽僻的庭院。灌木丛、乔木，被蔷薇树、砾石小径以及周边的草地所环绕的植被区，这些都是那个时代的习惯性设计，也许这种小花园的设计要早于巴洛克式的欢乐园。

尼姆的喷泉公园

喷泉公园（见P226、P227插图）于18世纪时期由陆军工程师雅克·菲利普·马雷沙尔设计建造。整个台地从古代遗迹“泉水精灵”经由骑士山一直延伸到马涅塔，形成了一道独特的风景。

马雷沙尔在公园里植上落叶乔木、松树和香柏树，在路边立起了栏杆，在花床上栽满盛开的各色鲜花。泉水在池中汇聚，再由小的蓄水池流入一条大河。

这座园林3扇镶有掐丝装饰的铸铁大门以及园内的花瓶、恩底弥翁、戴安娜和弗洛雷斯等雕像，可追溯到1750年。在罗马时期，这片区域（被誉为“圣地”）甚至被用作城市的蓄水池和沐浴地。2世纪的戴安娜神庙遗迹可能是一座更大型庙宇群的一部分。

◀ 喷泉公园，尼姆

自 18 世纪始，一座巴洛克式园林将喷泉区域圈围起来。雨水在加里格开裂的悬崖中汇集，并形成泉水。在古代，整片区域都被视为圣地

安东尼·约瑟夫·德扎利埃·达让维尔的造园理论

▲ **维孔特城堡**

从城堡望向花坛的景色（细节）

“另一方面，没有什么比一道美丽的风景更令人愉悦和心旷神怡的了。在小径的尽头或从山坡或平台上捕捉到的绵延七八千米的亮丽风光中，有村庄、森林、河流、山峦、草地和其他事物，给人所带来的愉悦的心情是任何语言都无法言说的，只有身临其境，才能明白有多美。”

这种陈述切合皮埃尔·帕特尔所画的凡尔赛宫风景画（见 P191 插图）或者克劳德·洛兰的画作，因为它将花园作为体会美景的绝佳位置。这些陈述实际上来自于一位法国绅士学者——德扎利埃·达让维尔，作为一名造园艺术的业余爱好者，他将其一生都贡献于此。他对巴洛克式园林设计的理论和实践做出了最重要的论述。他的一部著作《造园的理论与实践》（*La Th é orie et la Pratique du Jardinage*），于 1709 年问世，即勒·诺特尔去世 10 年之际，并于几年之后被翻译为德文。

对于德扎利埃·达让维尔来说，建造欢乐园的目的只有一个：给人以快乐。在他的前言中，他谴责先前的诸如雅克·布瓦索、安德烈·摩勒等园林理论家忽视了这一方面。他认为在设计园林时有 5 个最基本的因素：1. 充足的光线；2. 土质；3. 水源；4. 风景；5. 舒适性。前面引用的话当然是指第四个因素。

为了真正做到使人的视野穿过花园看向更远的地方，任何障碍物如墙壁、格栅或树篱都要去除。最后，德扎利埃·达让维尔提出园林应以固定的壕沟作为边界（见 P229 插图）。为了给它们命名，他选择了一个在文化史上非常新奇但却在园林术语中非常持久的一个术语：

“如今所做的这种开放性的墙体叫作哈哈墙。这类墙体与道路位于同一层，没有铁制品，只在其下方有一条宽且深的沟渠，渠两侧的墙体用来加固土壤，无人能攀爬上去。这让走近沟渠查看的人惊奇万分，并不禁惊叫‘哈哈！’，‘哈哈’这一称谓由此而来，这种开放式的围墙比起围栏能更少地遮蔽人的视线。”

作为一种保证园林与毗连的风景具有连续性的手法，哈哈墙后来在英国的自然风景园中占据着重要位置。英国理论家斯蒂芬·斯威哲则画了一张只有一面类似于哈哈墙的墙体图，该图形象地阐释其原理（见 P229 下图）。

对于德扎利埃·达让维尔来说，风景园林设计中的地形当然是非常重要的。他将园林看作是外部空间中的内部空间，是自然中的空间实体，而且总是可观赏的。因此他特别重视栅栏、道路还有滚木球草坪（下凹式绿地区域，使视线畅通无阻或展示独特景观）。一种流行的道路设计模式是交叉路口或

▶ **凡尔赛宫，阿波罗水池和大运河**

布面油画，260cm × 184cm，1713 年
皮埃尔·丹尼斯·马丁
凡尔赛宫，法国城堡博物馆

称“鹅掌形”道路，即呈扇形设计的小径。而这些穿过被修剪成半月形树篱的道路成为花坛的边界。

德扎利埃·达让维尔在他的时代用他的知识和经验致力于园林建造。在某些方面，他的建议和解释已经指向风景园林的发展方向。当时，这类开放式景观本身尚未为设计师所用，但是显然它很快将与设计相结合。在论著首印之后的几年，这位理论家完善了其论点以明确强调艺术与自然之间的关系。他在1713年的版本中写道：

*“如果一个人想要设计一座园林，他必须记住，比起艺术他更应该亲近于自然。没有什么比借用艺术以突出自然更重要的事。”*艺术变成了自然的婢女，艺术的角色在于凸显和强调自然的本质，即植物的生长以及给人

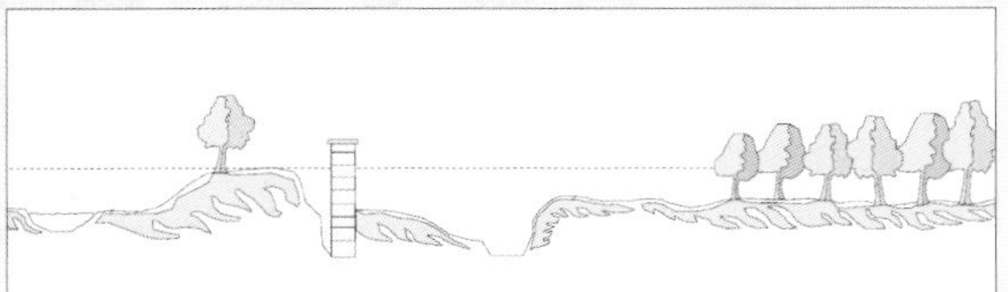

凡尔赛宫苑

▲ 从哈哈墙小径望向大特里亚农宫（上图）

◀ 小径尽头的哈哈墙和沟渠（左图）

▼ 效仿斯蒂芬·斯威哲所做的哈哈墙示意图（下图）

类带来的快乐。根据德扎利埃·达让维尔的观点，不应建造楼梯、奢华装饰的喷泉以及围墙，因为*“这些东西皆出自人为，而非自然的作品”*。

德扎利埃·达让维尔认为花坛和小树林是园林中最重要的部分。它们应当合理规划以相互映衬，也就是说*“小树林搭配花坛区或下凹式绿地（滚木球场草坪），不要把所有的花坛设置在一侧，而所有的灌木在另一侧；或者把下凹式绿地布置在喷泉对面以形成高低差对比”*。

为了说明其理念，德扎利埃·达让维尔提出其花坛图案设计，从中可以看清整体结构与布局（见右图）。当人们走出城堡步入园林之时，首先映入眼帘的就是被安排在主轴线一侧的刺绣花坛；然后看到的是第一条水平轴，轴线两侧种满紫杉树，该轴线与中央小径相交的点上布置着一个水池；接着在一小段草坪之后，有呈对角线的小径途经相邻的半圆形丛林地带，这片丛林树篱的隐蔽处安置了雕像。园林的第一部分以一条贯穿整

▲ 大花园，赫恩豪森
布置有雕塑的花坛细部

▶ 德扎利埃·达让维尔
第一座花坛图案设计（右上图）

▶ 花坛形式
英式花坛
花坛隔间
橘园花坛

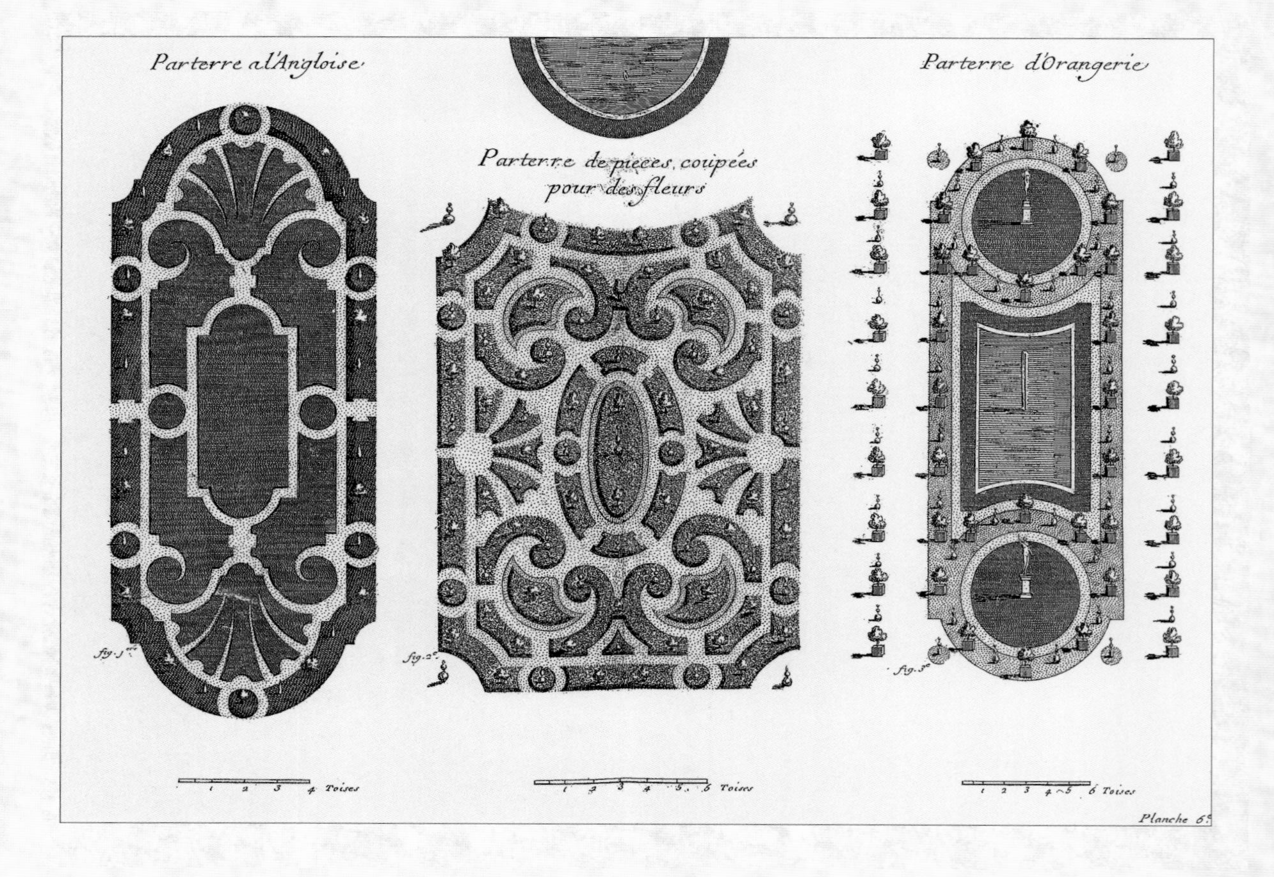

P231 插图
▶ ▶ 布吕尔
奥古斯都堡城堡

个园林的宽阔水渠收尾，还有一片被主干道穿过的丛林区。此外，还有一处绝佳的视点，那就是位于宽阔水渠道中间的一座人鱼喷泉。

德扎利埃·达让维尔在花坛图案设计中关注光与影的分布规律。紧邻城堡的光线明亮的花坛区域与结束于水渠的较矮的小树丛形成对比，种植在水池另一边的较高的小树林则创造了更为清晰的反差。于是园林较远的部分看起来没那么远，并且跟它前面的花坛区紧密结合。

花坛群是最重要的设计特征，因为大部分花坛直接与城堡前方的园林毗邻。德扎利埃·达让维尔将花坛分成4种类型：一是以带状草坪和矮树篱作为装饰的刺绣花坛；二是花坛分格，它由铺满沙子的内部区域、对称布置的边界草坪和草坪区组成，花坛的中心位置设置一座喷泉；三是英式花坛，也称作草坪花坛，是用小径划分草坪的一种装饰图案设计；最后一种是盛花花坛，由周边被矮树篱镶边的对称布置的小片花境构成（见P230下图）。角落或拐弯的地方经常会看到修剪过的灌木，也就是被修剪成几何形状的树篱或紫杉树，它们在法国被称为“灌木”（*arbrisseaux*）（见P346插图）。花坛在一些小型城堡或者是远离园林中心区的地方更受欢迎，例如“秘园”。

在18世纪，被誉为“园林设计的圣经”（*Bible of Garden Design*）的德扎利埃·达让维尔的论著出现了很多版本和译本。事实上，他所提出的看法、建议以及他所做的方案已体现在勒·诺特尔的园林设计中。但是，这位才华横溢的园林设计师的设计和布局首次出现在理论图书中，这些理论后来被后世园艺大师所继承和改良。

甚至可以认为，德扎利埃·达让维尔所强调的景观因素以及对自然的重视为英式风景园林的广泛应用提供了最初的动力。

西班牙、葡萄牙的巴洛克式、洛可可式及古典主义园林

▲ **阿尔卡萨城堡的园林，塞维利亚**
拱廊下方的花圃

西班牙

当基督教徒来到西班牙对一些原有的园林进行重新设计，并对其他园林进行破坏和取代的时候，这里的摩尔式园林就被摒弃了。自 12 世纪中叶到 16 世纪中叶，我们会遇到穆德哈尔文化现象，即基督教统治下的伊斯兰建筑师以及工匠的艺术。这种风格的最为重要的例证就是塞维利亚的阿尔卡萨城堡，这些城堡是卡斯蒂利亚－莱昂王国国王“残忍的佩德罗”下令摩尔人的建筑师于 1350—1369 年间建造的。16 世纪初，在查尔斯五世的统治下将园林根据意大利风格进行了扩建。

为了了解巴洛克式园林的理念，我们应当到 17 世纪的环状拱廊下，一直漫步到带水池的台地园（见左图和 P233 插图）。修剪整齐的树篱就像一个迷宫，它可以追溯到意大利文艺复兴艺术的典型园林。不远处是查理五世的住所——查尔斯五世宫，其顶端是壮观的松木圆顶。

直至 18 世纪才进一步扩大了园林的规模。这片古老的地区后来发生了巨大的变化，使得我们在今天很难评估摩尔人在多大程度上参与了园林的建筑，因而也很难确定这种典型的穆德哈尔风格。在塞维利亚并无明确的艺术化倾向，也无特定的风格修辞可以借鉴。对于这座幽静的中世纪修道院庭院，要想在这里欣赏意大利文艺复兴时期园林或奢华大气的巴洛克式园林的布局是徒劳的，占主导的更确切地说是心境，有时还是阴郁的心境。

意大利和法国园林在文艺复兴时期和巴洛克时期能建造出独特精妙的外观。这有助于理解园林风格，但在西班牙则找不到如此清晰的思路。造成这种现象的原因并不仅仅是政治因素。尽管意大利和西班牙从地理位置上说几乎在同一个纬度，且作为典型的地中海国家它们也拥有同样的气候条件；但是它们有一点不同，而这一点恰好是对园林文化的发展起关键作用的因素，即它们的土质很不一样。意大利自古被誉为土地肥沃之国，它紧密柔软的表层土覆盖在较低地层的板岩和泥土层之上。它那满山都是橄榄树林或松树林的秀丽的丘陵景观彼此协调，山谷在温和的地中海阳光下呈现出迷人的色彩。正如我们已经看到的许多园林那样，园林与其周围环境紧密联系。

西班牙则是一个大部分地区土地都很贫瘠的国家。因而在这个国家许多地区的土地坚硬而荒芜，植被也非常稀少，甚至一些极少的绿化区也会被夏日的太阳晒干。如果一个人把西班牙的风景地貌想象在画中，那么他面对的会是无数刺眼的阴影。中间的地表常常是空白的，前景看起来直接与地平线融为一体。因而想要创造另一个天堂般的世界，一座与邻近乡村截然不同的园林是可以理解的。作为前沙漠民族，摩尔人是寻找水源的专家，当他们在贫瘠的环境中创造花园岛的时候又是艺术家。阿尔罕布拉宫直至今日仍是这项技巧的见证。

但是另一方面，为了理解这两个国家在风景园林演变中的差异，也应考虑到它们之间的文化和政治差异。在意大利，随着人文主义的发展，它的基本思想引导了一股新的欧洲思潮；而西班牙由于受到中世纪时期的约束，在很长一段时间内都能保持理性，尤其是在宗教方面。在意大利，众多高贵的王室一起创造了优秀的文化成果；而在西班牙，自斐迪南和伊莎贝拉统治时期起，西班牙便成为一个中央集权的国家，这里不能容忍二级权力的存在。科学思考和人道主义的讨论被宗教法庭认定为“失控”，启蒙思想也深受

▲ **阿尔卡萨城堡的园林，塞维利亚**
树篱镶边的水池

迫害。最终，哈普斯堡国王查尔斯五世将意大利精神和佛兰德文艺复兴精神的影响带到伊比利亚半岛的尝试是短暂而失败的。那时没有我们今天所说的领导者，社会阶级也没有准备好将一种外来文化重塑为自己的传统文化。在西班牙，古代骑士的后裔多成为农民，挣扎在贫困边缘。没有市政社区，没有繁华的工会，更不用说积极促进艺术和科学发展的王室。

埃斯科里亚尔修道院的园林

除菲利普二世的私家园林外，埃斯科里亚尔修道院的园林是西班牙现代时期第一批宏伟壮观的园林之一，是一座僻静的中世纪寺院园林。查尔斯五世的儿子菲利普二世不仅将埃斯科里亚尔建成为附带教堂的住所和王室的墓地，还特别强调其修道院功能。1557 年 8 月 10 日，菲利普二世在圣康坦战役中击败了法国军队，这一天就是“圣劳伦斯日”，为感谢这次胜利，他决定为圣劳伦斯修建一座修道院。随着对法战争的胜利，西班牙巩固了它在欧洲的领先地位，同时也带头进行了反异教改革运动。其通过 1571 年勒班陀海战摧毁了奥斯曼帝国，随着皇家王朝的灭亡，西班牙接管葡萄牙王朝，并通过战争成功地打击了荷兰独立的愿望。至此，西班牙不仅确保了其在地中海地区的地位，而且保证了其在北欧的领先地位。

埃斯科里亚尔修道院全称为“圣洛伦索埃斯科里亚尔皇家修道院”，奠基于 1563 年。总建筑师胡安·巴乌迪斯塔·德·托雷多师从意大利的建筑师，他将整个建筑平面设计

▲ 圣洛伦索埃斯科里亚尔修道院

胡安·巴乌迪斯塔·德·托雷多和胡安·德·埃雷拉于1563—1584年建造的修道院建筑群全景

成长方形。建筑的外立面以角楼做框架，明确地体现出修道院的严谨含蓄，给人一种庄严威武的印象。建筑群中有一座教堂，是在1567年建筑大师胡安·巴乌迪斯塔·德·托雷多死后由胡安·德·埃雷拉建成的一座中心建筑。教堂有穹顶和一组交叉的筒形拱。德·埃雷拉与菲利普任命的主园林建筑师马科斯·德·科尔多纳共同设计了建筑内部的庭院。修道院的庭院是参照世界上最大的修道院中的福音园来建造的。它的中心轴上是一座八角形的庙宇、4个方形水池和4个福音传道者的嵌壁式雕像。他们的徽章是被称为天启的生物，即狮子、公牛、天使和鹰，是它们使池水得到源源不断的供给。花坛分格的装饰预示了18世纪的风格。经过修剪的低矮绿篱形成了涡卷线状的装饰图案。盒状绿篱和锥形绿篱勾勒并凸显出交错的步行系统。

修道院住宅区还包括一系列较远的园林，分布在主教堂东面的国王私人宅邸周围。它们是庞大的秘园，只能从皇家寓所进入。现在看来，这些园林的设计与修道院的园林设计相似。但是，我们可以推断那时候的花坛装饰应该是意大利文艺复兴时期的风格，周边是低矮的树篱。在18世纪，一座园林与一幢避暑别墅阿瓦霍被布置在这些园林下方。

菲利普大概承袭了他父亲查尔斯五世对园林的喜好，这在为马德里王宫所做的新设计中也能看出来。王宫在1556年他统治时期刚开始时着手设计。建筑南翼是源于意大利宫殿壮丽的文艺复兴式外观模式。他在城堡的东南边设计了新园林，但是大部分在1734年的大火中被烧毁，后来也没有得到修复。这场大火也烧毁了由国王亲自设计的西南角黄金塔下方的台地上设有喷泉的私人花园，那里还放置着1561年大主教里奇·达·蒙特普齐亚诺献给他的收藏品——罗马皇帝半身像。

回到查尔斯五世统治时期，那时的城堡公园，即王宫西边的摩尔花园和位于北方的萨巴蒂尼花园都曾经是广阔的狩猎场。据传

► 圣洛伦索埃斯科里亚尔修道院
其中一座王宫花园的细部

► 马德里王宫，马德里
摩尔花园

P237 插图

►► 布恩雷蒂罗公园，马德里

穿过花园望向布恩·雷蒂罗（上图）
布恩·雷蒂罗面向花园的立面（下图）

► 布恩雷蒂罗公园，马德里

园中雕像

▼ 马德里王宫

王宫花园平面图，由阿兰胡埃斯的主园艺师埃斯特万·鲍特罗设计，1747

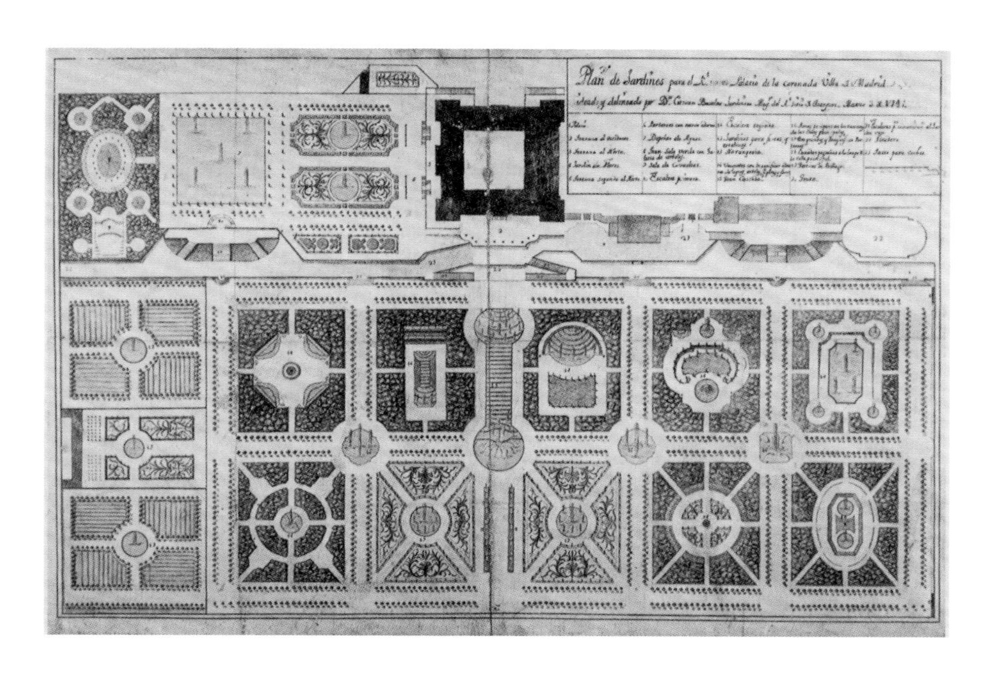

哈布斯堡皇帝将佛兰德故乡的乌鸦带到这里并在林中搭巢，从而使其成为当地的物种。国王之桥从这里横跨曼萨纳雷斯河一直延伸到远处的公园区。菲利普于1558年扩大了这个公园的规模，其中布置有鱼池、大型鸟舍的野生动物乐园以及野生动物混杂区。

马德里的布恩雷蒂罗公园

马德里几乎没有留下任何巴洛克式园林的痕迹，只留下广阔的园林面积，令人不禁遐想昔日的雄伟壮观。布恩雷蒂罗公园坐落于市中心东面，作为最后一个西班牙哈布斯堡王朝的园林，人们再也无法从这里识别出古代巴洛克式园林。佛罗伦萨人科西莫·洛蒂先前受雇来到佛罗伦萨的台地园——波波里花园，1628年菲利普四世的大臣奥利瓦雷斯公爵委托他设计这座公园。1665年国王死后，这个公园逐渐毁坏。

最后一个哈布斯堡帝王查尔斯二世的统治时期为1665—1700年，在菲利普四世和他的统治期间，在欧洲占主导地位的西班牙帝国逐渐走向衰落。奥利瓦雷斯公爵所实施的非集权化的政策导致了在加泰罗尼亚，尤其葡萄牙的叛乱。公爵们激烈抗争，要求完全独立，并最终在1668年获胜。

最后，西班牙人终于被葡萄牙人争取独立的战争和“三十年战争”弄得筋疲力尽，并且在1648年的《威斯特伐利亚和约》（*Peace of Westphalia*）中被迫承认荷兰的独立。查尔斯二世是西班牙王国的最后一个哈布斯堡的帝王，死后无嗣，因而在他的遗嘱中所规定的联姻政策也失效了。查理二世曾设想安茹王朝的菲利普作为他的继承者，菲利普是他继姐与路易十四的孙子，这激怒了利奥波德一世，他企图用暴力阻止遗嘱的生效。这场西班牙王位继承人之间的战争（1702—1714年）影响了整个国家。战争结束后，西班牙不但损失了许多财产，还失去了对哈布斯堡的统治权。波旁王朝菲利普五世成为西班牙国王。

意料之中的是，在这混乱的几十年间，西班牙的园林陷入衰败。1714年的和平协议之后，马德里的布恩雷蒂罗公园由巴黎园林

建筑师罗伯特·德·柯特重新规划设计。但他起草的宏伟堂皇的设计却因耗资较大而被拒绝采纳，只有一个小型八角形法国巴洛克式园林的设计方案被采用于刺绣花坛中。

1767年，西班牙国王，即波旁王朝的查尔斯三世向公众开放了这个公园。100年后，布恩雷蒂罗公园的旧址变成了马德里城的一部分。

今天，它成为最受欢迎的城市旅游景点之一。在南方的乔佩拉，人们可以在千年古树的树荫下漫步，欣赏北部地区保持完好的花圃，仍然可以体悟到法国巴洛克式园林艺术的隐喻。许多小型寺庙、喷泉和雕像使得园林的整体效果变得活泼生动。在大湖沿岸，

P238 插图

◀ ◀ 布恩雷蒂罗公园，马德里

水晶宫（上图）
喷泉（下图）

▶ 城堡花园，阿兰胡埃斯

丘比特和海豚雕像喷泉

阿尔方斯十二世的纪念碑格外引人瞩目，离这儿不远处就是水晶宫，一座可以追溯到19世纪的由铁架和玻璃建造的华而不实的宫殿（见P238上图）。就近是一座很迷人的园林，入口是一座石窟和一处水池。在该园中，无疑可以感受到约1800年时盛行的“多愁善感”的园林氛围。

阿兰胡埃斯的城堡花园

从接下来的波旁王朝时期一直持续到西班牙为反对拿破仑而进行的民族解放战争（1808—1814年）时期，两座重要的园林得以幸存下来：阿兰胡埃斯城堡花园和拉格兰哈的圣伊尔德丰索宫。

阿兰胡埃斯的皇家避暑别墅位于马德里的南部约65km处，其建造可以追溯到16世纪。当时，查尔斯五世和他的儿子菲利普二世在其统治时期就把那里的狩猎小屋扩建成了带有大面积园林的避暑别墅。

1562年左右，来自荷兰和佛兰德的园林建筑大师们在塔霍河的一个人工岛上设计了这座著名的花园。他们将花坛分格垂直布置以使小径得以对称设计。60年后，就在1628年被奥利瓦雷斯公爵召唤到马德里在丽池花园工作前不久，来自佛罗伦萨的园林建筑师科西莫·洛蒂为这座花园设计了新的平面图。他在岛上布置了小树林和许多引人注目的喷泉。甚至花园入口的再设计都背叛了原先建筑师的初衷。我们可以看到一座波波里花园常见到的赫拉克勒斯喷泉的变形：一座岩石岛在大的水池中抬升，它的顶部是一个喷泉池，赫拉克勒斯站在上面挥舞着棒子。漫步

▲ 阿兰胡埃斯王宫，阿兰胡埃斯

由圣地亚哥·博纳维亚和弗朗西斯科·萨巴蒂尼分别建于 1748 年和 1771 年，主建筑与侧翼建筑正立面

在花园中，眼前的景物会使人们反复联想起那个佛罗伦萨典范的启示，比如周围形成的交叉小径或置有喷泉的八角形广场（见 P239 插图）。

海神喷泉是最著名、大概也是最流行的喷泉，然而如今只能在马德里皇家宫殿的花园中看到。根据 17 世纪的文献记述，行人可以在花园的任何地方看到 5 座或 6 座饰有雕塑的喷泉。那些与众不同的水景特征，如让行人瞠目结舌的、从高大的树木上倾泻而下的水柱，抑或是隐藏在假山上向攀爬戴安娜雕塑的动物雕塑喷水的小爱神，都得益于塔霍河充足的供水。

18 世纪初，菲利普五世将这座著名的花园岛变成了一座法国巴洛克式园林（见 P241、P242 插图），其中许多古老的供水系统和喷泉留存至今。国王首次在西班牙种植榆树，而角树被修剪成树篱在西班牙也是新鲜事。许多小径都有攀爬了花木的架子，即网格状的廊架，所以行人很容易找到阴凉的场所。

自 1763 年起国王查尔斯四世就在塔霍河的岸边重新设计了一座英式自然风景园——王子花园，并在那里建起植物区和与之相配套的温室。

虽然一些花园在 17—18 世纪很大程度上被重新设计，但是在南部地区，比如雕像花园，也许依然能反映出菲利普二世对园林设计的兴趣。在马德里，他热衷于在意大利学会并带回来的艺术纪念碑建造方式。菲利普国王偏爱古代皇帝的胸像，并想在花园里大量打造，而他自己的雕像后来也被置于花园的这个部分中。

波旁王朝帝王的建筑活动及其对园林的关注对这个国家的贵族起到了刺激作用，唤醒了他们对艺术的兴趣。他们受到来自于意大利文艺复兴时期的园林和巴洛克式园林的启发，很快意识到花园如果有大量丰富的雕

P241 插图

▶ ▶ 喷泉公园，城堡花园，阿兰胡埃斯

花园岛和塔霍河风光（上图）
花圃花园中的花瓶（左下图）

塑将为之生色，于是他们对此更加渴望。

阿尔卡拉公爵同时兼任那不勒斯的总督，他充分利用自己与意大利的关系及外交技巧，得到了从那不勒斯和罗马转让到西班牙的许多古物。在他塞维利亚的花园中，现称为彼拉多之屋，放置了大量皇帝的胸像、一座杰那斯喷泉，花园围墙上嵌着古典的牌匾。这种收集狂热多由诸多西班牙公爵延续下来，在一定程度上给园林打上他们清晰的文艺复兴时期的印记。

在波旁王朝的统治下，法国园林在西班牙确立了自己的地位。在哈布斯堡家族，尤其是查尔斯五世和他的儿子菲利普二世的统治下，之前意大利风格的园林都被重新设计成了法式花坛。

西班牙没有发展出自己独特的园林类型，只有古老的摩尔式园林中仍然留有些微的痕

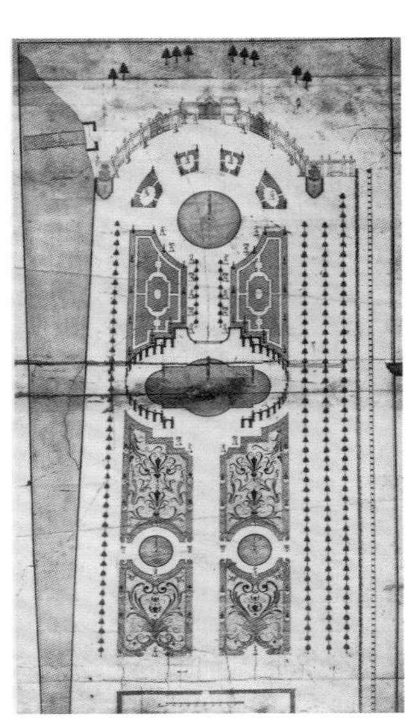

▲ 模纹花坛片段，阿兰胡埃斯

马尔尚绘，1730年前后

◀ 城堡花园，阿兰胡埃斯

阿波罗喷泉（上图）
花园岛的雕塑（下图）

P243 插图

▶ ▶ 城堡花园，阿兰胡埃斯

胡安·德·维兰纽瓦建造的小型圆形庙，1784 年

迹。即使塞维利亚的穆迪哈尔式风格的花园，起初也极有可能是西班牙式的花园，但是它建成后不久便被改造，因此它并未创造出任何特定的西班牙传统。几个世纪以来各种外来影响力证明了西班牙毫无抗拒的能力。

拉格兰哈的圣伊尔德丰索宫

尽管西班牙没有发展出自己独特的园林模式，有趣的是，塞哥维亚附近的拉格兰哈有一座西班牙园林——圣伊尔德丰索宫，却成为一座了不起的意大利园林的样板。两者的关系无可否认是政治而非艺术问题。1714年，随着西班牙王位继承战争结束，菲利普成为西班牙的国王。他是“太阳王”路易十四的孙子，为了纪念他在法国王宫中度过的无忧无虑的童年时代，他决定仿照凡尔赛花园的设计建造一座园林，并将其布置在海拔近1200m的瓜达拉马山脚下。为此，他在1728年委托雷恩·卡利尔与艾蒂安·鲍特罗（后者也受雇于阿兰胡埃斯）两位法国园林建筑师为园林做规划。

1735年，菲利普的第二个儿子从他的父亲那里接管了那不勒斯王国和西西里岛，作为国王查尔斯四世统治那里，并于1750年开始建造这座不朽的园林和宏伟的卡塞塔城堡，这些可能不仅使他想起他的祖国西班牙，而且也使其城堡及园林的辉煌壮丽超越他父亲的夏宫（见P182、P183插图）。圣伊尔德丰索宫，被称为“西班牙的凡尔赛宫”，占地约146hm^2。山丘上必须开凿出悬崖以布置瀑布。与凡尔赛宫不同，这里有大量的水资源从就近的山泉流下。地面上布置了无数生动的水池和喷泉，当然在城堡的中心轴上还有优雅的小瀑布，它在其最高点收集水源，然后水

▶ 圣伊尔德丰索宫，拉格兰哈

叠泉广场

P244插图

◀◀ 圣伊尔德丰索宫，拉格兰哈

花坛、叠泉喷泉和狩猎小屋的花园立面，由菲利普·尤瓦拉和乔瓦尼·巴蒂斯塔·萨凯蒂修建于1734—1736年

流再顺着台阶流下（见 P244、P245 插图）。

与凡尔赛宫相反，圣伊尔德丰索宫的布局并不以主轴线和花坛为主导。中轴线连同两个矩形的植床通向一个设置了安菲特律特喷泉的半圆形水池，从远处很难看清细节。水池后面便是叠泉的源头，一座八角形亭榭坐落其上，亭前是美惠三女神喷泉。宫殿东面另一座花园的轴线经过台阶式坡道到达一个一边有水渠的较低台地的花坛。穿过阶梯水池看向远处山群的景观，无疑比在城堡中轴线上所看到的园林全景更为壮观。向东是另一个相邻的花坛，那里安德洛墨达公主（仙女座）的雕塑表现出了生机勃勃的效果。一座小型迷宫隐藏在附近的小树林中。自拉·海瑞德拉天井、城堡里的荣耀庭起，另一条小径通向一侧被喷泉隔开的花坛。这个布局中间，意大利常见的文艺复兴式的帕纳塞斯山这个主题拔地而起，它由岩石打造而成。山顶上，神话人物法玛女神骑着神马珀伽索斯。

应当是国王的第二任妻子——意大利血统的伊莎贝拉·法尔内塞促成了法玛喷泉的修建。神马已立起，准备飞跃。我们从神话中得知，是神马珀伽索斯的蹄子敲击使得赫利孔山灵泉的泉水喷涌。法玛在它的背上得意地举起她的喇叭宣扬西班牙王室的声誉。喷泉的水管从这里引水将水输到喷水孔垂直喷到空气中，在远处约 10km 处的塞哥维亚都可以看到这里隐约闪现的水柱。圣伊尔德丰索宫的这种喷射型喷泉被认为是全欧洲最高的喷泉。

园林的多种布局、令人惊奇的全景和壮观的喷泉所构成的总体效果使得圣伊尔德丰索宫成为一座与众不同的西班牙园林——它虽是西班牙园林，但绝非典型。并没有统一的整体设计能够区分凡尔赛宫苑与意大利变体的圣伊尔德丰索宫，以及卡塞塔城堡和其花园。

因此，我们只剩下了上述的总结，也就是西班牙的园林展示了它所受到的各种外来的影响：摩尔式花园的片段、来自意大利的供水系统和喷泉及来自法国的花坛。但这并不能证明所有元素能够融入一个国家统一的园

▲ 圣伊尔德丰索宫，拉格兰哈
波塞冬喷泉

P246 插图
◄ ◄ 圣伊尔德丰索宫，拉格兰哈
城堡花园中的装饰瓶、雕塑及喷泉

林类型。西班牙园林的多种设计类型确实以奢华的雕塑作为装饰。一方面，的确可以将其作为一个典型的特征；但是另一方面，这一类型也被视为非常缺乏本土的表现形式。

奥尔塔迷宫，巴塞罗那

◀ 圆形寺庙和迷宫（左图）

▲ 迷宫中心的达芙妮雕塑（上图）

▼ 圆寺中的雕塑（下图）

奥尔塔迷宫

1794 年，意大利建筑师多梅尼科·布加迪开始在巴塞罗那的奥尔塔庄园里面布置一个柏树树篱迷宫。在当时那个多情的文学时代，爱之迷宫为常见主题，胡安·安东尼奥·德斯沃斯受此启发，委托他建造了这座迷宫。

迷宫规模较小，是一个尺寸只有 45m × 50m 的矩形。小瀑布、水池、具有浪漫色彩的石窟和场地内的阶梯都排布着，用来引导指向迷宫。在这个园子里，不时地看到雕塑，再次展示了爱的表现形式的多样性。

最后，一条柏树小径通向了一个周围有栏杆的大水池，这里也是尊者亭，从远处可以看见其圆顶。

在迷宫入口的双楼梯的引导下，能看到一个大理石牌匾，显示出阿里阿德涅指给忒修斯的路线对于他的回国是多么的重要。

但在迷宫的中心，人们看见的并不是可怕的弥诺陶洛斯而是达芙妮，她逃入这个迷宫

◀ **奥尔塔迷宫，巴塞罗那**
浪漫的微型瀑布

P251 插图
▶ ▶ **奥尔塔迷宫，巴塞罗那**
喷泉、石窟、双楼梯

▲ **弗隆泰拉侯爵宫，本菲卡**
皇家画廊中装饰性瓷砖的细节

就是为了避免阿波罗对她的追求。位于中心的高高的树篱被修剪成拱形，其中一部分位置适当，恰好成为亭子的圆柱和圆顶的景框。

葡萄牙

人们往往不假思索地说葡萄牙的园林吸收了来自世界各地的设计元素，无论是从邻近的阿拉伯国家，还是从意大利的文艺复兴式园林，抑或是法国巴洛克式的花坛。这种说法也许没错，但葡萄牙人却成功地让他们的园林拥有了自己的特征。他们比西班牙人更愿意去关注他们自己本土的设计资源，并将其整合到造园的传统里。这点源于诸多原因。

一方面，葡萄牙的土地比西班牙更肥沃，少崎岖。它有宽阔的河流和丰富的水资源，全线均可通航进入国家的内陆地区。在这里，贸易更密集，商品交换也更容易。这座庄严的宅邸及其土地和花园，总是处在国家经济生活的中心，在葡萄牙的文化历史中扮演着与教堂和宫殿同样重要的角色。葡萄牙早期的海外扩张增强了其经济实力，并促成了其政治基本稳定的演变。纵览整个历史，除却西班牙国王菲利普二世、三世、四世执政的短暂插曲，葡萄牙始终保持了独立和自主。在这一方面，葡萄牙独立于欧洲其他国家，并得以发展自己的文化，这种文化具有足够强大的根基去吸收外来的影响，又反过来滋养了本国文化。

那么，这对于葡萄牙园林的发展有何意义呢？只言片语也许就能说明葡萄牙和西班牙之间的区别。例如，在西班牙，园林是为哈布斯堡家族或波旁家族而设计的；而在葡萄牙，园林却是为其最早期的葡萄牙布拉干萨的君王们所建。因此，一个民族的性格从一开始便奠定了下来。

3 个设计元素构成了葡萄牙园林的独特品质：瓷砖画，即装饰性的或具象性的瓷砖；梯台式水池；最后是一种特殊类型的整形花坛的设计。

邻近里斯卡的本菲卡弗隆泰拉侯爵宫花园

在葡萄牙第一批巴洛克式园林中，可以非常清楚地阐述外国风格特征是如何被整合

► **弗隆泰拉侯爵宫，本菲卡**
宫殿及规则式庭园

弗隆泰拉侯爵宫，本菲卡

▲ 以皇家画廊为背景的园林布局

◀ 皇家画廊下方水池中的雕塑及彩绘瓷砖

和转换成本土形式的园林是弗隆泰拉侯爵宫花园。1669 年，它在弗隆泰拉侯爵若奥·德·马什卡雷尼亚什命令下被建成一座狩猎小屋(见 P252 ~ P257 插图)。同年，佛罗伦萨的科尔西尼侯爵前来参观，并热情地描述道：

“住宅建筑正处在建造过程中，系统而精美，旁边是一座有着各式花坛、雕像和浅浮雕的园林。5 座壮丽的大型喷泉以及一些高度各异的小型喷泉分布于园林不同高度的台地上。”

在受雇于侯爵的意大利主建筑师和建筑师的眼里，他的热情自然可以理解。然而，那也可能是由于侯爵从未见过如此新奇的景象。因为他先前看多了意大利文化，现在却看到大量整形树篱排列成非常密集的几何图案，与非常漂亮的半高的锥形黄杨木一起，毗邻着一个以净高 5m 的墙为边界的大水池。这面墙被细分为 15 个拱门，其中 12 个被设计成有平铺面板的隐拱，这些面板上画着具有委拉斯贵兹画风的马和骑手。而剩下的 3 个拱门则通向宽敞的石窟。

接着，在墙的一侧，楼梯引导至所谓的有着凹室式雕像的皇家画廊，旁边有两个展馆。在画廊的中心、高于栏杆处是一个开放的矩形石门，上面是折断的、翻卷的山墙，

弗隆泰拉侯爵宫，本菲卡

▲ 朝向小教堂的台地东立面（“艺术画廊”）：边上饰有阿波罗及马尔叙阿斯雕像的诗歌寓言

▶ 饰有多彩的装饰瓷砖的长椅

P255 插图

▶ ▶ 弗隆泰拉侯爵宫，本菲卡

皇家画廊尾部的东馆

◀ 弗隆泰拉侯爵宫，本菲卡

贴瓷砖的长凳，墙上镶嵌着贝壳和瓷片

P257 插图

▶ ▶ 弗隆泰拉侯爵宫，本菲卡

通往小教堂("艺术画廊")的平台：有拱廊和凹室的瓷砖墙，镶嵌着大理石雕像和按照文艺复兴时期的艺术家德拉·洛比亚的方式做出的上釉徽章

框住了穿过花坛看向宫殿立面的视线（见P253插图）。

充满活力的整形装饰、花盆修饰的栏杆、高台上的雕像、池中水面倒映出的隐拱门上生动的青花瓷砖图案，以及同样用瓷砖装饰的皇家画廊，这些元素组合起来产生了一种视觉魅力，这种形式在欧洲园林设计中非常独特。这位意大利侯爵确信自己国家园林设计的品质所在，因而也能够从视线系统的角度思考问题，他一定也惊讶于这个私密花园的如画般的布局效果。

巴卡罗阿别墅花园

既然在弗隆泰拉，意大利式文艺复兴正转变为特定的葡萄牙文艺复兴风格，那么在巴卡罗阿别墅，就只能察觉到些微的意大利艺术理想。

布拉兹·德·阿尔伯克基是一个伟大的航海家及军事指挥官的儿子。在一次意大利周游之旅后，1528年他收购了里斯本以南位于阿拉比达半岛的地块，建造了一座意大利风格的乡村别墅和花园。但令他着迷的并不是那些建筑或视觉的细节，而是把别墅和花园视为一个整体的概念，以及将建筑面向花园及整个场地面向景观的开放性。他把凉廊的建造作为别墅花园立面的一部分及展馆朝向立面大水池的一部分。这样做与传统乡村房屋的更加隐蔽、简朴的特征相悖。

在新别墅概念的影响下，他同时也赋予其新的生活观念。建筑上的细节，比如凉廊拱门的拱肩上的圆形浮雕，或是粗琢的门楼拱门，能使人联想到意大利文艺复兴早期和盛期的模式。但是葡萄牙元素体现在了被果断保留的瓷砖画传统以及美化的墙壁、栏杆、窗框、墙壁凹室、拱门或是瓷砖装饰的飞檐等这些传统的摩尔式艺术之中。这里有多种多样的装饰图案，内容从通过神话主题来象征葡萄牙国王的高贵人物，到精致的饰品和来自日常生活或怪异恶作剧的场景画面，应有尽有。

克鲁斯皇宫花园

景观、花园和别墅之间的互动令人印象

P258 插图

◀ ◀ 克鲁斯皇宫花园

瓷砖墙和雕塑，台阶通往花园低洼处的水渠上的一座桥

克鲁斯皇宫花园

◀ 通道两侧的瓷砖墙与花瓶

▼ 在花园低洼处的胸像和花瓶

P260 插图

◀ ◀ 克鲁斯皇宫花园

以皇宫所谓的"礼仪立面"作背景的波塞冬泉（上图）

有雕塑的规则式庭园以皇宫的堂吉诃德侧翼建筑立面的背景（下图）

▶ 克鲁斯皇宫花园

花园高处的雕塑和胸像

深刻，这种结合可能源于巴卡罗，它为庄园房屋和花园的相互融合指引了新的方向。也就是从那时起，这种互动确定了葡萄牙别墅的发展方向。

在里斯本西北方的丘陵乡村，卡斯泰洛·罗德里戈侯爵在16世纪末时为自己在克鲁斯建了一个小的狩猎楼。约翰四世于1640年继承了王位，使葡萄牙独立于西班牙，这个地方也于1654年被没收，继而扩建成其王妃的住宅。从普通建筑成为皇家宫殿的决定性的转变源自佩德罗三世。1747年，他把这一工作委托给了他的建筑师马特乌斯·维森特·德·奥利维拉。

10年后，让-巴普蒂斯特·罗宾利接管了这个花园的规划和设计，这个葡萄牙建筑师曾在1755年的灾难性地震后仓促赶到里斯本去指导重建工作。他从路易十四位于法国马尔利的夏季住宅和它周围的森林中得到了灵感。

走出城堡的接待大厅来到阳台，视线穿过两个喷泉，可以看见地势较低的花坛。喷泉上的人物（见P260上图）以波塞冬和西蒂斯的神话故事为主题，这两座喷泉无疑是涅瑞伊得斯和西蒂斯喷泉更吸引人。与海神波塞冬相爱的女神西蒂斯，手举着大托盘托着火神赫菲斯托斯为她打造的珠宝，骑着海豚从海中出现。

▲ **庞巴尔侯爵宫，奥埃拉斯**
通向花园的双跑楼梯，绘有神话场景的瓷砖墙

克鲁斯皇宫花园的悦目之处不仅在于大量主题喷泉人物和各种各样的图案，还在于其广阔的面积——这令人联想起勒·诺特尔的艺术和意大利花园。但其葡萄牙元素仍然非常突出，这从大运河两侧的墙上以及那些装饰瓷砖中就可以看出（见P258、P259插图）。

英国知识分子、作家和艺术品收藏家威廉·贝克福德体验到了场所的整体氛围。

1818年12月，贝克福德一直身处克鲁斯，他在日记里满腔热情地描述了他看到的正处于鼎盛时期的瀑布和喷泉，上千个变幻莫测的喷气机浇灌着华丽的月桂和柠檬树，美妙的芳香四溢开来。

不透明玻璃罩下的蜡烛放置在草地上，将灌木丛微微照亮，王妃的侍女来回轻快地掠过，看起来就像仙女一样，如果试图追寻她的芳踪，刚刚看见，瞬间又再次消失。

在葡萄牙居住过之后，贝克福德返回了他在英国威尔特郡的家，并开始与园林设计师詹姆斯·怀亚特合作设计曾是一个宫殿的放山修道院（见P398、P399插图）。贝克福德曾经十分推崇英式风景园的浪漫主义，但是巴洛克式的克鲁斯皇宫花园却对其产生了重要影响。

奥埃拉斯的庞巴尔侯爵宫

18世纪上半叶，建筑师卡洛斯·马代尔因其对用来确保里斯本水供应的大水渠阿瓜里弗渡槽的贡献而闻名葡萄牙。1737年，他受庞巴尔侯爵的委托要在奥埃拉斯建造宫殿。曾同样被法国和意大利的巴洛克建筑所吸引的马代尔，在这里面特别应用了他从弗朗切斯科·博罗米尼的怪异装饰设计中研究到的伪透视法。这种透视法反复出现在一楼窗户上的旋涡形装饰中，它们看起来远远突出表面，事实上却是平的。花园的设想可能也来自马

P263插图
▶▶ **女神**
右手边楼梯墙面上“伊卡洛斯的秋天”中的细部

代尔。那个看上去像用粗糙的巨石和黑暗的拱顶搭起来的巴洛克式剧场舞台的石窟，也许同样源自意大利石窟的设计方式。他将水管置于石窟的拱顶，从而有水从顶上滴下来。于是，河神周边的藓类和蕨类植物形成了一个小的生物群落。双跑楼梯墙壁上的美丽瓷砖也构成了特殊的景致（见 P262、P263 插图）。通过许多独立的场景，它们讲述了维纳斯、马尔斯及其对应的珀尔修斯和安德洛墨达公主的故事：为了勾引战士马尔斯，维纳斯脱去他的盔甲以阻止他战斗；而珀尔修斯恰好需要护甲和利剑来释放安德洛墨达，将她从好色的怪物手中拯救出来。这样的双重主题在洛可可时期特别流行，因为它可以用来诠释英雄主义和爱之间的矛盾关系。

洛可可式的另类世界是 18 世纪园林设计的典型代表。神话集不仅是故事集，还是一个被阿卡迪亚式的元素主导的关于生活观念和意义的知识宝库。与同时代的田园文学中描述的一样，花园和相邻的别墅被作为一个园林的整体来设计。

洛可可风格视自身为一种装饰风格。委

◀ ◀ / ▲ 庞巴尔侯爵宫，奥埃拉斯

有雕塑的南洋杉平台（ P264 插图及上图）

◀ 以宫殿为背景的饰以花瓶的双跑楼梯（左图）

P266、P267 插图

▶ ▶ 庞巴尔侯爵宫，奥埃拉斯

西玛别墅的鱼馆，饰以源自约瑟夫・韦尔内水景画作的瓷砖，1770 年左右

托方希望把喷泉、石窟、楼梯及栏杆作为建筑装饰品。其中最基本的模式就是岩石、贝壳装饰风格（*Rocaille*）——顺便提一下，这个词就是洛可可（*Rococo*）这一术语的起源。这种基于流体三角形形态的不对称装饰物为花园和别墅的装饰增添了动感。

卢米阿的瓷砖别墅花园

里斯本郊区的卢米阿瓷砖别墅花园有着独特的瓷砖系列，它们覆盖了别墅的外墙、圆柱、长椅、内墙和栏杆，花园氛围令人迷醉（见 P264 插图及 P265 右上图）。被描绘的场景主要是田园生活的主题。而在毗邻宫殿、同时作为花园边界的南外墙上，可能会发现宗教主题，比如正在华丽的宫殿中庆祝的迦南

瓷砖别墅，卢米阿 / 里斯本

◀ 贴瓷砖的长椅和圆柱

▲ 表现了圣经中的迦南婚礼场景的绘画瓷砖的景象

▲ **植物园，科英布拉**
花园景象，背景为高架渠

婚礼。为了与园内植物相协调，场景被框在一个动态的、向上延展的洛可可装饰图案中。别墅中的园林建筑和瓷砖可以追溯至18世纪中叶，而且也一定受到了与之惊人相似的那不勒斯圣基亚拉教堂的切奥斯托修道院的启发，后者建成时间要略早一些。

辛特拉山脉的山峰，耸立在靠近欧洲最西部的大西洋海岸，有着曾被葡萄牙和英国诗人都赞美过的美丽景观。摩尔城堡的废墟、中世纪僧侣的修道院、18世纪的豪宅以及异国情调的19世纪别墅，都给这一文化景观留下了独特的印记。对于那些有花园的豪宅，应该步行去一探究竟。小镇和村庄有时只有一些狭窄的道路可以通向农庄和那儿的别墅或宫殿。

位于辛特拉的皮耶达德别墅花园和圣塞巴斯蒂安别墅花园

自从20世纪初其16世纪风格的花园被改造后，辛特拉的皮耶达德别墅就值得关注。这座属于卡达瓦尔家族的豪宅建于19世纪。

卡达瓦尔家族的后裔试图设计一个以规则对称的方式种植的花园，园内有复杂的视线系统，并将周围的景观吸纳其中。瓷砖墙和长椅创造了一种“葡萄牙氛围”。那些为山谷、村庄及远处的群山提供了舞台的水池、整形树篱围合的花圃和由高大的柏树形成的拱形绿廊，可能是受到了意大利模式的启发。

辛特拉城内的圣塞巴斯蒂安别墅是18世纪葡萄牙最优雅的宫殿之一，坐落于城镇北面的一座小山上。花园前方地势陡峭，因而从花园露台看向下面的城镇，视角可谓无与伦比。

楼馆般的住宅有着尖拱形的阳台门、窗户和带古典框架的圆形浮雕，围栏上饰有用灰泥粉饰过的丝带状的图案。餐厅里的壁画由法国人让·皮勒蒙和他的学生们设计，紧随当时的时尚，描绘了田园生活主题的理想化景观。窗帘和用视错觉处理过的彩框使人觉得墙一直延伸至远方：这是一种从虚饰的错觉到建筑物外真正景观的转换。

现在的圣塞巴斯蒂安别墅花园仍留有18世纪的痕迹，例如整形树篱围合的花床，种有旱金莲的叠层式矮墙，甚至是小型的圆岗亭。

科英布拉的植物园

位于辛特拉北部和普拉塔近海岸东部的蒙德古山谷切断了辛特拉山脉，这个多山的沿海地区的文化中心就是科英布拉。自1308年以来，这个中世纪城市一直拥有一所大学。16世纪它发展成为人文主义中心，在这里，来自意大利、法国和萨拉曼卡的科学家们传授着他们的知识。1772年，庞巴尔侯爵在曾

作为 1540 年的旧皇宫的教学楼下面设计了一个植物园（见 P270 ~ P272 插图），并在那里建立了一个实验室和植物博物馆，以作大学学习之用。对于花园里的工作，他成功地雇用了英国人威廉·艾斯登，后者用高墙围起了整座花园，并于 1791—1794 年间建造了玛丽女王门——今天仍然存在的科英布拉门和峡谷门。

花园到 1807 年才竣工，但进一步的建设工作也在之后的几年中开展起来。宽敞的荣誉阶梯于 1821 年建成，正门和大温室则分别建于 1842 年和 1856 年。至 1862 年花园就已经达到了它现有的 20hm^2 的面积。

在英国风景园早已征服欧洲众多首都城市的当时，葡萄牙则关注到了植物园布局的科学性，并采用了一种典型的巴洛克式结构。

今天，站在上层露台上鸟瞰全园，景色令人难忘。科英布拉门和玛丽女王门之间的主轴线中心是一座带喷泉的大水池。由低矮的整形树篱与半高的锥形黄杨木围成的独立植床则沿着轴线对称排列（见 P272 插图）。

▲ 植物园，科英布拉

从平台沿着花园其中的一条视线看去的景象

▲ 植物园，科英布拉

花园中心的喷泉

邻近雷阿尔城的马特乌斯住宅花园

另一个有着众多花园和富丽堂皇的宅邸的地区是葡萄牙北部的杜罗河峡谷。18 世纪，随着葡萄种植和葡萄酒酿造业越来越重要，乡村别墅的数量也有了相应的增长。雷阿尔伯爵的别墅是欧洲最华丽的巴洛克式乡野别墅之一，花园和马特乌斯大厦坐落在雷阿尔村东南部 3km 处。宫殿可能建于 1743 年，而独立的教堂则建于 1750 年，由 18 世纪在葡萄牙做了大量工作的意大利建筑师尼科洛·纳索尼完成（见 P273、P274 插图）。纳索尼创造了葡萄牙晚期的巴洛克风格。给人的印象是一种奇异的风格转变，介于巴洛克盛期和严格的古典形式之间。许多楼梯扶手、破碎的山墙、用盾徽装饰的围墙区域、精心制作的涡卷形饰与古典主义的圆柱、严格设置的窗轴线和明确连接的墙壁表面形成了对比。

各种建筑形式在花园露台的设计中得到了延续。涡卷、曲边、同心圆、对称排列的五角形，或不规则四边形形状——这些形成了花坛的基本图案。铺在白色大理石沙砾上的整形树篱构成了这些图案，或者围合了花卉和灌木。半球形黄杨木用来突出角落，而花床则主要种植一串红、橙色万寿菊及深红色的紫薇属植物。独立花坛被高大的、修剪得十分艺术的大型整形树篱所围合（见 P274 下图）。因此，紧密框定的种植床有绘画的效果，整形饰品就像巨大的涡卷饰，边界的树篱就像城堡的飞檐或山墙。花园的组成元素造成了一种独特而明显的效应——葡萄牙效应。万寿菊的频繁使用也是这种效应的一部分，因为它那渗透性的香味和驱虫剂的作用，一般会种在农民的花园中。这种乡村格调同样是葡萄牙晚期巴洛克式园林的一个显著特征。

P273 插图

▶ ▶ 马特乌斯住宅，雷阿尔城

住宅南面的景观

P274 插图

◀ ◀ 马特乌斯住宅，雷阿尔城

以住宅北立面为背景的喷泉和环形绿篱（上图）
用黄杨木装饰的规则式庭园布局（下图）

▶ 马特乌斯住宅，雷阿尔城

有柏树拱廊的规则式庭园

来到下层花园游客会惊喜地看到，那里有一个柏树走廊，被修剪得很有艺术性，并形成了绿色的拱顶（见上图）。在这个艺术绿廊的两边有更多的小型花园，比如一座生长有日本枫树的现代水景园。另一座花园则由经过艺术性修剪的树篱环绕，让人想起了法国巴洛克风格的范本。树篱后面有个隐秘的小树林，以镶有华丽装饰的壁泉为界。喷泉前面栽植了一棵装饰性的日本扁柏。在意大利，花园立面和花坛之间的装饰性关系看起来是平衡的；在法国，作为表达权威和尊严的手段，建筑物才是被强调的主体；而葡萄牙建筑师和主造园师则试图创造出园林和建筑之间不寻常的、冲突的关系。如果对马特乌斯住宅主立面依旧保持着奢华多样的印象的话，你会惊讶地注意到，花园正立面中，它的装饰却是简单而又极其含蓄的（见 P274 上图）。但是我们已经身处在这多彩多样的花卉、灌木丛和整形装饰中，就好像是那建筑物大度地把自己的装饰品借给了花坛一样。

在欧洲的巴洛克式园林中，除了意大利和法国，几乎没有任何其他明确的国家类型存在。来自意大利文艺复兴和巴洛克文化风格的影响，以及从勒·诺特尔无与伦比的花坛艺术性中提取的法国元素，两者共同促成了一个有很多变体的欧洲整体类型。只有葡萄牙的巴洛克式园林没有适应这个规律。包含了种植技术的田园格调、独特的黄杨木装饰、水池与建筑的结合，以及富有想象力的、真正接近奢侈的瓷砖的使用，共同创造了特立独行的、葡萄牙式的巴洛克园林。令人惊讶的是，尽管事实上后来整个欧洲的园林设计师都承袭了英式风景园的风格，葡萄牙巴洛克式园林在时间的长河中还是幸存了下来。

德国、奥地利的巴洛克式和洛可可式园林

▲ **城堡花园，施莱斯海姆**
花圃种植细节

约瑟夫·佛坦巴哈的花园

海茵里希·希克哈特位于莱昂贝格的橘园可以追溯至1611年，所罗门·德·考斯位于海德堡的法尔茨庭园则始于1614年，它们对于德国巴洛克式园林的发展至关重要。约瑟夫·佛坦巴哈是乌尔姆的市政建筑大师，曾受到希克哈特在莱昂贝格和斯图加特的橘园的启发，他的理论论述确定了南德巴洛克风格的发展方向。当然，斯图加特的意大利风格的花圃模式也出现在了佛坦巴哈1640年出版的《娱乐建筑》(*Architectura Recreationis*)中的《贵族第四快乐之园》(*Fourth Noble Pleasure Garden*)一文中。对于佛坦巴哈来说，种植至关重要（见下图）。在其另一部理论专著——1641年的《建筑风格》(*Architectura Privata*)中，他描述了这种装饰性花圃。布局中心应该有一种帝冠属植物，一个"帝王的冠冕"，其次是郁金香"它们那上百个不同的颜色，尤其是那些漂亮的大理石般纹理的、火红的、有斑纹的、流苏的或有斑点的"。这种种植系统形式多样，几乎被应用在了南德的每个园林项目中。佛坦巴哈的理论著作也一直有助于巴洛克式园林中种植的改建。

▼ **约瑟夫·佛坦巴哈的花园，乌尔姆，1641年**

按照佛坦巴哈的说法，许多消失已久的德国和奥地利早期的巴洛克式园林，事实上正恢复它们鲜艳的色彩——至少在意象中。然而，花圃的设计和种植在18世纪的确发生了变化，后来主要重点变成了大规模的黄杨木装饰、迷宫或树林的整合、水池、通道以及喷泉的安装和组成等。

什博的花园

什博家族的名誉，尤其是洛萨·弗朗茨·冯·什博（1655—1729年）的名誉，就等同于慷慨的赞助和巴洛克风情的辉煌。他是美因茨大主教和选帝侯。除了作为大主教的公务，他全身心地投入园林规划，特别是在维尔茨堡附近的盖巴赫，法兰克尼亚和不远处的波默斯菲尔登的花园。

1668年，洛萨·弗朗茨·冯·什博继承了位于盖巴赫的城堡和庄园。1677年，他22岁，在一次长期的欧洲旅行之后设计了城堡花园的布局，并被所罗门·克莱纳记录在一幅雕刻版画中。城堡是座设防严密的建筑，被护城河所环绕。花园的纵向沿着城堡的整个宽度进行延伸，一条中央轴线穿园而过。紧随装饰性的刺绣花坛之后的是有着所谓的"卵形湖"的区域，以及用鲜花富丽装饰的花圃分格。"卵形湖"是城堡主人发明的，当时在法国和意大利尚不为人所知。一个宽敞的环形刺绣花坛向内倾斜，它的4个节点被打断设置成有栏杆的楼梯，从而通向下面有喷泉水柱的水池，水柱从雕塑身上喷流而出（见P277下图）。

▲ 高贵快乐之园和动物园

约瑟夫·佛坦巴哈，《建筑大全》，插图 13，1628 年

◀ 城堡花园，盖巴赫

卵形湖，所罗门·克莱纳，1728 年的版画

▲ 魏森施泰因城堡，波默斯费尔登

从东南方向看到的城堡及其花园的景象，所罗门·克莱纳，1728年的版画

半圆形橘园优雅地环绕着花园。在橘园的前方，边上是几条林荫小道，即是1/4圆形的花架小路。位于赫特鲁的荷兰花园可能为这个交错型边界提供了范例。下沉式卵形水池也经常出现在荷兰巴洛克式园林中（见P330右下图）。正如给他的侄子——帝国副总理，后来也是班贝克和维尔茨堡的王子主教的弗里德里希·卡尔·冯·什博的信中所说的那样，洛萨·弗朗茨·冯·什博也因此接受了这种“世界品位”。

荷兰花园同样让洛萨·弗朗茨·冯·什博感兴趣的或许还有业主和设计师共同创造一座兼具实用性和装饰性的花园这一趋势。面对其私人位于波默斯菲尔登的魏森施泰因城堡花园中因这样的结合而产生的挑战，大主教设想了一种不同寻常的解决方案（见左图）。这个花园的布局参照了马克西米利安·冯·维尔斯科在1715—1723年间的设计。花园的第3层有一片以3个同心圆状排列的环形栗树林。树木环绕着一个下沉式水池，其旁坐落着几座实用小花园。通常，这片被看作是花园尽端的区域常用作实用花园。那片环形栗树林坐落在花园的中轴线上，在末端打断了看向花园中的楼阁的视线。不幸的是这个花园没能幸存下来。其实，早在1786年，这个园子就被视为先进的“世界品位”，后来则被改造成一座英式自然风景园，而今天则是一个对游客开放的鹿园。

► 什博宫的花园，维也纳

所罗门·克莱纳所画，约1738年

弗里德里希·卡尔·冯·什博在18世纪初拥有了他位于维也纳的住所，并与他的叔叔洛萨·弗朗茨·冯·什博一直保持着通信联系。1706—1711年间，著名的建筑大师约翰·卢卡斯·冯·希尔德布兰特为他建造了维也纳的宫殿。他希望建造两座附加的实用花园，并在宫殿背面旁布置一座娱乐园。

今天的游客在那里能看到一座英式风格的花园，尽管在某种程度上杂草丛生得有些“浪漫”。但在早期，这座花园是以郁金香种植地而闻名的，曾种有一些十分罕见的品种。自豪的花园主人如是写信告知他在维尔茨堡的叔叔：

“最后，我必须给大人您讲述一下各种各样的郁金香。我想我已经给王宫献上了其中的2000株。我听说世界上没有什么能比银莲花属和毛茛属植物的品质和多样性更美丽，而它们现在就正在我的花园里盛开着。”

在所罗门·克莱纳的平面图中可以看到主花坛的花圃掐丝图案。花坛的装饰物能让人回想起希尔德布兰特的装饰设计，这主要应用于细节结构和总体对称布局里包含的一些不对称设计的植床中（见P279插图）。

主建筑两侧是附属花园，后面有大量的实用性花园，并与娱乐园相平行，最尽端则是橘园。

在巴洛克时代，德国和维也纳朝廷高贵

▲ 城堡花园，施莱斯海姆

宽敞花园对面的新城堡鲁斯特海姆

的家族之间有着非常密切的政治关联。在反对改革的几十年间，他们主要的共同的政治目标是与新教抗争，以阻止来自土耳其人的危险，从而确保哈普斯堡皇室在莱茵河的领地不被法国侵犯。联合军事也介入了西班牙的继位战争。

施莱斯海姆城堡

1684—1688 年间，巴伐利亚选帝侯马克斯·伊曼纽尔与站在著名的“土耳其人的路德维希”一边的哈布斯堡家族进行了战斗。巴登侯爵路德维希·威廉是土耳其战争中的英雄，作为一名杰出的军事指挥官，他一直为欧洲人所赞誉。为了实现其政治野心，他迎娶了哈布斯堡皇帝利奥波德一世的女儿玛丽亚·安东尼亚。1701 年，当马克斯·伊曼纽尔从荷兰的州长办公室回来时，很可能渴望成为国王或皇帝。他建在施莱斯海姆的新城堡是一处特别豪华的住宅，并且很快就被他的臣民恭敬地称为“巴伐利亚的凡尔赛宫”。他自 1693 年起就拥有了住宅的建筑方案，而在 1701 年他才亲自打下这座充满野心的建筑的基石。这座建筑和拥有两个之前建的秀丽楼阁的鲁斯特海姆狩猎小屋形成了强烈对

▼ / ▲ 城堡花园，施莱斯海姆

新城堡前的花坛布局

比。在两个建筑群之间，连同城堡的设计一起，恩里科·足卡利设计了一座巨大的花园（见 P279 插图和 P282 下图）。建筑师设计了环绕花园的河道和环绕鲁斯特海姆边界的环道，大河道则和环道相连。小河道不仅可以用来旅行娱乐，还可以用于运送货物。毗邻着城堡、由 3 部分组成的主要花坛要比花园里的其他花坛都低（见右图和下图）。中轴线两边的分区由 6 个对角划分的小树林风格组成，其中，中间的 4 个除此之外还都被呈放射状的小路连接在一起。直接毗邻城堡的花坛并没有遵循足卡利的设计。在继马克斯·伊曼纽尔曾在政治上偏袒法国之后，自大约 1720 年起，其设计者多米尼克·吉拉德严格按照法式风格布局了花坛。

▶ 宁芬堡城堡，慕尼黑

总平面图，出自多米尼克·吉拉德，约 1715—1720 年

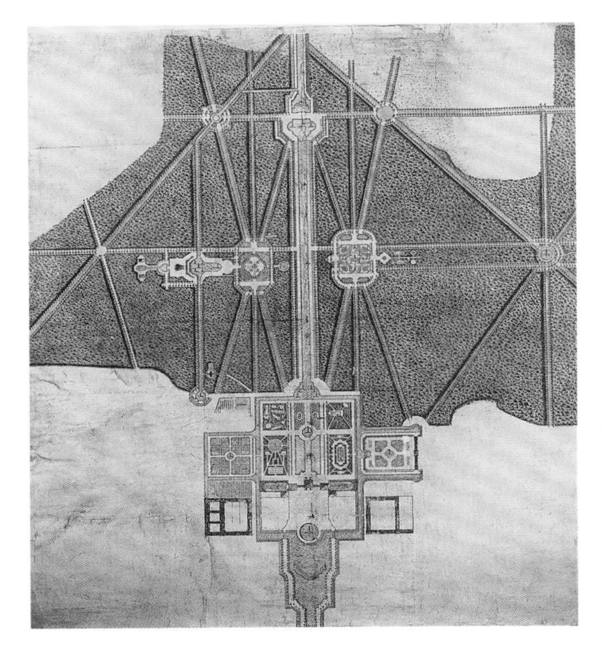

多米尼克·吉拉德因此创造出了位于中轴线两侧的交错喷泉，它们一个接着一个，最终引向了一个小瀑布。这个瀑布本身也和更高层的小树林相连接。一条中心轴紧接着一条铺有草皮、用于铁圈球运动的小径，并且尽可能远地向鲁斯特海姆宫延伸。

还应该提到鲁斯特海姆小屋的一块私密的小飞地，它在一定程度上被认为是马克斯·伊曼纽尔送给他妻子玛丽亚·安东尼亚的结婚礼物。其设计出自恩里科·足卡利之手。城堡周边流动的环形水渠用来保护这对夫妻的隐私，同时象征着塞西拉岛——一个充满幸福与爱人的岛（见下图）。

慕尼黑附近的宁芬堡城堡

施莱斯海姆城堡设计建造的同时，马克斯·伊曼纽尔另一座宏伟的城堡和花园也在设计和实施中，那就是慕尼黑附近的宁芬堡。这个小城堡——“宁芙女神的城堡”，是马克斯·伊曼纽尔为其年轻的公主亨丽埃特·阿德莱德和母亲萨沃伊王妃于 1662 年前后所建的。1701 年，这位选帝侯拥有这间恩里科·足卡利以意大利风格修建的乡间宅邸之后，就将其改建成了一座正式的城堡。它由错落的立方体组成（见 P283 插图），建筑的结构类似于荷兰赫特鲁宫宛，马克斯·伊曼纽尔在其掌权期间可能研究过后者的设计。他明确希望展现他那时对法国已经变得非常强烈的野心，这也反映在他的花园布局之中。1715 年，他写信给伯爵夫人艾克，告诉她有着小树林、通道、小巷和路径的花园，在法国也是很容易就能拥有的。

这可能是值得信赖的多米尼克·吉拉德第二次以勒·诺特尔的风格来设计花园了。他与约瑟夫·艾夫娜共同合作进行这一设计（见左上图）。卡纳莱托的一幅画传达了水体、花园、雕塑和建筑之间和谐的相互关系。画家选择的是在宏伟的中央水渠盆地出口处的有利角度。被装饰一新的三桅帆船和贡多拉游船从水中滑行而过。有书面证据证实那些意大利贡多拉游船的船夫早在 1690 年就受雇于马克斯·艾曼纽，并为他们的主人提供愉快的游行体验。

走向城堡，接下来映入眼帘的是主花坛，占据其中心位置的是一个处在主轴线交叉点的喷泉。纪尧姆·德·格罗夫创造了这个献给花神弗罗拉的喷泉。这些雕像由镀金的铅铸

P283 插图

▶ ▶ 城堡花园，宁芬堡

壮丽花坛（上图）

壮丽花坛中的朱庇特雕像，以英格涅·君特（1765 年）为模型（下图）

▶ 城堡花园，施莱斯海姆

总平面图局部，恩里科·足卡利作于 1700 年

▲ 城堡花园，宁芬堡
象征多瑙河与伊萨尔河的大叠瀑

件做成。女神的花篮向空中喷射出超出 10m 的水柱。在卡纳莱托的画中，可以看出花坛有 4 个花坛分格。直接毗邻城堡正面有两个刺绣花坛。两个植草的分格被饰以低地国家装饰风格的装饰物，并朝着河谷盆地的方向延伸。跟德·格罗夫的作品相似，许多镀金的铅花瓶、一群群可爱的孩童为装饰性植床增添了额外的美。

卡纳莱托画中所描绘的围绕着弗罗拉喷泉的 4 个小喷泉，实际并未建造。今日人们依然可以热心地给奢华的装饰主花坛的雕像上蜡，这些雕像可以追溯至 18 世纪下半叶。其中一些雕像，比如朱庇特雕像（见 P283 下图），是以英格涅·君特为模特制作的。

除了主花坛，宁芬堡花园最重要的特点就是水渠和小树林。例如，有的布置成有中心水池的橘林；有的灌木丛则带一个小型私密花园。这位选帝侯对户外运动的热情得以在更多的小树林里抒发，因为他可以在此玩滚木球和撞柱游戏。部分游戏区内建造了凉亭，正如当时所描述的那样，“那是能让女士们遮阳避雨，同时可以观看游戏的地方”。

如吉拉德的平面图中所示，这个场地是一个整体，令人难忘；它很容易被理解为巴伐利亚选帝侯政治立场的象征。

沿着中央水道两侧布局的轴线系统，由城堡前方系统的、重复的小花坛展现出来。随着水花坛中的小径依次交叉，花园中的新区域逐

▶ 城堡花园，宁芬堡
潘在林中吹奏管乐的雕塑

渐成形；此外还有一些娱乐建筑，如“巴登城堡”和“宝塔城堡”。更多小路在花园外围分叉开来，再次与其他小路相交，并在交点形成圆形场地，为布置花坛、凉亭或楼台提供了进一步的位置选择。园林一直处于扩建的动态过程中，堪比专制统治者的政治野心。

布吕尔的奥古斯都堡城堡

马克斯·伊曼纽尔的儿子之一，科隆大主教、巴伐利亚选帝侯克莱门斯·奥古斯特（1700—1761 年）让他的父亲派当时年事已高的多米尼克·吉拉德到他位于布吕尔附近的奥古斯都城堡，为他制订详细的花园设计。

工程大概始于 1727 年。吉拉德的规划必须纳入一块先前的区域——动物园。这片区域被一条水道包围着，而吉拉德并没有在他“为阁下进行的园林设计”中对不规则边界进行烦琐的、昂贵的修正。得到业主明确的首肯下，水道得以保留。克莱门斯·奥古斯特很欣赏宁芬堡的水道系统，但他去掉了一条中心主轴线。相反，参照凡尔赛宫，他设计了一条横向的河流，但最终未能实施。

如今，该花园区延伸至城堡南立面之前，并被一条宽阔水道环绕着，为游客展示了一座精心侍弄的、饰有刺绣花坛和水池的巴洛克式花园（见 P286 插图及上图和下图）。优雅的整形树篱形成的弧线与环线，被浅色沙砾所映衬。花圃被整形小树篱构成的植物边界所包围。中轴线上建有一座巨大的水池。

旁边绿树成行的小径将小树林与花坛分隔开来；像宁芬堡一样，在小树林中对角线小路的交点上设置了喷泉。布吕尔花园的设计是多米尼克·吉拉德的最后一个作品。

人们很难不去注意到施莱斯海姆与宁芬堡有多么相像，其中部分原因是选帝侯的家

▲ 奥古斯都堡城堡，布吕尔
从城堡看向两部分刺绣花坛的景象

P286 插图
◀ ◀ 奥古斯都堡城堡，布吕尔
横穿花坛西部的花园立面

◀ 奥古斯都堡城堡，布吕尔
花圃与装饰性镂树

族关系。吉拉德采用了法国园林建筑师勒·诺特尔多个园林设计特点，这不应被看成是剽窃，而是他的雇主强烈要求的结果。

瑟格尔附近的克莱门斯维斯猎宫

约翰·康拉德·施劳恩是威斯特法利亚选帝侯统治的地区中最重要的巴洛克建筑大师之一。1736—1745年间，他受命于克莱门斯·奥古斯特——一位迷恋于骑马打猎的选帝侯和科隆大主教——建造位于奥斯纳布吕克附近瑟格尔的克莱门斯维斯猎宫。施劳恩选择了宁芬堡城堡中的宝塔城堡作为他的基本范例，同时从研究马尔利－勒鲁瓦和布鲁塞尔附近的布舍夫特猎庄中得到灵感，而他的项目都超越了这些范例。建造了一座十字形平面的两层红砖小屋，以它为中心的圆环的外围设有7个楼阁和一座小教堂。它们呈星状分布，坐落于通往城堡的各条路径上。这块区域的生命力在于它明确的空间结构。那片宽阔的、自然的草坪和庄严的、排列着行道树的小路与建筑的风格都保持一致。墙与墙之间的衔接很简单，几乎没有多余的装饰。当时德国风靡着洛可可式的时尚装饰方法，而施劳恩则借此凸显出他早期的古典主义倾向。城堡场地内的自

◀ **克莱门斯维斯猎宫，瑟格尔**

修道院花园的中轴线

P289 插图

▶ ▶ **克莱门斯维斯猎宫，瑟格尔**

以修道院花园为背景的整个场地的鸟瞰

由式景观设计与布吕尔和宁芬堡的花园相比，也实在令人惊喜。利用路径来组织场地，以及利用楼阁组成环形的理念，大概将当时似乎造园必备的巴洛克式花坛排除在外了。

赫恩豪森大花园

汉诺威市的赫恩豪森大花园被认为是德国最著名的巴洛克式园林之一。

1696年，法国园林建筑师马丁·沙博尼耶受到汉诺威的女选帝侯苏菲的委托，对其花园进行设计和布局（见P290～P295插图）。这项工作在1714年得以完成。它与法式园林有着明显的相似之处：花园的中轴线与城堡的中心轴重合，末端为一座圆形露台。小树林和花坛的组成与位于城堡建筑旁边的秘园一样，都来源于经典的法国巴洛克式园林。但其他未必源于法国的特点也吸引着人们的眼球。

1696年，就在规划开始前不久，为了从其他地方如尼维勃格、洪斯勒尔戴克以及赫特鲁中收集资料，沙博尼耶专程到荷兰旅行。很可能是这次旅行给了他用水渠围合花园区

▲ **赫恩豪森大花园**
花瓶装饰的大花坛
克·维克的《夏天》（*Der Sommer*）

◀ 城堡和花园的全景，J. 凡·萨瑟约1720年的版画

P290插图
◀◀ **赫恩豪森大花园**
雷米·德·拉·福斯的角亭

P292、P293插图
▶▶ **赫恩豪森大花园**
设计新颖的花坛

域的设想。三角区的果园被整形树篱包围，亦反映出荷兰园林对其的影响。沙博尼耶能够把所有这些元素融合成统一的整体，从而创造出一种德国北部低地平原的花园典型类型（见 P291 下图）。

通过对这种新类型花园的各种演化、变异及其相应起源的分析，迪特尔·亨纳伯将其进一步概念化。严格的轴结构使得分格变窄，这在花坛和丛林地带中尤其明显。它或许起源于荷兰传统，也可能来自法国文艺复兴时期的花园。另一方面，人们也惊讶于那些可能是从德扎利埃·达让维尔的关于巴洛克模式的书籍中提取出来的设计特点，这已经涉及花坛与植床的概念性设计以及总体设计结构了。由于选帝侯夫人对当时的设计施工倾向于采用经典的法国正规标准，沙博尼耶就从协调这些标准与他在荷兰所学的东西的角度研究了相关方案。

如果你看到今天的花坛总体设计，你会发现一些德扎利埃·达让维尔的思想及意象的痕迹——但只有痕迹。当 1966 年花园重建时，并不是完全按照当初女选帝侯苏菲青睐的方案进行的，而是用 19 世纪新巴洛克式种植设计风格做出了令人喜爱的设计。

萨尔士达卢姆城堡花园属于布伦瑞克－沃芬比特尔的安东·乌尔里希公爵，与赫恩豪森大花园几乎同时创建。1697 年，当时的女选帝侯，汉诺威的苏菲的女儿，也是后来的苏菲·夏洛特女王，命人规划她位于柏林的夏洛滕堡城堡的花园。这项规划工作由著名的勒·诺特尔大师的学生西蒙·戈多完成。

P294 插图

◀ ◀ **赫恩豪森大花园**

细部：壮丽的层叠瀑布

▶ **赫恩豪森大花园**

德国低地花园及园中埃弗曼创作的《真理》（*Die Wahrheit*）雕塑

奥古斯特二世的花园

在大量的旅行中，通过近距离地了解法国和意大利王公贵族庭园的辉煌之后，奥古斯特二世——撒克逊选帝侯及波兰国王，希望能够超越这种盛况。在他的统治下，萨克森州的传统仪式开始兴盛起来，并达到了前所未有的辉煌。巴洛克式的庆祝活动可能会持续好几天，伴有许多活动，如马术芭蕾、歌剧、烟花、展览宴会或舞台剧。选帝侯因而在其花园中设置了最大的栈房以留作庆祝活动之用。1694 年，他甚至亲自给位于旧城堡和德累斯顿的防御城堡茨温格宫之间用以庆祝活动和比赛的专用场地做出了初步规划。他想为庆祝活动提供一个宽敞的、独立的、与城堡在空间结构上毫无关联的区域。庭院中的建筑则成为这个区域庄严的边界。他下令“茨温格宫花园要按照批准的平面图独立建造，不必与城堡对称。”他的建筑师马特乌斯·丹尼尔·波贝曼忠诚地实施了这些指令。茨温格宫的建筑工作于 1728 年完成。最邻近易北河的一边有一个木制走廊，后来遭到破坏，直到 1847 年才被拆除，1854 年被戈特弗里德·森佩尔建造的走廊所取代。波贝曼是这样报告给他的选帝侯的：“除了各种用来娱乐、游戏和跳舞的大房间，整个方案包含了一个大型椭圆形或圆形区域，于是各种各样的比赛、华丽的演出和其他宫廷娱乐都可以在那里上演。”

1717 年，茨温格宫建设工作开始的几年后，奥古斯特二世得到了位于德累斯顿诺伊施塔特地区的日本宫殿。当茨温格宫完成时，选帝侯又让波贝曼扩大日本宫殿，用来容纳来自中国、日本和迈森的大量瓷器。最终，一座气势宏伟、有 4 个侧翼以及角亭的建筑物建成了，角亭的屋顶是优雅的日式弧形——宫殿也因此而得名。

日本宫殿的花园平面图与茨温格宫的很相似。宫殿的长边处也修建了很多半圆形室外休息区。花坛装饰有许多雕像，周围环绕着小树丛，沿着树丛就能来到那些半圆形室外休息区。缓缓向易北河河岸倾斜的中心区域如画卷般展现了河畔景色。河岸上，一组

◀ 茨温格宫，德累斯顿

带防护墙的展廊和亭阁，由马特乌斯·丹尼尔·波贝曼设计，1697—1716 年

P297 插图

▶ ▶ 茨温格宫，德累斯顿

雕刻着女像的花瓶（科拉迪尼花瓶），背景是宫殿

▲ 皮尔尼茨城堡，德累斯顿

水上城堡与通向易北河的大台阶

▶ 展示1725—1731年，城堡和花园的鸟瞰景色的版画

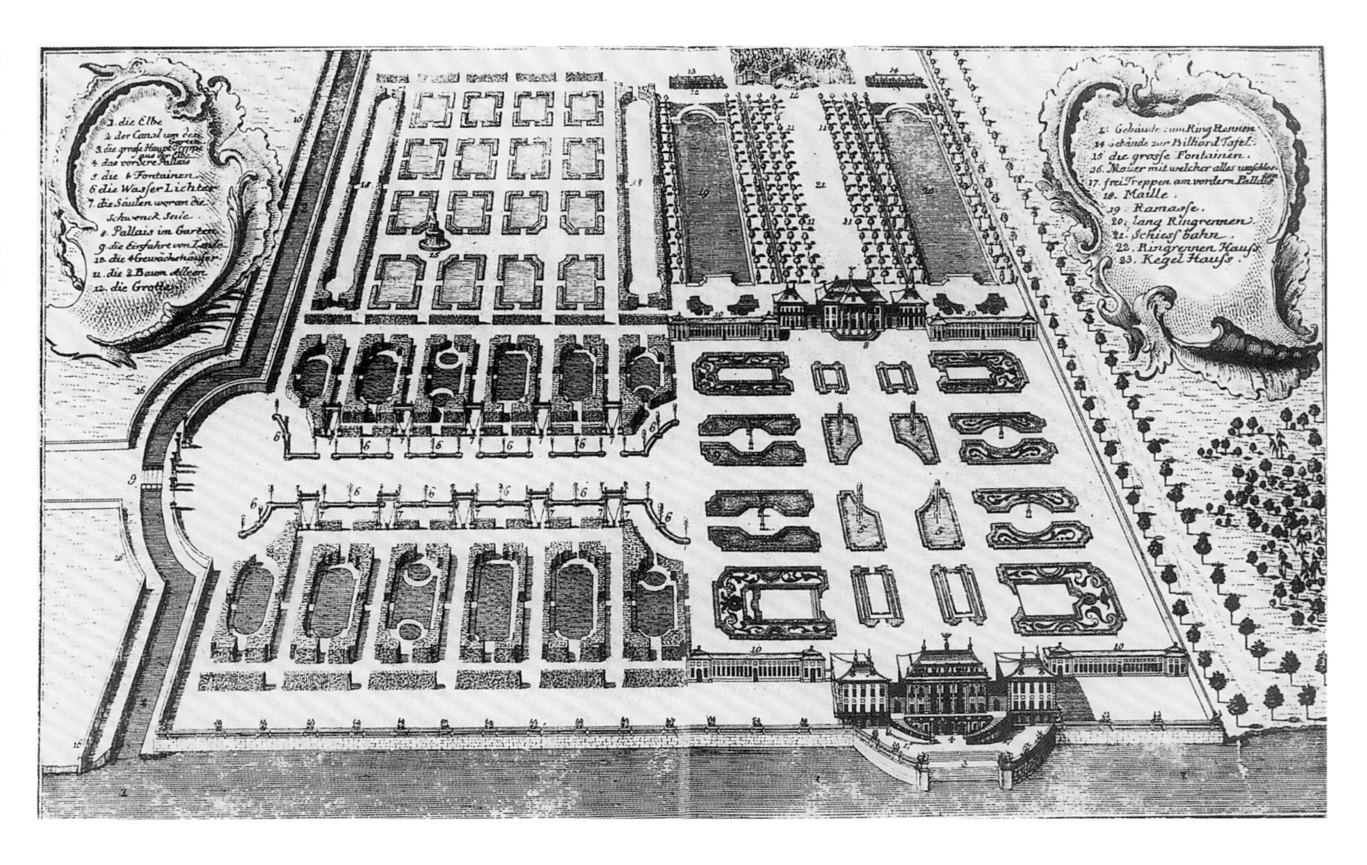

阶梯延伸至水中，可以被用作贡多拉游船的栈桥。

自1715年以来，约翰·弗里德里希·凯驰就为选帝侯扩建大花园（见P297插图）。这座花园宫殿于1678—1683年、根据约翰·格奥尔·斯塔克的方案建造而成，位于小径系统交叉点的中间。和在马尔利一样，花园的中心地带与小树林是被亭阁和有花架的小径所隔开的。

皮尔尼茨城堡在1708—1718年是属于伯爵夫人科索的。她在宫廷失宠之后，奥古斯特二世就得到了这个城堡，并把它发展成一个在陆地和水上都能进行欢庆活动的避暑别墅。1720—1730年，波贝曼也参与了这个项目。沿着易北河的河岸，他设计了一座宏大的建筑，其屋顶弧形与当时中国的潮流相一致，这就是所谓的水宫（见P298上图），建于其姊妹篇山宫（见右图）完成后4年。一座宽敞的宫廷区域形成了，其中还布置了欢乐园。山宫之上，选帝侯还布置了一个大花园。统治者希望能够在这里尽情游戏，为此

▲ 皮尔尼茨城堡，德累斯顿
山宫的南立面

◀ 格鲁斯赛德利茨花园
“寂静的音乐”

P300、P301 插图
▶▶ 格鲁斯赛德利茨花园
橘树花坛与下橘园

▲ 格鲁斯赛德利茨的花园布局
冰水池

在中心创建了一个大草坪，周围环绕着小路和小水池。这片区域也被用作练习射击的场地，必须设置弹头捕阱。在草坪狭窄的一侧，就安装了石窟形式的弹头捕阱。

那时如果格鲁斯赛德利茨花园建成，它将会是最华丽的园林之一。即使在目前的情况下，仍然可以从眼前的景象去感受其宏伟的总平面图（见 P299 ~ P302 插图）。选帝侯在1723 年得到了这个地方。那时，场地内有个1871 年被拆除的弗里德里希小城堡，以及一个有温室的上橘园。关于它的综合性改建方案已经设计好了，但未能完成。保留下来的是两个相互平行的花园，从山边延伸穿过一个有树林的谷地。上层橘园是其中一个花园的空间结构参考点，其中轴线指向对面的斜坡。坡上水流从小瀑布中迸发而出，流入谷底水池，这两处景致都已不复存在。与东侧花园相邻部分的中轴线，则指向下橘园。轴线从两个有喷泉的狭长水渠中间穿行而过——这个灵感可能来自于维孔特城堡——直至“寂静的音乐”，这是一个如画的阶梯，上面装饰有许多正在创作音乐的丘比特，同时也限定了一个水池。

▲ **卡尔斯伯格城堡，卡塞尔－威廉高地**

八角形大厦及叠瀑全景

卡塞尔－威廉高地的卡尔斯伯格城堡

在1699—1700年的一次去意大利的长期旅行中，卡尔·冯·黑森－卡塞尔伯爵开始了解文艺复兴时期和巴洛克式最重要的园林。从他的《意大利日记》（*Diarium Italicum*）一书中可见他研究园林细部时是多么的投入。他欣喜于"弗拉斯卡蒂的美景"，但对罗马著名的法尔内塞宫也充满热情，在那里他研究了赫拉克勒斯的雕像。他与乔瓦尼·弗朗西斯科·古尔尼诺交流了这些感受，随即并请他开始在卡塞尔－威廉高地的场地上规划一座规模宏大的园林。工作始于1701年，1705年设计师提交给伯爵一幅初步的场地全景鸟瞰图，当时场地仍命名为卡尔斯伯格城堡。流经一些台地的小瀑布将山顶上的华丽城堡与山脚下意大利乡村别墅式的宫殿连接了起来。由于资金不足，到1718年只实施了1/3的工程。然而，今日的游客仍会为此赞叹（见上图）。场地高处伫立着一个八角形的中央大厦，屋顶上装饰着金字塔，塔上则耸立着法尔内塞宫的赫拉克勒斯雕像的复制品。这个复制品高9.2m，由约翰·雅各布·安东

▲ **城堡花园，威克斯海姆**
从花坛的角度看城堡的景色
以阿耳特弥斯雕像为前景

尼于1713—1717年间制作完成。

层叠瀑布从三级台地上奔流而下，一直到山谷中的城堡。瀑布在低处有两条狭窄的支流，其中最长部分达250m。3个有喷泉的横向水池形成了飞溅的水流，流入低层平台上的尼普顿水池。

威克斯海姆城堡

威克斯海姆位于风景如画的陶伯山谷，被认为是霍恩洛厄王朝威克斯海姆城主的世袭之地，有文件证明其城主可追溯至1135年。

在这个小省城的市集广场上，所谓的巴洛克式圆形建筑引人注目，设计精美的有棚架的通道指向隐蔽的文艺复兴时期的城门。威克斯海姆在德国西南部的园林设计史中占有特殊的地位。从花园能够看到庄严宏伟的建筑景象（见左图）。建筑有3个山墙，上面装饰着涡卷。

在1586—1603年之间的建设初期，沃尔夫冈·冯·霍恩洛厄伯爵把中世纪四周环水的城堡变成了一座壮丽的文艺复兴城堡。有楼梯的塔、南面的侧翼、一楼由于拱廊得以扩展的立面，都生动地展示了德国西南部的文艺复兴时期的建筑风格。骑士大厅内由伊莱亚斯·甘森豪瑟设计的恢宏的方格天花板也是个很好的例子。正如业主所希望的那样，天花板嵌板上饰有狩猎场景和动物图片。大厅入口的高度和宽度都能够允许业主骑马进入他的客厅。

大厅的后面是一座花园，花园前摆放着卡尔·路德维希·冯·霍恩洛厄伯爵的镀金骑马雕像，直至19世纪。

探索这个古堡是一种乐趣。到处是代表着园中的弄臣、食客、夫人的女仆或鼓手的雕像（见P305插图），描绘出一幅宫廷仆人的生活场景。希腊诸神的塑像、风的寓言雕塑及相关元素，则体现出一种高贵的尊严。

原先的巴洛克式园林留存很少，但是复杂的雕像体系几乎是完整的。丹尼尔·马修设计了这个花园，并于1707—1725年之间分3个阶段将其进行扩展。设计的基本理念很简洁：交叉的路径将一个矩形花坛分为4个相同的植床；中心处为带喷泉的圆形水池；花坛前有一个横向水池，指向城堡花园正面。一切显然围绕着雕像展开，花园似乎是专门为其创建的。这些雕像中的大多数于1708年出自金策尔邵的雕塑家约翰·雅各布·索默之手。

花园的终极姊妹篇位于橘园内，由两部分组成（见P307上图），于1719—1723年间，

▲ 城堡花园，威克斯海姆
护城河栏杆上的小矮人展廊

◀ 小矮人的细部：管窖人（左图），御用园艺姑娘（右图）

根据约翰·克里斯汀·列日的设计图进行建造，历时两年。

雕像的布局选择十分巧妙。借助与霍恩洛厄住宅的关系，花园仿佛展示了整个宇宙。主花坛的4个外角的雕塑隐喻4个基本方位的风，而位于前方区域的雕塑象征构成万物的4个要素，紧接着是希腊奥林匹斯山上的众神和半人神。最重要的中轴从城堡花园的大厅开始，串起镀金的卡尔·路德维希·冯·霍恩洛厄伯爵骑马雕像及两侧是赫拉克勒斯和宙斯雕像的花园前露台，一直延伸到中央有赫拉克勒斯雕像的喷泉。

轴线的尽头是一个半圆形橘园，“欧洲”位于其中心，两边是“亚洲”和“非洲”。为了稍事缓和霍恩洛厄伯爵所看到的这种包罗世界万象的景象的庄严性，花园前露台上聚集了城堡工作人员的雕像。为首的是“鼓手”和“警察”，他们就矗立在宙斯和赫拉克勒斯雕像的前面。

▲ / ◀ 城堡花园，威克斯海姆

橘园，东翼的细部（上图）和赫拉克勒斯喷泉（左图）

P306 插图

◀ ◀ 城堡花园，威克斯海姆

从城堡穿过花坛望向橘园

P309 插图

▶ ▶ 城堡花园，波茨坦的无忧宫

台地式葡萄园和城堡

两个台地园

不幸的是，波茨坦无忧宫城堡的巴洛克式园林的遗迹很少保留至今，因为花园于1822年被彼得·约瑟夫·伦内改建成了一座浪漫的风景园。但这个花园独特之处：台地，依然清晰可见（见右图）。这里创建了一种新型花园。这项工程于1744—1764年间展开。腓特烈大帝为他的主建筑师格奥尔格·文策斯劳斯·冯·科诺贝尔斯多夫提供了设计草图，并希望他能够一丝不苟地遵循他的想法。在文艺复兴时期和巴洛克式园林中，都找不到可以提供给城堡、形似半圆形室外休息区的台地，或是旁边的花坛和坡道的直接范例。国王希望大理石雕像环绕大喷泉，并将其布局在葡萄园脚下以及城堡、台地的中轴线上。

有趣的是，另一个台地园大约在同一时间（1740—1750年）建于莱茵河下游坎普城的前西多会修道院内（见下图）。它与无忧宫惊人的相似，而它们之间不存在任何相互影响的可能性。这至多是因为借鉴了相同范例，答案只能在古罗马的半圆式露天休息区和剧场建筑中寻求。但追求实用主义的原因可能也起到了一定的作用。例如，《园林设计手册》（*Handbooks on Garden Design*）中指出，内凹的台地有利于采光和散热。

▼ 坎普·林特福特

台地园

阶梯式布局花坛

▲ 无与伦比的悬崖花园，拜罗伊特

东方建筑前面的开花植物和整形花坛

拜罗伊特附近的无与伦比的悬崖花园

拜罗伊特附近的无与伦比的悬崖花园坐落于维尼特城堡脚下，可以称作最后一批德国巴洛克式园林或是首批德国风景园之一。这里很难做明确的区分，因为这个洛可可风格的小城堡位于一片风景如画的山毛榉树林里，有一堵墙甚至围绕一棵高大的山毛榉树而建，目的是将其融入建筑中。不幸的是，城堡里只有一座带优雅餐厅的小型矩形建筑保存了下来。独立于城堡的花园花坛毗邻树林，以厨房建筑为界。花园的布局由非常受人爱戴的腓特烈伯爵的妻子威廉明妮夫人设计，而那时的腓特烈则正沉溺于与贝格豪斯伯爵夫人的风流韵事中。1744 年，心碎的威廉明妮独自离开，隐居于悬崖脚下的维尼特城堡里尚未通路的低地，在那儿她发现了一个山洞并给它取了个名字叫“卡吕普索的石窟”。当她与世隔绝之后，她把那儿的树林变成了海神卡吕普索的奥杰吉厄岛，并以爱的女神命名。读了弗朗索瓦·费奈隆的《忒勒马科斯的冒险》(*Adventures of Telemachus*)，她受到了启发，并为自己创造了一个绝妙的好地方，那就是“无与伦比的悬崖花园”。

森林隐居的生活很快就发生了改变，彩色的石头装饰着石窟。伯爵夫人很快发现了悬崖下面有更合适的地方，在那她凿出了各种石窟。风景被画在部分悬崖峭壁上，从而人为地加强自然的影响；重凝灰岩所建的自然剧场就像是古代遗留下来的残破建筑（见 P311 上图）；礼堂被设计得像一个岩洞，然而，这个伤感的小岛、诗意的世界，只维持了几年。1758 年伯爵夫人去世后，这个园子无人打理，最终成为废墟。1838 年，悬崖花园被出售继而拆除。

P311 插图

►► 无与伦比的悬崖花园，拜罗伊特

废墟和石窟剧场（上图）
熊之洞穴（左下图）
戴安娜的石窟（右下图）

▲ **城堡花园，本特拉**
避暑别墅主建筑前的花园

在淡出世人视线200多年之后，从一开始就作为废墟构思的自然剧场，现在却产生了比伯爵夫人可能想象出的更为奇妙的场景。

本特拉城堡花园

1746年，选帝侯卡尔·西奥多想委任一个建筑师重建他位于本特拉的城堡，并在其中设计花园。他选择了值得信赖的、也是他从施威琴根城堡结识的尼古拉斯·德·皮伽来进行这项工作。

卡尔·西奥多想要的是座乡间避暑别墅，远离宫廷生活的庆典和辉煌所带来的诱惑和束缚。城堡建有核心区域和呈半圆形布置在水池周围的两个侧翼。这座像亭阁一样的优雅单层建筑，其中央部分向花园一侧显著凸出。关于这栋建筑与花园的位置关系，皮伽有个绝妙的主意。位于城堡中部一侧的私人房间毗邻着的花园区域，与主要花园是分离开来的。主轴线是一条水渠，始于花园大厅，延伸至远方的主树林。主树林外部环绕着一条狭窄的水渠，内部最显著的特点是一条条蜿蜒曲折的小径。选帝侯根据主花坛的设计设置了专门的栈房。皮伽选择以星形图案来设计交叉道路，最终结束于上层花园区域内的一条圆形小路。

有趣的是，树林里道路系统的组合近似于英式风景园，而主花坛则是巴洛克式设计。选帝侯的贵族行为方式要求城堡的壮丽和仪式当然要遵循法国模式，但也要充分考虑18世纪下半叶那些在欧洲大陆慢慢扎根的园林设计新思潮。某种程度上，这些要求也确实实现了。

法伊茨赫希花园

任何人想要欣赏一个典型的洛可可式园林，都肯定能在维尔茨堡附近的法伊茨赫希看到。这尤其是指费迪南·蒂茨制作的雕像，它们装点着花园，烘托着花园里无忧无虑的气氛。

这个花园的历史可追溯至17世纪。约1682年，维尔茨堡的王子主教彼得·菲利普·冯·德恩巴赫要建造一座小型避暑别墅，也就是后来城堡的核心。在别墅的一侧形成了一座树园，并于1702年左右，在王子主教约翰·菲利普·冯·格莱芬克劳的扩展下，成为一座奢华的花园。

最后，通常认为是王子主教亚当·弗里德里希·冯·塞恩斯海姆完成了这个花园。从约翰·安东·奥斯1780年左右绘制的透视图中（见下图）可以很清楚地看到，花园由3个区域组成。城堡被镶嵌在12个不同尺寸、沿中轴线两边对称排列的花坛之间。沿着中轴向下延伸，紧接着是两个相邻的、四周围绕着树篱和树木的环形区域。更大的花园位于城堡的东部，被一条中央大道分成两个区域，南面区域中处于主导地位的是一个大湖（见P314插图）。上层区域布置了一个“圆形广场”，即被花架步道围绕的环形区域，作为大湖的呼应。

▲ 洛可可式园林，法伊茨赫希

费迪南·蒂茨制作的雕像

◀ 约翰·安东·奥斯约1780年绘制的完整场地的平面图

蒂茨于1765—1768年制作的雕像，布置在湖区和小树林中。在这个特定地方的茂密丛林中，人物雕像仿佛来自于安东尼·华多的一幅画。有在贝壳装饰物状的基座上挥动着斗篷的男童像，也有优雅地行屈膝礼的跳舞女郎像。

除了寓言，还有源于伊索寓言的场景，例如狐狸和鹳；一对身着牧羊人服装的音乐家也出席了，所以这就好像是在欣赏分布在整个花园中的《即兴喜剧》(*commedia dell' arte*) 节目。今天充满乐趣的洛可可式世界在这个园子中依然散发着它的魅力与魔力。

然而，当时的目的远不止于此。那时启蒙运动刚刚兴起，与此同时，创建一个“多愁善感”的对应世界开始风行。人类向自然敞开心扉，然后在自然中发现自己情感的投射。统治者日常的政治生活是由理性决定的，而田园生活般的气氛则是为了培养人的敏感和体贴。动物寓言、弹奏音乐翩翩起舞的牧羊人，或是希腊神话中的寓言场景，与所有自然要素相结合，表达了人们对理想世界的

洛可可式园林，法伊茨赫希

◀ 大湖和帕纳塞斯山——缪斯女神山（左图）

▼ 大湖周围众多的雕像之一（下图）

洛可可式园林，法伊茨赫希

◀ 林地里中式的亭子（左图）

P317 插图

▶ ▶ 石窟屋

渴望和向往。

这个从巴洛克的概念中衍生和发展而来的浪漫花园，常被当作那时刚刚萌芽的理想风景的典范。

施威琴根的城堡花园

施威琴根城堡花园中的建筑是德国巴洛克式园林艺术的尾声，拨动了最后一根琴弦。与此同时，至少在德国更多地已经可以听见英式风景园演奏的新乐。

1720 年，在离开他的旧都海德尔堡后不久，为了在画板上设计新商业大都市曼海姆，帕拉丁·卡尔·西奥多伯爵在施威琴根找到了避难所，从而至少能在炎热的夏季摆脱莱茵河畔的巨型市政建筑。从 1742 年开始，身为选帝侯的他就决心将这个场所开发为自己的避暑之地。1753—1758 年，巴拉丁伯爵的宫廷园林师，约翰·路德维希·佩特里在这里设计了一座新花园。由费迪南·加利－比比恩纳设计的圆形建筑构成了城堡并确定了花坛的

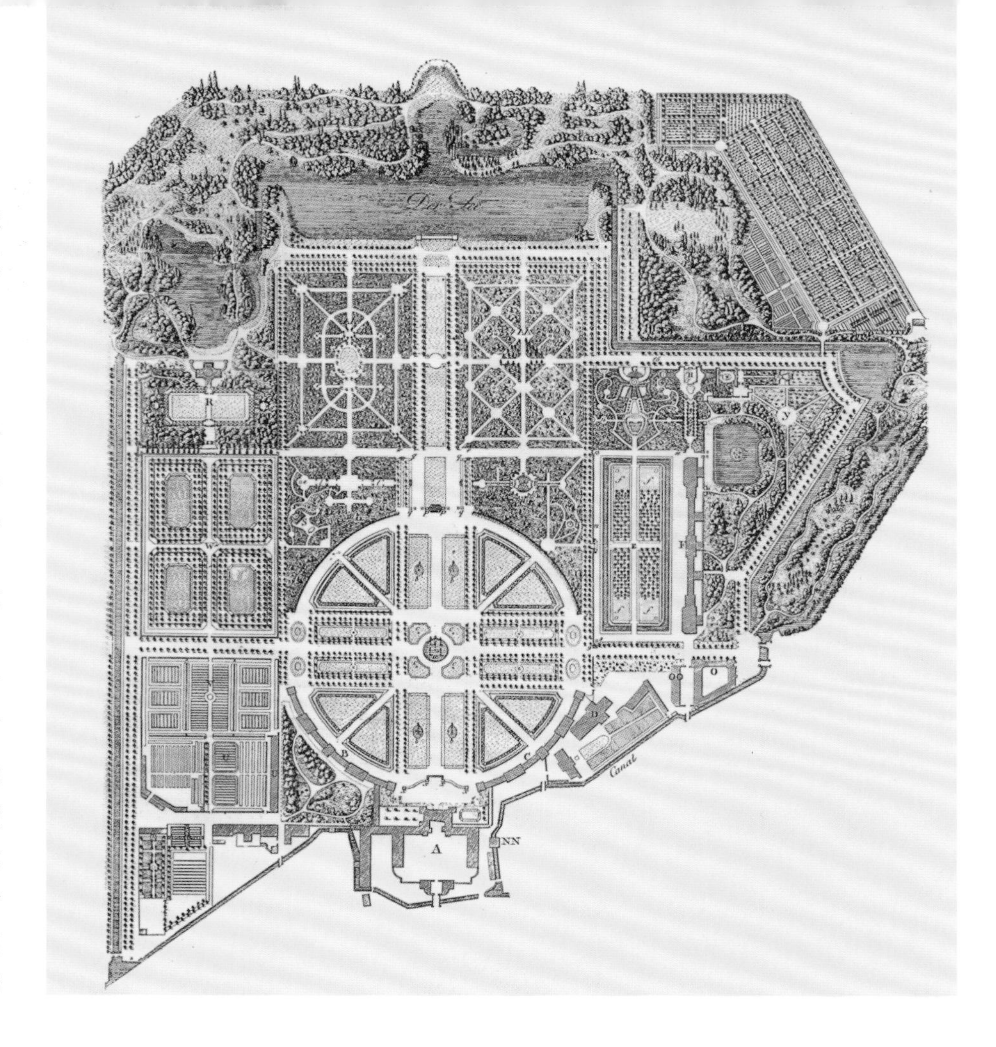

城堡花园，施威琴根

▲ G. M. 赖厄（1809 年）之后的整个场地平面图（上图）

◀ 自然剧场和阿波罗神庙(左图）

P318 插图

◀ ◀ 城堡花园，施威琴根

南面的圆形建筑和圆形花坛（上图）

主轴线和花坛（下图）

▲ **城堡花园，施威琴根**
墨丘利神庙

P321 插图
►► **城堡花园，施威琴根**
《望远镜》。描绘花架小道尽头的田园诗般的河流景观的绘画作品，曼海姆宫廷画家韦尔维特作

结构（见 P318 插图）。围绕两条轴线的交叉点，布置了置有方尖碑和金字塔的矩形和类三角形花床。在交叉路口的中心，类三角形花圃围绕着一个水池。大型矩形花床由花卉种植带勾勒出来，旁边是绿树成行的道路和树林。在 1970—1975 年，花坛根据佩特里方案谨慎地进行了重建，所以今天我们仍然可以形成对这个巴洛克式园林的准确印象。

从 1761 年开始，随着尼古拉斯·德·皮伽对花园的扩建，花园的外观逐渐发生了改变。丛林地区被扩大，增加了一条河道，北面区域中设计了有橘园的橘林。在一些小树林中，从迷宫一般的路径中能够察觉到幽默的新元素。

一些新建筑，如有中国茶室的浴室（1769—1773 年），以及植物寺院（1776—1779 年）加强了异国元素，并为游者增加了游园体验。此后还增加了罗马的水上城堡（1776—1779 年）——一个带有高架渠和方尖碑的人造废墟，以及也是作为废墟设计的墨丘利神庙（1784—1787 年，见上图），还有著名的清真寺。“罗马废墟”意在象征男神、仙女、半人兽、缪斯女神和英雄的领地。关于这些装饰性建筑，其本意可能是设计出“具体的形象”，或是可供贵族庆祝活动的戏剧化的空间，这就是典型的巴洛克的晚期幻觉主义。来自伯拉赫的约翰·海茵里希·舍恩菲尔德的画作为这些建筑提供了参考。他曾在罗马居住多年，并绘制了那里的古代遗迹的详细草图。当时他的题材非常流行，可能也为园林设计师的工作提供了灵感。

《望远镜》（见 P321 插图）可能用来说明有水流边界的施威琴根的建筑、园林设计和绘画之间的关联程度。它创造了一种视角，越

▲ **美泉宫，花园一侧**
油画，1758—1761 年
贝尔纳多·贝洛托，以卡纳莱托之名为世人所知
维也纳，艺术史博物馆

过城堡的土地可以看到一种开阔的田园风景，从而在园内加强了田园生活的元素。

这种装饰性建筑和带有迷宫或橘园的私密丛林一起，标志了园林文化的一个全新的发展阶段，即 18 世纪末和 19 世纪初的历史花园。

维也纳的美泉宫宫苑

美泉宫在巴洛克之前的历史可以追溯到 16 世纪。当时维也纳市长，赫尔曼·拜耳曾将一座防御工厂，即所谓的“卡特尔堡”，扩建为带有娱乐花园的气派住宅。但这个地方的真名却要追溯至国王马赛亚斯。他外出打猎时发现了一处泉水，并命名为“美丽的泉源”。随后他委任建筑师在那里建造了一座小城堡，但在 1683 年被进攻的土耳其人破坏了。今天的美泉宫成形于国王利奥波德一世统治时期。约翰·伯恩哈德·菲舍尔·冯·埃尔拉赫设计了它那朴素却优雅的住宅和花园。建设工作始于 1696 年，但直到摄政女皇玛丽亚·特蕾莎执政时期才得以完成。1749 年，美泉宫的扩张和重建工作由尼古拉斯·帕卡西负责。

当菲舍尔·冯·埃尔拉赫仍在进行城堡的工作时，巨大的公园逐渐形成。城堡的中央部分完成后，国王利奥波德一世委托法国园林建筑师让·特里赫设计和创建公园。特里赫将 1000 棵树苗从巴黎运到维也纳，同运的还有一个灌溉机器的模型。据报道，早在 1700 年统治者就已经在美泉宫内进行狩猎并举行了第一次庆祝活动。

就其外观而言，公园决定性的重构是在 1750—1755 年开展的。综合考虑旧的道路和街巷，设置了一个星形的道路系统。该方案设想城堡应该更着重地整合成整个场地的中心。即使是在假日房间里，更多在台地上，国王和其家人也能从他们自己独特的视角去感受花园。在西对角轴线的尽头，尼古拉斯·亚都·德·威乐－伊西设计了一个圆形的动物园以及八角形的亭子。动物园分为 13 个部分，每个部分都有一个小花坛和水池。1755 年，为了增加动物的品种，国王派遣植物学家尼古拉斯·雅克金远征至西印度群岛，后来还去了南非、圣赫勒那岛，甚至巴西探险。一个方尖碑被选作东对角小路径的视觉终点。

为了进行下一个主要建设任务，国王

先解决了柑橘温室的问题。其建筑由尼古拉斯·帕卡西设计，长200m。为了供暖，他安装了地坑式供暖系统，至今仍能运转。冬天，娇贵的植物会移入柑橘温室。其建筑有时甚至用于庆典和戏剧表演。最终，美泉宫所在的山地斜坡上还缺少一座宏伟建筑。1772年，建筑师约翰·费迪南德·赫正朵夫被委托设计一座蓄水池，并要求通过有8个喷泉的曲折小路能够到达这里。1775年，终于能为观景亭“凯旋门”的建成而庆祝。玛丽亚·特蕾莎死后，一直延伸到美泉宫山的大花坛也于1780年左右建成，从维也纳艺术史博物馆收藏的卡纳莱托的画里可以看到其完成后的景象（见P322插图）。位于树篱旁边的32座花园雕像象征了经典的古代神明，其人物形象来自于希腊神话，英雄则来自罗马历史。18世纪末，园林设计风格发生了根本性的转变。赫正朵夫制订的方案都深受英国自然风景园概念的影响。1780年左右，与观景亭一起建造的还有罗马废墟和方尖碑喷泉。尼普顿喷泉则被扩建为布满了神话人物的宏伟的悬崖景观。

维也纳的列支敦士登夏宫园林

1700年后不久，亚当·冯·列支敦士登王子要求设计一座宫殿花园。约翰·伯恩哈德·菲舍尔·冯·埃尔拉赫绘制了初稿；后来，意大利的多梅尼科·马蒂内利制订了更多方案。建筑于1704年完成。其微微隆起的中部有5个开间，侧翼有4个开间。

不幸的是，毗邻建筑后方立面的华丽的花园区域已经不复存在。但卡纳莱托18世纪中叶的一幅画为当时的花坛描绘出了非常动人的画面（见P324、P325插图）。有喷泉的中轴线从入口延伸到上层由约翰·伯恩哈德·菲舍尔·冯·埃尔拉赫设计建造的前花园“观景楼”的台地上。花园于1873年被拆毁，为一个历史化风格的新建筑让出地方。有不同装饰和植被的植床分格从中轴引出。在花园中还可以看到整形树木、紫杉、柏树，以及修剪出的结饰和螺旋状装饰。

美泉宫宫苑，维也纳

▲ 花坛旁的雕塑（上图）

◀ “私人花园”与城堡（左图）

◀ **维也纳列支敦士登夏宫，花园的一侧**

油画，1758—1761年，贝尔纳多·贝洛托，以卡纳莱托之名为世人所知

瓦杜兹，列支敦士登王室收藏馆

花园中装点着大量的雕塑。来自古典神话的人物将出现在高高的基座上，还有那些迷人的寓言场景，如阿波罗和达芙妮之间的故事。这些雕塑与华丽装饰的花瓶间隔摆放。

维也纳的观景楼城堡花园

1693 年，凯旋的陆军元帅王子尤金获得了几块维也纳城外的土地，进而在那里设计和修建了一座宫殿及大花园。到 1706 年，王子构思了下宫的初步方案，并由约翰·卢卡斯·冯·希尔德布兰特从 1714 年开始建造。在这个早期阶段，希尔德布兰特为花园布置出了第一层台地。在下宫中，单层、纵向延伸的楼馆的工作进展飞速并于 1716 年完成。这栋建筑耸立于梯形的荣誉之庭的背后，只有中部是双层的，花园的修建随后展开。

奥地利园林设计的艺术无疑是在观景楼城堡花园的布局中达到顶峰。在下宫更为私密的小城堡和之后建的庄严的上宫（见 P327 插图）之间，稍陡的地形被用于建起了一座

► 观景楼城堡花园，维也纳
下层花坛以及上层观景楼城堡和其立面的景象

绝美的花园。花园的原貌被记录在所罗门·克莱纳的雕刻版画上（见 P326 右下图）。1717 年王子尤金成功地雇用了此前曾在宁芬堡和施莱斯海姆工作过的巴伐利亚的建筑师多米尼克·吉拉德，让其继续为观景楼城堡花园工作。

一侧有台阶的路堤和中心叠瀑将花园分为两个台地，路堤同时也是一条横向轴线。这弥合了两个宫殿之间的高差（见上图）。在下层台地上，布置了一座种植立体几何形状树木的树篱花园；而上层台地设计了花圃和供水系统。这个花园与凡尔赛宫之间很相似，但是它绝不是单纯的仿制品。通过对角路径划分丛林的设计，可以在德扎利埃·达让维尔 1709 年出版的园林专著中找到，这本专著后来成为 18 世纪园林设计师最重要的指南。

为了创造绝顶的辉煌，花园仍在建设当中之时，王子就做好了这块地方最高处的设计方案，决定在那里建一栋庄严的建筑。于是 1721 年，上宫的建造开始了。带顶的中楼和大理石大厅的前面有楼梯和前厅，前厅的山花是圆形的。每个侧翼尽头是两个八角形的圆顶亭子，它们带动起不同层高的韵律。花园台地是纵向扩展的，一直延伸到上宫。侧翼是“分段的”，也就是说从中楼向外延伸的每个侧翼部分，在头 5 个开间相应地增加了高度，从而比门厅的山花抬升得更高。侧翼背后的中楼及其屋顶像整个建筑的冠冕一样高高耸立。该场地内的建筑和园林设计是如此和谐一致，几乎没有任何花园能与之相比。

维也纳观景楼城堡花园的独特性在于以下几个特点：一方面，它是建筑、人工自然和景观之间相互作用和影响的重要产物；另一方面，它是希尔德布兰特在规划和创造方面的辉煌成就。

下宫的规模稍逊，但细节设计更为奢华。它引发了花园台地与上宫的高处景观之间不同寻常但又令人着迷的对话。在这儿似乎不需要巴洛克式园林设计中常用的、深思熟虑的视线系统。因为这里将花园布局和宫殿建筑结合了起来，从而提供了一种同质的审美体验，复杂的视觉关系也被归入在这种体验之内。

萨尔茨堡的米拉贝尔城堡花园

萨尔茨堡的米拉贝尔巴洛克式园林可

P 326 插图

◄ ◄ 观景楼城堡花园，维也纳

上层观景楼城堡前的狮身人面像和花坛；背后是低层贝尔维迪城堡和维也纳城（上图）

城堡建筑和花园的整体布局鸟瞰图，由所罗门·克莱纳刻画于 1731 年（下图）

追溯至萨尔茨堡大主教——沃尔夫·迪特里希·冯·莱特瑙王子——于1606年为自己和妻子萨洛米·阿尔特以及他们的孩子设计了这个花园。那时的场地被称为阿尔特瑙城堡。王子主教的表兄兼继任者——霍恩埃姆斯的马库斯·西提库斯将城堡更名为“米拉贝尔”。在“三十年战争”期间，意大利建筑师桑蒂诺·索拉里建造了萨尔茨堡的综合性防御工事，城市四周的城墙将欢乐园围了起来，这在一定程度上影响了米拉贝尔。17世纪末18世纪初，奥地利两位最著名的巴洛克建筑师，约翰·伯恩哈德·菲舍尔·冯·埃尔拉赫和约翰·卢卡斯·冯·希尔德布兰特接手了这个城堡和花园的建设工作。他们在花园中建立了两条指向霍恩萨尔茨 堡堡垒的平行轴线。主花坛的中心布置了一座大喷泉及一些超出真人尺寸的雕像。萨尔茨堡宫廷花园的督察弗朗茨·安东·当莱特从1728年起便进一步地开发了这座花园。主要体现在小花坛、橘园花园和堡垒上新建的一块区域等处。自1811年起，当城堡还是巴伐利亚王储的住所时，除了一块几何形小场地被保留下来，花园就被弗里德里希·路德维希·冯·斯盖尔改造成了一座自然风景园。

米拉贝尔城堡花园，萨尔茨堡

▲ 珀加索斯喷泉（上图）

◀ 弗朗茨·安东·当莱特接手之后的整体布局鸟瞰图（左图），约1728年

P328 插图

◀ ◀ 米拉贝尔城堡花园，萨尔茨堡

霍恩－萨尔茨堡堡垒花园

荷兰、英国、斯堪的纳维亚、俄罗斯的巴洛克式、洛可可式及古典主义园林

▲ **赫特鲁宫苑**
下花园中的地球喷泉

荷兰

跟杰出的法国园林一样，无论是巴伐利亚州的宁芬堡花园或是萨克森州下游的赫恩豪森大花园，荷兰园林都为之提供了相当多的灵感。从1670年左右起，这些园林便在特定的政治发展环境中繁荣起来。从西班牙的统治及1648年的威斯特伐利亚和约中解放出来以后，荷兰由城市贵族阶级掌控。这些资产阶级的中坚分子攫取了统治阶级的传统标志，并将之纳入其公众形象。政府彬彬有礼地对之加以重视，以强化它的政治尊严。

海姆斯泰德花园

来自乌特勒支的政治家迪德瑞克·凡·韦尔德胡森于1680年获得了位于乌特勒支附近海姆斯泰德的土地，在那布置了一座法国风格的大花园。丹尼尔·莫洛托是一位法国胡格诺派教徒，曾被流放到了荷兰，可能参与了这个花园的规划。从花坛和花圃的装饰物可以清楚地看到这一点，它们都展示出路易十四所青睐的园林设计的特征。

花园中心是一座被水环绕着的八角形城堡，以及带有一丝异国情调的多边形角塔。

法国的范例也确实展示出它们所创造出的对花坛隔间的轴线对称式划分以及有张力的视线等设计手段。从艾萨克·德·毛赫龙于1700年左右画的水彩画（见右图）中可以推测，这些植床的装饰物也许来源于相关的法国图片书。*“法国的味道”*通过葡萄架、走廊、灌木矮墙、黄杨木方尖碑和迷宫流露出来，但水渠与小路的矩形网格则是典型的荷兰特色。在法国，花园往往以丘陵或高山为边界；而海姆斯泰德则远不止如此，它的花园一直开放至遥远的地平线处，因此很难确定花园与周边的人工景观是在哪个点融合相接的。

赫特鲁宫苑

1685年，荷兰的统治者、后来的英国国王威廉三世，在他位于赫特鲁的宫殿附近建造了一个花园，由丹尼尔·莫洛托制订了花园方案（见P331～P333插图）。国王的私人医生沃尔特·哈里斯的描述及当时的版画，都描绘出了花园的精确图像。花园在1800年前后荒废，花草肆意生长，直到1978年才得以改造。

受到凡尔赛宫的启发，花园的基本设计为法式风格，这主要应用于上层的花园。广阔的花园布置了一个由中心轴线向外辐射出的道路系统。相比之下，毗邻皇宫的下层花园，在外观上则是典型的荷兰风格，它被划分

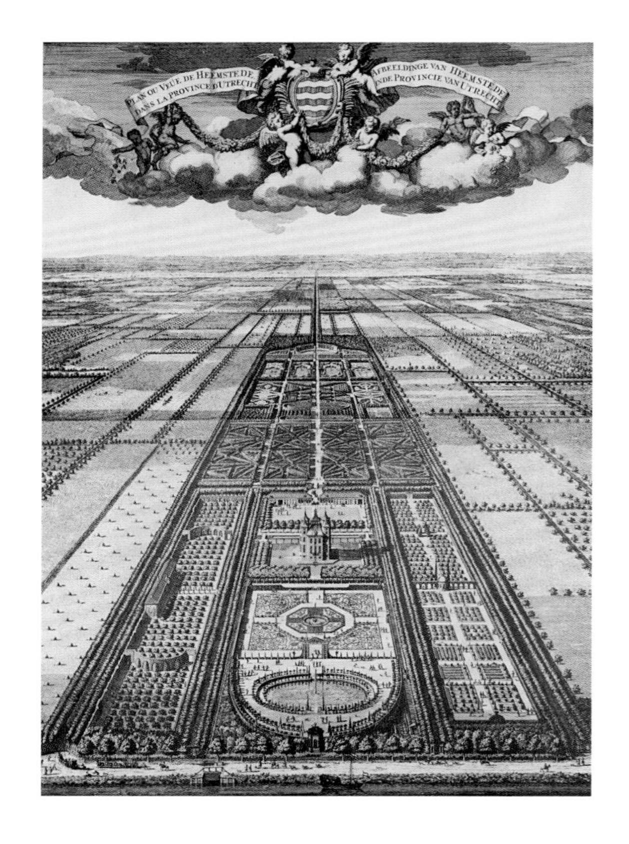

► **海姆斯泰德花园**
D. 斯图本达继艾萨克·德·毛赫龙之后完成的全景鸟瞰图版画，约1700年

▲ 赫特鲁宫苑

从宫殿角度看到的花坛景色
花坛中心的主喷泉是献给维纳斯和丘比特的

成分离的、独立的单元。整个场地结构由绿树成行的小路和荷兰景观中非常典型的树篱构成。

水渠系统对于荷兰园林以及后来的宁芬堡和施莱斯海姆花园十分重要，可以追溯至位于荷兰南部海牙南边、由亨德里克·弗雷德里克王子从1621年开始进行建造的鸿斯勒尔戴克花园。巨大的花园以及宫殿被一条河道环绕，并通过绿树成荫的小径相连。

直到今天，人们在赫特鲁依然可以回溯从路易十四时期开始至特定的荷兰模式时期法式花圃装饰的转变。这个转变源自之前曾在海姆斯泰德工作过的法国人丹尼尔·莫洛托的设计"书写"（*Handwriting*），当时莫洛托被认为是装饰领域最重要的艺术家。他的花坛设计收录在一本长篇参考书中，而这本参考书几乎是百科全书的规模，标题为《丹尼尔·莫洛托爵士作品集》（*Oeuvres de Sieur Daniel Marot*），并于1703年首次出版。他与荷兰雕塑家和建筑师雅各布·罗曼共同解决了花坛的装饰问题。虽然莫洛托深受勒·诺特尔风格的影响，但他还是改变了后者的设计结构，并取得了一种对称的形式。与法国的例子相比，这种对称形式给人们留下了克制得几近简朴的印象。荷兰园林有着特殊的思想形态，与其他模式相比，可以很容易地被识别出来。关于花坛的内部结构，莫洛托则采用了一种不同寻常的策略。他设计了草坪条带，来连接边缘的观赏区域。这种草坪条带是他在装饰上常用的一个特征，同时他还将它们用于花坛外框，以及作为一种突出十字形轴线的手段。另一个令人惊讶的特征就是他对花色的使用。他用边缘花卉带来限定花圃或种植区域，同时也为黄杨木的阿拉伯式花饰的整体绿色色调增加了活力。

莫洛托在赫特鲁宫苑的种植和设计方面的成就留存到了今天，例如在女王花园的"刺绣花坛"（见P332插图）、宫殿前面的主花

P333 插图

▶ ▶ 赫特鲁宫苑

上层花园中的花坛局部，以及花瓶、雕塑、老树

▼ 赫特鲁宫苑

女王花园里的整形装饰的花坛、观赏树木和林荫道

坛（见 P331 插图），或是在上层花园的布局中（见 P333 插图）都可以看到。

女王花园中所谓的“绿屋”，有精工制作、外板上覆盖着攀缘植物的亭台，还是横贯这片区域的、优雅的花架步道，这些都来源于莫洛托天马行空的想象，也都曾在他的著作中提及。

除了这些典型的荷兰花园特征，游客们发现他们的注意力总是会被吸引到纯粹的法式特征中去。下层花园毗邻皇宫，两侧是台地，在那里人们可以欣赏整体布局，看见花坛的结构、纵横交错的道路以及中央喷泉。当举行大型庆祝活动时，这些台地对于观众来说就是一个好去处，勋爵们和他们的夫人们能够从宫殿的花园露台上观看那些精彩的表演。这样的台地在荷兰并不特别常见，因为国家的地形特征，丘陵地带的设计和建设成本过于高昂往往被看作是不必要的。相比之下，在法国，就常见这样设有主花坛的台地，例如巴黎的杜伊勒里宫。

赫特鲁下层花园的结构清晰，与宫殿的建筑也紧密相连；而后来增建的上层花园的

▲ 汉普顿宫，伦敦
宫苑
以河流景观为背景的私人花园

巨型格局则旨在表现其开阔性和丰富性。在这里，路易十四的法式园林意识形态也同样具有持续的影响力。路易十四渴望拥有凡尔赛宫，那正是他无限财富的生动象征。

英国

并不能确切地说，英国园林是完全独立于欧洲大陆的发展而演化来的，尽管英国巴洛克式园林在很多细节方面都与法国园林不同。在建筑上，人们可以明确地辨别出英国独特的发展，但关于园林，意大利文艺复兴时期、法国巴洛克式和洛可可式的原型似乎都被吸收和修改进英国大量的各种风格的园林中。

汉普顿宫是关于吸收法式概念并付诸实践的好例子。花园的小径从一个大圆向外呈星形发散，这种做法在当时很流行，也很容易布置。这些道路经常为人们提供一些能够看到远处的教堂尖顶或是花园内喷泉的有趣视角。

汉普顿宫苑的历史可追溯至亨利八世的统治时期，16 世纪初他成功地从大主教沃尔西手中收购了这块地。在 17 世纪查尔斯二世统治期间，这个花园呈现出了更为独特的形式。1660 年左右，他增修了大运河，运河源头始于宫殿，形成整个设计的中轴，以呼应从宫殿前区域内向外散发的星形小路。查尔斯二世对欧洲邻国艺术的偏爱强化了对法国花园布局的明显改造。他曾将他的园艺家约翰·罗斯送到巴黎学习勒·诺特尔的园林设计作品。事实上，他甚至向法国宫廷询问勒·诺特尔大师究竟能否亲自前来汉普顿宫设计这里的花坛。路易十四为这个提议感到荣幸，并告知查尔斯他确实允许他的园艺家去英国。

但并没有任何关于勒·诺特尔曾在汉普顿宫居住过的记录。

汉普顿宫的黄金时代在威廉国王和他的妻子玛丽的统治时期内结束了。他们计划对皇宫和花园进行扩建，从而在汉普顿宫为他们自己创造一座永久性的居所。当时欧洲最著名的建筑师克里斯托夫·雷恩于 1689 年被委托按照凡尔赛宫对皇宫这座漂亮的都铎式建筑进行扩建。一座半圆形的观赏花园建于宫殿东翼的前方，小路和水渠则被后移。作为它们的延伸，散布在环形绿篱和喷泉中的砾石通道则穿过半圆形的主花坛到达了宫殿面向花园的立面。这个区域装点着 13 个大大小小的喷泉以及众多雕塑，因此即使在那时人们都在争相谈论这个大喷泉花园。当时颇受欢迎的丹尼尔·莫洛托为花园提供了花坛装饰物。

场地中的老花园，包括水上花园，亦称池塘花园，与其文艺复兴时期风格的花圃一起幸存至今。只有老的御花园——亨利八世的私家花园与人工高地、观景亭经过了重新设计。威廉国王拆除了这个人工堆成的高地，并以花坛取而代之。最后，法国工匠让·第戎还为场地设计了有 12 扇门的精美铁栏杆。不幸的是，这种华丽的工艺在 1865 年被拆除并转移到了南肯辛顿博物馆中。但在 20 世纪初，它为园林艺术创造的非凡效果被人们记起，并恢复了其应有的地位。

威廉国王的园林规划在把北部区域内的旧果园转变成所谓的“荒野”时就进入了尾声。威廉选择了法式丛林作为他的样板，但是去除其人工痕迹，并在林地中组织了蜿蜒的步行系统，这是英式风景园特点的一个先期尝试。夏天里法式小丛林是深受欢迎的阴凉之处，是情侣们用来消磨时间的地方，也为他们的约会提供了私密的环境，这点无论在处事方式还是天气上都与英国格格不入。应当在通风的小路上找到充足的阴凉，而不是在狭隘又僻静的小树林中。

▲ 布伦海姆宫，牛津郡

整形树篱装饰和水池有雕刻得很艺术的角部，一起形成了一种水上花坛的景观。这个毗邻皇宫的规则式庭园模仿意大利和法国园林，建于 20 世纪

◀ 汉普顿宫，伦敦

宫苑

东部花园

PINETUM
GROTTO POND

▲ **查茨沃斯花园，德比郡**
索尔兹伯里草坪

布伦海姆宫

布伦海姆宫奠基于1705年6月17日。5天后，剧作家兼建筑师的约翰·范布勒爵士写信给他的主人第一任马尔堡公爵——约翰·丘吉尔，告诉他花园的台地与公爵的宫殿的建设工作在同一天开始了。他期待一年内布局好花园并种上植被。当然，那是不可能做到的。1709年最终的方案由查尔斯·布里奇曼确定。布伦海姆宫展示了所谓的军事花园及堡垒、厨房花园及其防御墙，以及在北部和东部地区种有榆树的小路。

亨利·怀斯负责花园的种植和维护。这种为花园建造防御工事的不寻常的想法很有可能源于范布勒。1719年，第一任马尔堡公爵终于可以搬进他的宫殿并在花园中散步了。然而好景不长，1722年他在温莎去世。

德比郡的查茨沃斯花园

哈德威克的贝丝是一个了不起的女人。她13岁就丧夫，然后比她最后一任即第四个丈夫还多活了很多年。她只对一种事物有热情：设计和建造城堡与花园。对她来说，这种热情就是她的长生不老药，一个吉普赛人曾预言她的生命将与她的建筑一样长久。她去世时接近百岁。贝丝，一个拥有大量土地的贵族，出生于1520年。她与同一阶层的人结了婚，并因此获得了实质性的财富，就她对建筑的热衷而言，更重要的是，她还拥有了大量的住宅。她曾参与其他一些地方的规划和咨询——其中就有哈德威克庄园和维尔贝克修道院。但她的第一个也是最重要的成就是在她与卡文迪什勋爵的婚姻期间修建的查茨沃斯花园。修建这个豪宅的工作始于16世纪下半叶。在接下来的几个世纪里，住宅进行了相当大的改造。甚至有人说它是当时最早的典型的文艺复兴时期园林之一，但今天已经不存在这方面的线索了。

1687年，公爵委托当时最重要的园林设计师，亨利·怀斯和乔治·伦敦来设计花园。怀斯是安妮女王的首席园林师，被认为是法

P336插图
◀◀ **查茨沃斯花园，德比郡**
宽阔的走道和布兰奇的花瓶（上图）
迷宫（下图）

▲ 查茨沃斯花园，德比郡

住宅内的壮丽的叠瀑景象以及相邻的丘陵景观

► 重新设计的查茨沃斯花园方案

威廉·肯特绘制

P339 插图

►► 查茨沃斯花园，德比郡

瀑布住宅

式风格的追随者，并把法式风格转换成为一种清晰的英式巴洛克风格。他还设法将迷宫整合到像汉普顿宫里那样的荒野中，并展示出像布伦海姆宫中那样严格对称的榆树小路。在花园中能清楚地看到法国元素，这点对于它的主人来说很重要，但英国的特征也并未被忽视。

怀斯和他的合作者乔治·伦敦受公爵委托，参照凡尔赛宫的形式设计一座花园。这里的形式是指大小和辉煌程度，但不一定是指花坛结构中的花圃的装饰物。花园背后耸立的山坡，为几何式设计和占主导地位的水道概念提供了充足的机会。为此，1694 年，公爵邀请了勒·诺特尔的一名法国学生前来英国建造一处叠瀑。瀑布近端的瀑布住宅（见 P339 插图）则由阿彻设计。

花园之后被其新主人——第四任德文郡公爵进行了重新设计。1760 年，他雇用了兰

▲ **墨尔本庄园，德比郡**

法式花园中的墨丘利雕像

至今墨尔本庄园的花园仍显示出明显的法式风格痕迹

斯洛特·"万能"布朗将花园彻底地改建为一个风景园。所幸他保留了叠瀑并维持原样。至今，这个叠瀑仍然是这个前巴洛克式园林的见证者。

墨尔本庄园

任何痛惜失去了亨利·怀斯和乔治·伦敦在查茨沃斯设计的杰出的巴洛克式作品的人，都可以从墨尔本庄园中得到安慰。该场地位于德比郡，是布局在很大程度上得以从17世纪保存到18世纪的英国为数不多几个案例之一。1704年这两位园林建筑师与安妮女王的副管家托马斯·库克签订了协议。

当时，显然已经存在一座巴洛克式园林，它效法了勒·诺特尔的范例，被设计成严密的几何关系。亨利·怀斯和乔治·伦敦遵循了这个理念，同时将花园扩大了。他们创造了一个小小的奇迹，那就是种植了一条长90m的、欧洲最长的紫杉隧道。这条隧道位于一排台地式草坪的南边，草坪通向一个柏树环绕的大水池。再往南是紫杉和山毛榉树林，其中有几条小路穿越而过。在道路相交的地方，怀斯和乔治·伦敦设置了喷泉、水射流和雕塑。在这片区域的不远处修建了一处石窟，其中有一个喷射泉水的喷泉。号称"鸟笼"的凉亭在英国园林中很特别。该凉亭于1706年由罗伯特·贝克韦尔用铸铁锻造而成，结合了优雅的设计和伟大的工艺，坐落于湖的东侧。"鸟笼"为贵族及其夫人们提供了远观的"观赏点"，湖水和一条伸展的紫杉树道

P340插图

◀◀ **墨尔本庄园，德比郡**

从池塘对面的铸铁"鸟笼"中看到的礼堂景象

◀ **腓特烈堡城堡，哥本哈根附近的希勒罗德**

掠过城堡花园的池塘看向城堡

将之与礼堂分离开来（见 P340 插图）。

站在上层台地能够看得很远，掠过走道、池塘和美妙的鸟笼到上升的台地式草坪和更多的小路，直到远处的地平线。

斯堪的纳维亚

像其他欧洲国家一样，丹麦也有悠久的造园传统可回顾。中世纪之后，修道士们设计了修道院花园，那时丹麦园林还主要是一种实用性的而非装饰性或娱乐性的园林。在一次法国之旅中，丹麦国王弗雷德里克四世（1699—1730 年）见识到了勒·诺特尔设计的园林，并着迷于其壮丽，此后丹麦便发展出了自己的园林文化。1700 年左右，位于哥本哈根附近希勒罗德的腓特烈堡城堡建成（见上图），于是它的法国巴洛克式花园台地的建造工作开始了。1699 年由瑞典建筑师尼克德姆斯·泰辛提交的设计因为耗资过大而遭到国王的否决。相反，国王委托了汉斯·亨德里克·谢尔来开展花园的设计工作。

几年后的 1717 年，国王决定在哥本哈根北部的弗雷登斯堡建造另一座用于庆典的城堡（见右图）。意大利建筑师马肯托尼欧·佩里与约翰·科尼利厄斯·克里格合作拟定了该花园的设计方案，并于 1759—1769 年间实施。但是宫廷的财政来源很快耗尽，以至于方案中昂贵的大理石台地和叠瀑无法建造。造价较低的项目反而得以审批，例如，覆盖植被的东部城墙。昂贵的喷泉水池也被由木材和巨石加固的池塘所取代。于是，不仅一座丹麦版本的欧洲巴洛克园林建了起来，同时也是丹麦园林走向风景园的第一步。城堡的花

▼ **弗雷登斯堡城堡（丹麦）**

城堡花园、东部覆盖着植被的城墙，以及城堡

▲ **斯德哥尔摩西部马拉湖中的皇后岛城堡**

位于城堡中心视线上的城堡花园和喷泉

园现在变得更为舒适、更令人愉悦，也不像法国或者意大利园林那样招摇铺张。

瑞典园林文化的发展方式与丹麦很相似。12世纪中期，法国的修道士们在修道院中设计了草药园和游乐花园。瑞典的圣布里奇特修道会在瓦斯泰纳的大修道院修建了一座修道院花园，至今仍可参观。

瑞典巴洛克式园林的发展受到法国园林的影响并不是很大，反而受所罗门·德·考斯在海德尔堡设计的帕拉提乌斯花园的影响比较多（见P133插图）。瓦沙国王名下的位于斯德哥尔摩的中世纪城堡被重建为文艺复兴宫殿。瑞典国王古斯塔夫·阿道夫二世，同时也是帝国最高指挥官华伦斯坦的强大的敌手，在他早期的统治时期内获得了瑞典对波罗的海的统治权，统治持续到瑞典进入1630年开始的“三十年战争”。在1611年和他的军事运动之间的这段时间里，他熟悉了海德尔堡城堡和花园的设计。然而在“三十年战争”结束后，我们只有关于他女儿克里斯蒂娜的建筑活动的准确信息。她邀请了法国人安德烈·摩勒前来斯德哥尔摩，后者在1651年出版了一本有影响力的书《游乐性花园》。通过将位于斯德哥尔摩的皇家花园近代化，摩勒开始把他的想法付诸实践，在那里他创建了大型“刺绣花坛”。为此，他还引入外来植物并修建了柑橘温室。

北欧最漂亮的花园设计之一位于斯德哥尔摩以西马拉湖中的一个岛屿——皇后岛（见上图）。这个中世纪晚期的城堡在埃利奥诺拉·海德薇格女王时期于1661年开始被重建，几乎同时花园也被建造出来。基于摩勒的花坛图案，尼克德姆斯·泰辛提出了自己的方案，而它的尺寸和结构则受到了勒·诺特尔

▲ 彼得宫，圣彼得堡
宫殿前面的双重瀑布

的设计启发。这位瑞典建筑师私下里也一直和勒·诺特尔保持联系。该场地幸存至今，与当初几乎无异。花园里的青铜像出自艾德里安·德·弗里斯之手。这些精致的作品是作为战利品从丹麦的腓特烈堡城堡和布拉格来到瑞典的。自 1981 年起皇室家族就一直居住于皇后岛城堡。

俄罗斯

直到 18 世纪才可能谈及具体的俄罗斯园林文化。事实上，17 世纪莫斯科周围就有了避暑居所，但现在已鲜为人知。这些住宅很有可能是木制建筑，存在火灾受损的危险，因此需要经常翻新或重建。

直到彼得大帝出现，即 18 世纪头 30 年，圣彼得堡建立了起来，随着宫殿和住宅修建起来的还有花园。沙皇在其游历欧洲的长期旅行中学习了建筑和园林设计，从荷兰、英国和德国得到了很多灵感。他那位于涅瓦河中阿德默勒尔蒂岛上的夏宫已经不幸被毁。宫殿中曾有一座壮丽的花坛，包含雕塑、喷泉、各式各样的凉亭等，以及一片模仿凡尔赛宫的丛林，还有一处附带水景设计的石窟。来自柏林的主建筑师安德烈亚斯·施吕特尔负责此处石窟的建造和水景设施安装工作。

1715 年，沙皇决定在芬兰海湾南海岸建造一座面向他的城市的夏宫。这个位置非常适宜，宫殿所处的台地比海平面高出大约 12m，并缓和平稳地伸向大海。在以沙皇名字命名的彼得宫，其住宅连同相邻的花园被建成法国巴洛克式的风格。

1716 年，勒·诺特尔的一个学生、法国建筑师和花园的主建造者让 – 巴普蒂斯特·亚历山大·勒·布隆被邀请到圣彼得堡进行宫殿和花园的设计和建造（见左图和 P345 插图）。花园从皇宫的台地一直向下延伸至大海。结合地形进行种植，就不会产生那么多的土方工程上的困难。为此，沙皇植入了来自欧洲各地的树木植物。超过 40 000 棵来自俄罗斯的榆树和枫树、来自意大利的果树，以及许多其他来自近东的异国植物历经漫长的旅程被运往该城堡。尽管俄罗斯的冬天寒冷又漫长，但据说这些新的植物长得繁荣茂盛。

该宫殿整体布局的无比辉煌至今仍被人们所称道：在石窟两边，双重瀑布顺着七级彩色大理石台阶流淌到大水池中，其边上矗立着镀金雕像（见左图）。这里耸立着一面人造峭壁，上面强壮的大力士正用力打开狮子的嘴巴从而让水从中喷射出来。一条有水射流的水渠从水池平缓地流向大海。这儿还有一个小港口可供王室船只舒适地靠岸。

沙皇彼得大帝在凡尔赛学习了视线组织的艺术。按照“目力所及皆拥有”这一箴言，他设计了王宫、瀑布和水渠的位置。在城堡的台地上，美妙的全景尽收眼底。

视线通过瀑布被引向水渠，从那里越过更远的海岸和大海，再到圣彼得堡城市的黄金圆顶。当你站在位于艾蒂安·莫里斯·法尔科内设计的彼得大帝纪念碑后面的十二月党广场上时，你会发现这种权力的视觉示范在首都得以复制。沙皇骑在马背上，马匹则从巨大的花岗岩上纵身跃起，引导着人们的目光穿过广场和涅瓦河伸向大海和彼得宫的

▲ **彼得宫，圣彼得堡**
宫苑中的喷泉和大水池

▼ **彼得宫，圣彼得堡**
下花园的马尔利亭

方向。这种权力的审美姿态是专制主义的政治性惯用手法，它不仅是园林，也是城镇规划的设计特点。城镇和花园不一定是整体的，但在它们之间会有一个远距离的视觉关系。这是一个隐含距离的问题，从而宣告权力超出可见范围。

从这个角度看，将彼得宫描述成“俄罗斯的凡尔赛宫”确实没有做到完全公正。太阳王路易十四花园旨在作为一种结构化的和权力组织范围的模型，而圣彼得堡和彼得宫仅仅是其向各个方向延伸出的包罗万象的领土的起点而已，其边界甚至在大海之外，需要不断地被重新界定。

几十年以后，沙皇去世，后人决定将场地的大部分进行推平和扩展，目的是追随最新的潮流，将整个花园转换成一个英式风景园。

整形花园：修剪植物的艺术

将树木和树篱修剪为特定形状的艺术被罗马百科全书编纂人老普林尼描述为“整形艺术（*opus topiarium*）”。他指的是普遍意义上的园林设计，主要是赋予自然某种特定的形式。因此，古罗马的景观园丁们或者那些照料花园的人被称为“整形师”。他们主要是来自希腊的奴隶，有时因具有非凡的技能而得到相当多的认可，他们的名字甚至被刻在墓碑上得以永存。后来这个概念有了一个更有限的含义，在关于园林设计的理论专著中，修剪树木和树篱的不同方式被称为整形。

这些树篱和树木的形状最早是借由弗朗切斯科·科隆纳而开始出名的。1499年，他出版了关于整形修剪的插图集《寻爱绮梦》。其中，不仅包含了环形、球形或蘑菇形的树木，还有一些富有想象力的形状，如有鸟类装饰的圆形寺庙，或举起华丽大门的人像（见P43右上图）。

弗朗西斯·培根，英国哲学家和实验科学的创始人，发表了多篇关于设计和兼护花园的论文。在他1625年的论文《论花园》（*On Gardens*）中，他以怀疑的视角来看待修剪整形的使用：

“至于大树篱以内的场地的布置，我觉得应该给它进行不同的设计；不过我有一点忠告，就是不论你把它布置成什么样的形状，首先就是不可过于繁复或人工化。例如我个人就不喜欢在松柏或别的材料上刻画图像，

▲ 查茨沃斯花园，德比郡

环形池塘，嵌入雕塑的树篱与观赏树木

◀ 昂吉安（比利时）
有着多种整形植物的花园

罗曼·德·胡奇制作的版画，约1687年

P346插图

◀◀ 赫特鲁宫苑

种着观赏树木的刺绣花坛局部

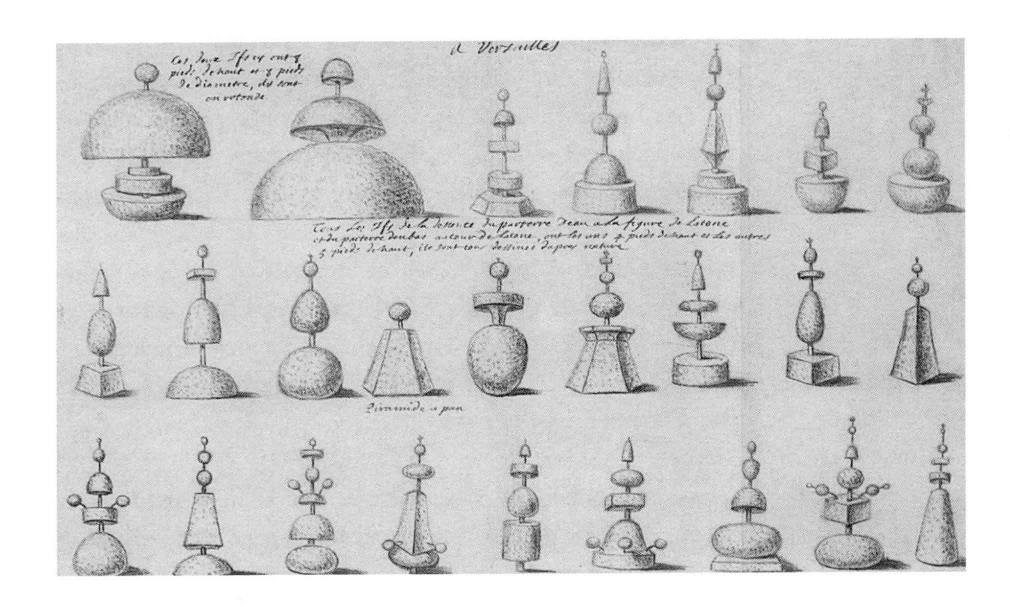

▲ 树木整形多种形式图表

凡尔赛宫苑中拉冬娜花坛斜坡旁的树木

这一类的东西只适合儿童。”

他可能是在影射亨利八世统治时期创建的伦敦附近的汉普顿宫苑中特别豪华的树木修剪整形。

相比之下，弗朗西斯·培根更推荐简单的树篱形式，在不同的地方修剪成圆形、漂亮的金字塔，以及被格架支撑的美丽的柱子。这可能是最早的在巴洛克式园林设计中关于构筑形式的建议，即柱子、楣梁或是柱廊都可以用树木和树篱修剪出来。

在1709年的论文《造园的理论与实践》（*La Théorie et la Pratique de Jardinage*）中，前面多次提到的法国园林理论家德扎利埃·达让维尔也对这种构筑性的修剪进行了描述。这篇论文很快就作为“园林设计中的圣经”而闻名，多次被重印和翻译，并成为18世纪园林设计的标准。德扎利埃将花园中的小路和步道比作城镇的道路系统，认为这种系统的设计有助于美化花园。花坛旁有约1.3m高的树篱作为“护栏”，还有绿树成行的小路。他建议在花坛一侧点缀几株树，在表示树列尽头的同时，也不妨碍欣赏毗邻地区的风景。如果这些树篱长高了，也会增加小的窗形缺口以便视线穿越。然而另一方面，德扎利埃·达让维尔还强调树篱和灌木的独立性，并设想将它们修剪成各式各样的建筑形式。他优化了快速有效的整形树篱的目录，被应用在许多欧洲花园中，并启发了其他园林理论家或建筑师来设计类似的模式（见左上图）。17—18世纪，出版了很多关于修剪图案的书籍，其中包括一本德国造园大师马提亚·迪塞尔的《娱乐性花园与建筑中的悦目

► 埃里尼亚克庄园（法国西南部）

庄园规则式庭园中的紫杉木柱和小的球形树

之 形》(*Erlustierende Augenweide in Vorstellung Hortlicher Gärten und Lustgebäude*)，该书出版于 1717 年，书中作者提出了由立体几何形构成的树木和绿篱的独创性图形。

英国风景园盛行期间，整形绿篱就不再流行了，并被许多英式园林爱好者视为低级趣味的案例。但在 1800 年左右，园林中开始用时代建筑或乡村建筑来装饰，整形树木再次流行，并被作为一种有效的观赏特性。在小型私人花园中，修剪成球状或圆锥状的紫杉实际上从未过时。在 18 世纪 60 年代复兴了手工艺品并因此赢得很高声誉的约翰·拉斯金和威廉·莫里斯，也为“农舍园艺”设想了其装饰设计的可能性，使得修剪整形获得了低调而又全新的认知度。然而，这主要还是关于整形植物个体如何在花园中或大楼前进行装饰性布置的问题。在这个功能作用下，修剪整形在新艺术派中有着特殊的重要性。但植物建筑的巴洛克式总体效果，即由绿篱和树木所组成的富于想象力的外形，在 20 世纪花园中却无法维持其地位，现在也只能在被细心重建并持续维护的文艺复兴和巴洛克式园林中欣赏到。在这些花园中，整形树木和绿篱的艺术性形态依然是主要的关注对象。

▲ 查茨沃斯花园，德比郡
迷宫以及众多修剪整形的绿篱

P350、P351 插图
►► 威文霍公园，埃塞克斯
油画，56cm × 101cm，1816 年
约翰·康斯特布尔
华盛顿，国家美术馆
魏德纳收藏，美国

英国自然风景园

▲ **罗沙姆林园，牛津郡**
由约翰·凡·诺斯特制作的酒神巴克斯的铅制雕像

斯陀园

斯陀园是英国第一批自然风景园之一，建于1730年左右，它对此类新型园林的未来发展具有决定性影响（见P352～P358插图）。自1593年以来斯陀园一直是坦普尔家族的财产，并于1715—1726年间被第一任科巴姆子爵——理查德·坦普尔所扩建。斯陀园的主要园林建筑师是英国风景园早期发展中的关键人物——查尔斯·布里奇曼。乔治二世和卡罗琳女王在位期间，布里奇曼担任皇家园林师。他曾在汉普顿宫苑、圣詹姆斯公园、海德公园以及肯辛顿花园中工作，负责圆塘和九曲湖的建设。这些皇家园林对他的要求很少，他的工作主要是维护它们的传统结构。当他开始接受私人委托时，特别是从子爵那里接受了斯陀园的委托后，这种情况发生了变化，但事实上早在1713年布里奇曼就开始在那里工作了。

斯陀园最初的设计布局类似于法国巴洛克风格花园。可以清楚地察觉其与勒·诺特尔所设计花园的相似性。除了不规则的边界，布里奇曼的方法是创建出自己的花坛结构变体。为了能够欣赏相邻的开放景观，根据德扎利埃·达让维尔的指导（见P229插图），他建造了一面哈哈墙，即有墙体的人工沟渠。在被同代人戏称为“直线的敌人”的威廉·肯特的领导下，花园从1735年开始发生改变，表现出自然的生动和质朴。建有小型帕拉迪奥式寺庙的山谷、蜿蜒的小道和丛生的树木，构成了一片乐土。肯特也被召集参与位于诺福克的霍尔汉姆府邸内的自然风景园设计，在那里他同样试图通过丛生的小树来构建宽敞的草地，这个场景可见于他画的一幅笔墨画（见P353下图）。

所谓的英国园林革命并不像通常宣称的那样波澜壮阔。英国自然风景园也并不是巴洛克式园林终结的产物，事实上巴洛克园林在某些地方依旧存在了很长时间，并与自然风景园同时得以发展和推进。布里奇曼所提出的斯陀园方案图于1739年发表，仍然显示出轴线式结构特征，以及自建筑向外延伸的几何形花坛。一条长长的小路远远地延伸至风景中，连接起了更遥远的无比广阔的自然风景以及子爵自己的园子（见下图）。此外，1724年参观过该园林的珀西瓦尔勋爵对当时的描述读起来更像是对一个意大利文艺复兴

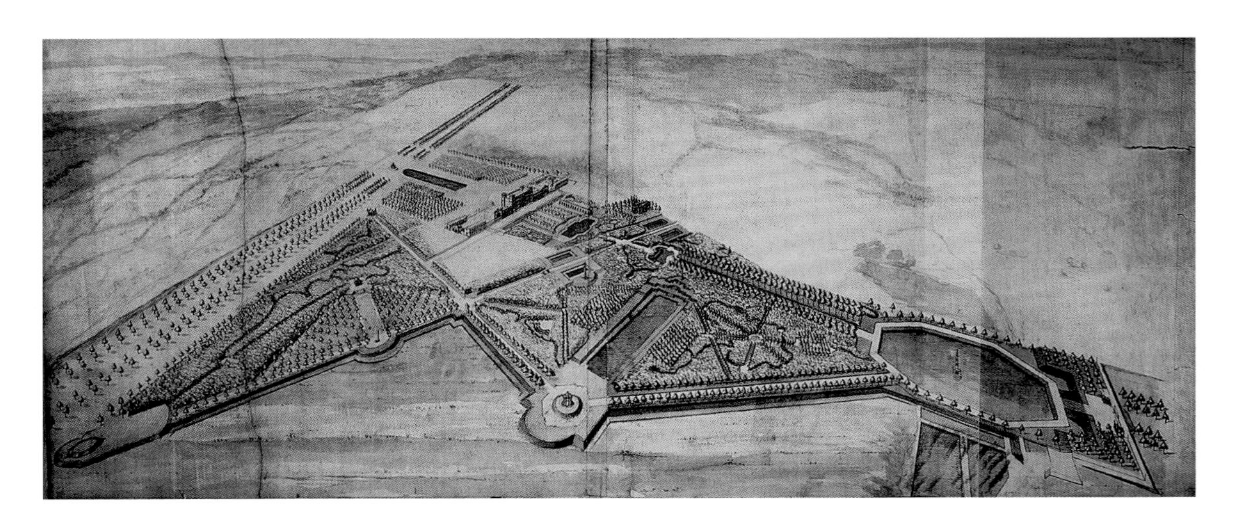

► **斯陀园设计方案图**
查尔斯·布里奇曼绘制，约1720年
牛津，牛津大学伯德雷恩图书馆

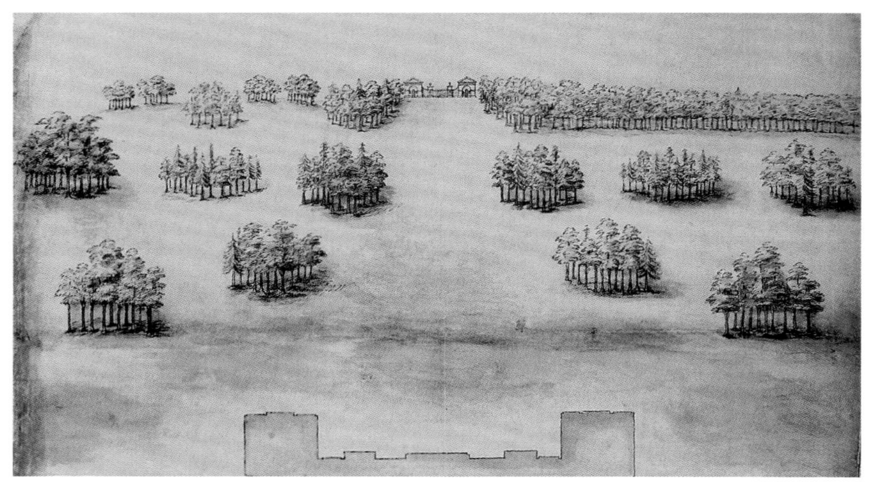

▲ 斯陀园，白金汉郡

两个湖畔亭

◀ 位于诺福克的霍尔汉姆府邸林园的种植设计图

威廉·肯特所绘的笔墨画

条。大量房屋建成，以供农业集中利用，从而建设能够提高人们生活质量的乡村。这促使一种新自然观的产生，约瑟夫·怀特1780年所做的一幅画对此进行了表达。这位英国画家描绘了年轻的布鲁克·布思比爵士忧郁而若有所思地躺在森林空地中的草地上。从他的服饰和举止上判断——尽管没有帽子或鞋子——他也可以这样躺在乡间住宅房间里的沙发上。但他所处的环境是大自然，他对自然比对建筑更感亲近。他在读的那本书是谁写的呢——还能有谁？——当然是让-雅克·卢梭。

从那时起，许多英国人认识到在繁荣兴盛的法国园林中，大自然被修剪和拉直了，简言之就是被亵渎了，于是他们改变了对法国园林的态度。法国园林作为专制主义的象征在英国却无法找到喜好者。1688年的"光荣革命"和一年后的《权利宣言》(*Declaration of Rights*)，都为现代的公民社会打下了基础，随后英国就崛起成为主导世界贸易的国家和经济强国。

凡尔赛宫和其他法国花园更多地被当作是一种图录，贵族阶级在设计他们自己的花园时可以借鉴其中这个或那个细节，如迷宫、丛林、花坛或哈哈墙，从而在主建筑周边完成他们自己的设计。这并非贬义，更多的是反对法国园林中的专制主义，以及英国人所鄙视的统治者在政治上的傲慢的象征。相比之下，对勒·诺特尔和他的艺术的推崇一直持续到18世纪上半叶。英国园林设计师采用了一种不同的方法来引导自然的动态过程，这种过程需要推进，但不会被组织或转变成几何形状。早在约翰·弥尔顿1667年的史诗《失乐园》(*Paradise Lost*) 中，花园的原始景象就作为理想世界的形象展示出来。它有自然风景园的特色，其精华就是存在于自然界的自我流露中。

然而，园林设计发生变化的唯一原因并非英国土地贵族的资产阶级化和景观作为进步和繁荣标志的内涵。英国与整个世界的广泛贸易联系激励了它另一条文化历史链的发展：异国情调，即对外国园林的狂热（见

▲ 斯陀园，白金汉郡

爱丽舍园区以及威廉·肯特的"古老美德之庙"

时期花园的描写。他写到了止于柱廊、雕像、拱门的横向通道喷泉，以及穿过树丛的隐蔽通道，并且似乎对其中一个设计特点给予了特别的关注。他指出：仅由哈哈墙来围合，更为花园增添了美丽，不但为欣赏周边美丽的树木繁茂的地区提供了畅通无阻的视野，而且也让人感到有着高大行道树的小路更加绵长。

这个相当简朴的模式在布里奇曼与肯特的协作下逐渐得以改良，并被令人愉悦的土方形状和弯曲的小道所取代。是什么因素促成英国园林布局中的这一变化呢？首先，必须仔细梳理社会和政治因素。从17世纪末起，英国土地贵族试图通过获取土地和开垦休耕地来抵消内战的后果以及随之而来的经济萧

P355 插图

▶ ▶ 斯陀园，白金汉郡

由詹姆斯·吉布斯设计的哥特式"自由殿堂"，1741年

P356、P357 插图

▶ ▶ 斯陀园，白金汉郡

帕拉迪奥式桥梁

▲ **斯陀园，白金汉郡**
威廉·肯特设计的“英国伟人祠”

P389 插图)，尤其是中国。18 世纪上半叶旅行者的记录讲述了如微缩图般的美妙花园和其中的兽笼、曲径、人工土丘以及有着优雅拱桥的河道。1800 年左右，英国自然风景园的中式变体很快成为很多欧洲风景园林的主要特色，而中国则被当作取之不竭的装饰创意的源泉，并相应地得以应用。1757 年，英国建筑师威廉·钱伯斯爵士出版了一本中国建筑图集，题为《中国建筑设计》(*Designs of Chinese Buildings*)，其中主要包含了园林建筑。他极富激情地指出：

“基于中国特色的艺术……能够使创造工作充满变化。”

除了从中国引进的异国情调，英国人对去欧洲大陆探寻古罗马的旅行也产生了热情。他们经由托斯卡纳区旅行至罗马，惊叹于古典时代的遗产；继而通过拉丁姆来到那不勒斯海湾，并沿着阿马尔菲海岸行至帕埃斯图姆。意大利是开明思想的乐土，然而，此类旅行的教育意义常常局限于收集具有真正历史价值的物品和绘制古迹的草图。旅行带来的难以磨灭的印象与纪念品最终促使林园景观装饰的发展。英国园林建筑师们习惯于帕拉迪奥式建筑带来的意大利品位，包括早期的伊尼戈·琼斯。他们随后开始急迫地推荐他们的顾客将小型的圆形寺庙或寺庙外立面、古色古香的胸像和雕像，连同中式宝塔、亭台楼阁和拱桥布置在花园的各个区域内，就像一幕幕戏剧场景一样。

然而，对自然和古典时代充满热情的英国人从未见到意大利的田园景观里有神庙或圆顶的参议院会堂，以及经过的牧羊人和羊。相反，他们能够看到在罗马的多里亚·潘菲利别墅里，或是伦敦国家美术馆中的克劳德·洛兰、尼古拉斯·普桑、加斯帕德·杜埃画作中的敏感的、冥想式的风景，包括了从坎帕尼亚大区风景的实际体验到想象中的天堂般的古代生活方式的美景。这些乌托邦式的景观

► **哈格利庄园，伍斯特郡**
风景园以及 1747 年仿制的荒废城堡

▲ **哈格利庄园，伍斯特郡**
风景园以及忒修斯神庙复制品，1758 年

直接生动地展现了田园景观和庄严的古迹是如何结合起来的。这种模式后来被建成了实际的景观林园。与勒·诺特尔希望在他的花园中展示远距离的绘画效果不同，现在风景的片段——一个对画家来说特别有吸引力的主题——成为园林布局的评价标准。

伍斯特郡的哈格利庄园

位于伍斯特郡的哈格利庄园是英国自然风景园中的一个特例，克劳德·洛兰所创作的流行的如画般元素在这里因其充满了诗意的变化而显得更加丰富多彩。乔治·利特尔顿勋爵是一位成功的政治家，也是斯陀园的科巴姆勋爵的侄子。他供养的苏格兰人詹姆斯·汤姆森的诗《季节》(*The Seasons*) 发表于 1730 年并由威廉·肯特配插图，深受英国的土地贵族所喜爱。这首诗通过令人印象深刻的比喻描绘了乡村生活，旨在教人们如何重新发现他们的故乡及其田园景观。除了言语上对景观强有力的描述，也展现了他在立说上的抱负，并受到了英国风景画家们的高度赞誉。

临近 18 世纪中叶，乔治·利特尔顿勋爵设计了这个广阔的林园，而托马斯·皮特和桑德森·米勒两位建筑师则为他的建筑构件提供了帮助。1747 年左右，米勒设计了一处有城垛和一片带哥特式窗洞墙的荒废城堡（见 P358 插图），皮特则建造了一座帕拉迪奥风格的桥。后来建筑师詹姆斯·斯图尔特被委托在一座树木繁茂的小山顶上建造一座希腊神庙——一个雅典卫城下方的忒修斯神庙的复制品（见上图）。这个建筑为古典主义氛围奠定了基础。中世纪骑士精神的古典理想和浪漫形象之间的关系创造了克劳德·洛兰的画作中的田园氛围，并建立了新的英国景观的观感。游客们一次又一次地惊叹于马尔文丘陵或威尔士黑山的远景。

牛津郡的罗沙姆林园

位于牛津郡罗沙姆住宅内的自然风景园

◀ **罗沙姆林园，牛津郡**

罗沙姆住宅附近的鸽舍花园内规则式区域

可能是威廉·肯特设计的唯一一个在时间的流逝过程中完整幸存下来且至今仍几乎保持原貌的花园。其布局基本上完成于1738年，当时在英国被视为乡村庄园改造成自然风景园的独特案例。英国诗人兼评论家亚历山大·蒲柏曾在18世纪初强烈反对法式的规则式园林，支持自然式园林，而罗沙姆林园满足了他的心愿。在那里，正如诗人所表述的那样，景观作为被塑造的自然展示出来。此外，他认为林园以这样的方式布局，可使其周边环境形成一个完整概念。他称赞罗沙姆林园是最美丽的场所，这里有惹人喜爱的瀑布、小溪和池塘，覆盖着灌木林的丘陵和树木繁茂的区域一直延伸到远方。

肯特画了一幅人们称为维纳斯溪谷的画。一座由天然石材打造的桥横跨倾泻而下的瀑布，瀑布流入一处带喷泉的池塘。人们或独处，或成群地聚集在高大的树木下和宽敞的草坪上。这种由肯特设想出的华多式的优雅氛围是为了烘托其田园环境。这位园林设计师当然也给建筑物设计了恰到好处的装饰。

花园的一条环道从维纳斯溪谷穿过有着维纳斯雕像的上层桥到达厄科神庙，这座中心建筑物前面设有罗马柱廊（见P361插图），由威廉·汤森设计。再远一点儿，在厄科神庙下方有一尊阿波罗雕像。除了古典雕像和观赏性建筑，肯特还设想了一座新文艺复兴式的建筑——七拱券的拱廊，即所谓的普拉尼斯特拱廊，廊前是睡莲池（见下图）。中世纪的因素也被考虑在内，有着优雅的灯笼式天窗以及老虎窗的新哥特式圆形建筑在当时被作为鸽舍使用（见上图）。1750年，园艺师约翰·麦克拉利在一封信中描述了场地中的一

◀ **罗沙姆林园，牛津郡**

普拉尼斯特拱廊局部

P361 插图

▶ ▶ **罗沙姆林园，牛津郡**

威廉·肯特和威廉·汤森设计的“厄科神庙”

条通向最著名观光点的环道，以及池塘及其上的桥梁的观赏性建筑。他的描述中表明罗沙姆最初是被构想成一个“华丽的农场”，一座农事用途的园子。这一点从鸽舍也能看出来。园子本身原是想通过常绿植物和哈哈墙从花园中分离出来。

直到今天，开阔空间、那众多田园诗般或歌颂英雄的场景、观赏建筑及雕塑的如画般的布局，使这里仍然被视为英国最理想的、造访者甚众的文化历史遗迹。

威尔特郡的斯托海德园

位于威尔特郡的斯托海德，至今依然是英国最著名的花园之一，当然也是最浪漫的花园之一。它的拥有者及委任建筑师的人，是伦敦的银行家和市长亨利·霍尔。1721 年

P362 插图

◀ ◀ **罗沙姆林园，牛津郡**

“狮子袭击马匹”雕塑
彼得·施梅克斯，作于1741年，（上图）
维纳斯溪谷中上层瀑布的维纳斯雕像
（下图）

▼ **罗沙姆林园，牛津郡**

尼普顿石窟及尼普顿铅制雕像

◀ **提洛岛岸边的埃涅阿斯**

油画，100cm × 134cm，1672 年
克劳德·洛兰
伦敦，国家美术馆

◀ **斯托海德园，威尔特郡**

湖边的万神庙近景

▲ 斯托海德园，威尔特郡
布里斯托尔十字湖与圣彼得教堂

他让科伦·坎贝尔仿照安德烈·帕拉迪奥在威尼斯的别墅为他建造了一间乡间住宅。大型花园一直延伸至杰出的住宅边，将一串形状不规则的湖泊环抱其中。花园按照威廉·肯特的观点进行设计，由业主自己规划布局，并让园丁予以实施。曲线形的湖边反复出现寺庙、瀑布或桥梁的迷人景色。然而当时尚未种植杜鹃花，后来才种在了罗马万神庙的周围（见 P364 下图）。从那里往下望可以看到一座古老的乡村教堂和花神庙。据说亨利·霍尔非常热爱他的花园，以至于他称之为“迷人的加斯帕德之画”（*A Charming Gaspard Picture*），即加斯帕德·杜埃的一幅画，有时也称之为“普桑的画”。事实上，如尼古拉斯·普桑、杜埃或克劳德·洛兰的风格一般的这些大自然的画作至今仍值得观赏。可想而知，在设计斯托海德园景观环境之前，霍尔就已经研究了伦敦国家美术馆里的克劳德·洛兰的《提洛岛岸边的埃涅阿斯》一画（*Coast with Aeneas on Delos*）（见 P364 上图）。

至少，在这一点上必须承认很难在花园和林园之间做出明确的区分。你可能会经常听说一种观点，那就是认为风景园应该被称为林园。在 18 世纪上半叶，花园确实经历了向林园的转型吗？位于凡尔赛的小特里亚农宫可能反映了这种情况，因为几何形的花坛结构被山间的蜿蜒小道所取代。早些时候布里奇曼设计的斯陀园的布局与之很相似，然而有一个突出的差异。这个转变成风景园的巴洛克式园林，在很大程度上摒弃了平直的小路，但在最远的景观公园中构想布局了一个大尺度的星状小道系统。英国园林理论家威廉·吉尔平在他的《关于花园的对话》（*Dialog upon the Gardens*）一书中对花园和林园之间的区别做出了清楚的辨析，他写道：

“除了在英国，林园这种鲜为人知的景观种类在其他地方只是豪宅的高贵附属品。”

当然，吉尔平也设想可以艺术性地设计林园，只有在这样的方式下，富有野趣的自然才能被园艺师加以完善。吉尔平使用了术语“花园”来描述离实体房子最近的“游乐场所”。花境和砾石小径装点着花园，而乔灌

◀ **斯托海德园，威尔特郡**
铺草皮的桥和湖对面的万神庙

▲ **李骚斯花园，什罗普郡**
山水园中的湖泊

木则应该种植在它的外围从而连接该花园与林园。

什罗普郡的李骚斯花园

与斯托海德园一样，位于中部什罗普郡的李骚斯花园也是当时最著名的浪漫风景园之一，并且不再徘徊于传统花园与公园之间。它的主人，威廉·申斯通（见右图）在1745—1763年间设计了这个园子（见上图）。申斯通是一个诗人和园林理论家。在他的文章中描述了花园和林园之间的不同——尽管不是特别明确。他将花园工作划分成3个类型，即“果蔬造园、花坛造园、山水或如画造园”。这里的如画造园可能就指林园。他强调，花园（或林园）的这类型应让游客惊奇于其开阔、美景和多样性。场地的地形多种多样，有树木繁茂的山谷、湍急的溪流、拱桥、瀑布，甚至还有座古老的修道院遗址。

► **威廉·申斯通像**
《威廉·申斯通的诗篇和散文集》（*The Works in Verse and Prose of William Shenstone*），第一卷，R. 多兹利和J. 多兹利，1764年，伦敦

有一些视角将周围的乡村地区及其引人注目的高地，如克林特山或富兰克林山毛榉林区，融入了田园诗般的场景内。

李骚斯花园不仅明确地属于如画的或浪漫的类型，它也是一个“华丽的农场”，即一个观赏性的农场。这个术语涉及一个我们曾在凡尔赛宫的小特里亚农也看到过的类似现象，即乡村生活的戏剧性表演。然而在英国，特别是在李骚斯花园，用于农业的场地是隶属于花园范围内的，这说明英国人对待自然的态度和屋主的经济考量。

这个想法最早来自于斯蒂芬·斯威哲，他在一本小册子《贵族、绅士和园丁的娱乐》（*The Nobleman, Gentleman, and Gardener's Recreation*，1715 年）中写道：“造园的实用和盈利方面应该以一种可行的成功方式结合进花园场地。”但是在 1745 年，申斯通第一个介绍了术语“装饰性农场”的运用。奇怪的是，这是一个法语词汇。他在这个术语和用来表示几何式设计的花坛的“公园”之间做了辨析。然而，他使“公园”向“华丽的农场”方向演变：变成了像花园一样设计的农场，或是投入农业使用的林园。

因此，这个词又很快从园林文学中消失了，因为只有极少数业主，有能力或是确实愿意全身心投入于将林园风景艺术设计与农业相结合。只有在罗沙姆曾进行了将这两个元素结合起来，并协调花园和林园的不同区域的尝试。

李骚斯花园成为拥有文学和哲学抱负的绅士们的会面地点。路易斯－勒内·吉拉尔丹，埃默农维尔的侯爵，在威廉·申斯通去世的 1763 年也参观了李骚斯花园，并对风景园和“华丽农场”的概念表现出了热情。

在他的一本 1777 年发表于日内瓦的关于风景园的小册子中，他的目标同样是将如画的特性与投入有意义的农业用途的地区相结合。他在埃默农维尔建立了威廉·申斯通的纪念碑，紧邻让－雅克·卢梭之墓。卢梭在他生命的最后两个月里，一直生活在埃默农维尔侯爵的庄园中（见 P441 插图）。

兰斯洛特·“万能”布朗的作品

霍勒斯·沃波尔，牛津市的第四任伯爵，也是英国第一任首相罗伯特·沃波尔爵士最小的儿子，通过他于 1750—1770 年间所写的文

▲ / ▼ 布里斯托尔——亨伯里，埃文河

布莱斯村，约翰·纳什设计的所谓的“观赏性农舍”，1811 年

▲ **华威城堡，沃里克郡**
埃文河与维多利亚式船屋

P371 页插图
▶ ▶ **华威城堡，沃里克郡**
自然风景园中的城堡

章《论现代园艺》(*On Modern Gardening*) 而众所周知。沃波尔将威廉·肯特描述为如画风景园的创始者，是他给予约翰·弥尔顿的感性诗篇和克劳德·洛兰的乌托邦式景观愿景以灵感的源泉。这种论述其实意义并不大，因为在他自己位于特威克纳姆的草莓山上，以及可以看到泰晤士河风景的小花园中，沃波尔首选的是直线式道路，这对于威廉·肯特来说肯定不是好的造园实践。当描述或评估其他花园的布局及它们的创造者时，他的判断也不总是那么具有可信度。例如，这位园林理论家1751 年对华威城堡的阐释如下：

“基于肯特和索斯科特先生的一些想法，某位布朗先生做出了非常好的布局。”

几年后沃波尔可能意识到他应该对“某位布朗”致以深深的歉意，因为这对于当时英国最著名的造园师兰斯洛特·布朗，也被称为“万能”布朗来说，几乎是一种无法忍受的轻蔑。这个称号是指布朗几乎能够看出任何风景中园林设计的潜力。布朗生于 1716 年，当他 1783 年去世时，沃波尔将以下来自于某份报纸上的文字内容粘贴到他的笔记中去：

“他的伟大和优良的天赋是无与伦比的，得到这个国家社会上的所有等级的人们，以及其他国家许多高尚和伟大的人物的认可，何其幸福。”

兰斯洛特·布朗是谁呢？他白手起家，首先是一个园艺师的助理，然后成为斯陀园的一个果蔬园艺师，在那里他引导英国贵族参观花园，从而结识了他未来的主顾。他在肯特的指导下做出了第一个设计。并于 1750 年左右，在他的主顾布鲁克勋爵的引导下，创建了沃里克郡的华威城堡花园，这使他声名鹊起（见左图和 P371 插图）。中世纪城堡的城墙被夷为平地，地形也被改造，然后种上了树丛，包括黎巴嫩雪松和苏格兰松树。布朗顺应城堡山势，布局了该场地，并通过这种方式一次又一次地在城堡和埃文河溪谷中设计出如画般的景色。

1750 年，布朗在华威城堡工作的时候，设计了位于乌斯特郡的克鲁姆庭园中的庄严住宅，并为迪尔赫斯特勋爵采用了帕拉迪奥建筑风格。他也设计了自然风景园，同时在湖中的小岛上建造了一个古典风格的凉亭，甚至还在主要道路底下修建了一个隧道，从而能够将邻近台地也设计成一个花园，并将之与主要场地联系在一起。

布朗在英格兰不断地旅行，为贵族们设

▶ **草莓山，特威克纳姆，伦敦**
新哥特式乡村住宅
1749/50—1776 年
霍勒斯·沃波尔等建造
从南侧花园观赏建筑

计风景园和豪华住宅。他不知疲倦，几乎每年都要换地方。

1767 年，他被任命为皇宫的主园艺师，作为合约的一部分，他还得到了荒野小屋居住。他经常被看到与国王乔治三世一起休闲漫步于汉普顿宫苑内，对于那个花园他改变得很少。他主要工作于里士满的旧园——现在为皇家植物园的一部分。

那些年布朗忙于设计位于牛津郡的兰利和布伦海姆内的花园。18 世纪初布伦海姆花园开始建造，后来布里奇曼设计了其中的一部分，包括厨房花园和一个有城墙的所谓的军事花园，然而这些不得不让位于布朗的设计。

布朗为第四任马尔堡公爵的布伦海姆林园所做的改造设计可以追溯至 1764 年，并为这个工作忙碌了 10 年。首先有必要为格莱姆河筑坝，并移土以挖出两个湖泊。布朗设想在西部地区最远的湖岸边设置一个大型跌水瀑布来取代由寡居的公爵夫人莎拉在 1720 年建造的莎拉瀑布。

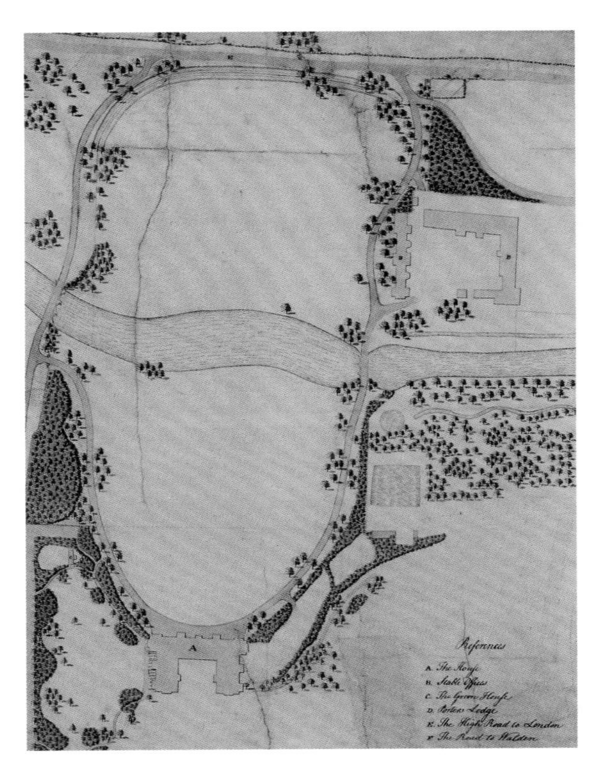

▲ 奥德利·恩德庄园，埃赛克斯

兰斯洛特·布朗绘制的平面图，约 1762 年

▶ 布伦海姆宫，牛津郡

18 世纪中期兰斯洛特·布朗设计的自然风景园

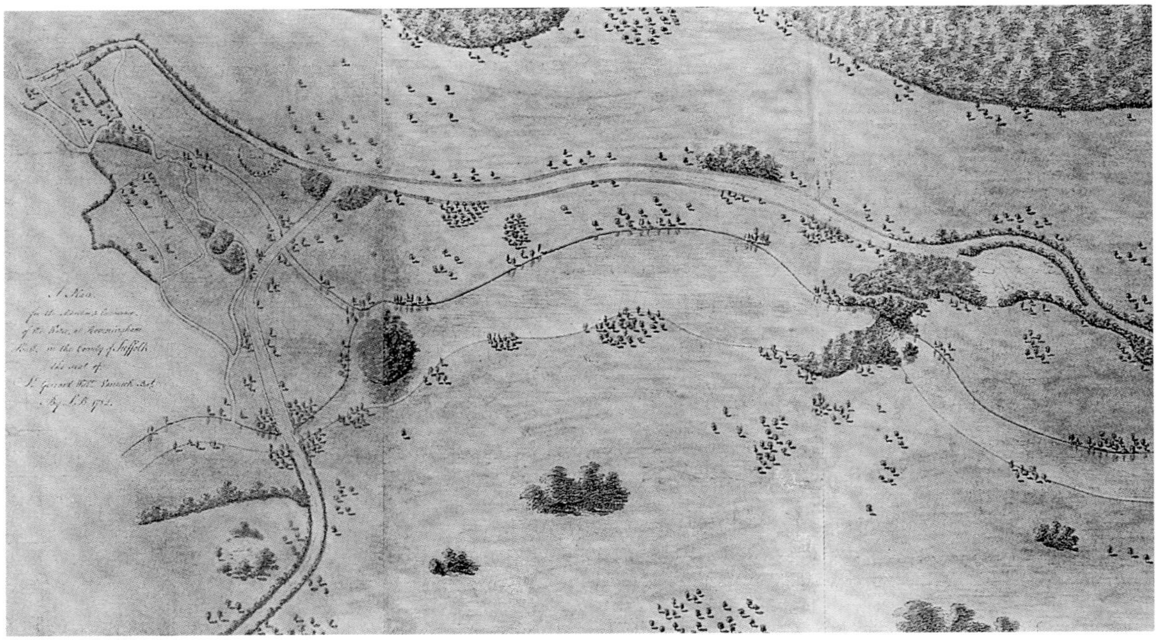

◀ **赫维宁汉庄园，萨福克郡**

兰斯洛特·布朗1781年绘制的平面图

布伦海姆丰富的水资源一直保存至20世纪，但也带来了一种近乎讽刺的新阐释。大约1930年，第九任马尔堡公爵雇用了法国园林建筑师阿希尔·杜舍纳。他重新设计了这块地方，设计了3个凡尔赛宫“水花坛”式的水景台地。他的父亲亨利·杜舍纳曾是园艺师，因将英国自然风景园改建为古典巴洛克式园林而成名。

1783年，兰斯洛特·布朗意外地中风去世。他的3个儿子中没有一个适合做他的继承人。他的活动范围极广。有趣的是，如果把他设计的花园面积加在一起，将比勒·诺特尔建造的花园面积多出许多倍。

那么，如何区分布朗与其他英国园林师所创建的花园呢？他有一句格言：花园必须以诗人的情感和画家的眼睛来布局，这句话一定同样适用于其他许多园林设计师。但布朗似乎并不在乎这条公理。他会刻意避免色彩的对比。你很少能够发现融入自然的古建筑，至少不是在很大的程度上，这是其他风景园的一个显著特点。布朗没有利用克劳德·洛兰或者尼古拉斯·普桑的方式来设计环境。他所在意的是以轻缓的、波浪般起伏的丘陵或蜿蜒的河谷呈现出来的线条的和谐，而建筑和雕像更多地被视为一种干扰。布朗有节制地使用艺术资源，这也可以从他的平面中看出来。位于萨福克郡的赫维宁汉庄园的设计可追溯到1781年。乍一看，它描绘的几乎是一块野地（见上图），树丛分布在广袤的草地上，并不复杂的主路系统细长曲折，穿过整片场地，园子里还有一个九曲湖以及一座树木繁茂的岛屿。

布朗完全改变了英国风景园的面貌。他设计了整个风景，但与创造和谐的外观相比，他很少关心如何表达出与自然的亲密性，对人工化也不加以任何掩饰。

霍勒斯·沃波尔借布朗的作品，用高度爱国主义语言赞美英国的风景园。他说：“*英国已经达到完美，并给予世界真正的园林艺术典范。其他国家，*”他继续说：“*可能模仿和掺混英国的品位，但在英国，风景园凭借其优雅的简洁应该占据其绿色宝座。*”他说：“*英国在任何其他艺术中都没有像在园林艺术方面这样有着如此强烈的自豪感；英国的园林艺术成功地减轻了自然的严肃性，同时又成功地模仿了自然的魅力。*”

谢菲尔德林园

1776年谢菲尔德第一任伯爵约翰·霍尔罗伊德决定在苏塞克斯郡建造一座40.5hm^2的大型风景林园。他成功地请到了英国最著名的两位园林设计师，“万能”布朗和汉弗莱·雷普顿来完成这项任务。后者从1789年

P375 插图

▶ ▶ **谢菲尔德林园，苏塞克斯郡东部**

3m池塘的岸上植被

开始在花园中工作，负责设计一串直到住宅前的小湖泊链。布朗则设置了两个被熟知为“女人之路”的湖泊。

直到1883年，谢菲尔德第三任伯爵扩大了湖区的面积，花园的进一步设计工作才得以进行。普翰父子公司承包了这项工作。詹姆斯·普翰作为一名岩石雕塑家成名于英国，他是第一个使用水泥建造人工岩石景观的人。湖泊台地之间的跌水瀑布很可能也是普翰的作品。在这期间，他还栽植了很多针叶树和杜鹃。

20世纪初，该花园成为亚瑟·索姆斯的财产，他在1909—1934年间利用湖区种植了许多不同种类的树木和灌木丛，从而使秋天的植物叶片呈现特殊的色彩关系（见左图）。

所谓的“女王走道”建于近些年，它穿越湖区，在某个特定的位置人们能够看到一幅非常漂亮的谢菲尔德林园住宅的景象（见上图）。1887年，为纪念维多利亚女王即位50周年而修建了这栋建筑。林园后来由国民托管组织接管，并对公众开放。然而，自18世纪中期开始，纯粹的英国园林学者就一直要求禁止建造装饰性建筑，这种要求一直存有争议，并在很多风景园林中都被置之不理。

谢菲尔德林园，苏塞克斯郡东部

▲ 从风景园远眺谢菲尔德林园住宅

◀ 中湖的岸上植被

▲ **塔顿林园，柴郡**
内有尼普顿喷泉的意大利式花园，1859 年由约瑟夫·帕克斯顿设计

塔顿林园

从《不列颠画报》(*Britannia Illustrata*)的版画中可以看出，即使是在 17 世纪，英国土地贵族还是青睐利用道路来划分花园，路两侧栽有山毛榉或欧椴树等行道树。这些道路不仅用作通向住宅的车道，也同样用于花园的内部区域。位于柴郡邻近纳茨福特的塔顿林园因其朝各个方向辐射出去的山毛榉道路而闻名，其中一条道路从几何形布局的巴洛克晚期花园通向一栋 1700 年后不久建立的住宅。汉弗莱·雷普顿建议业主拆除道路而种上树丛，并铺设曲折的小路。他告诉业主，这样才是理想的园林。但幸运的是，他的方案被拒绝了，那些道路也保存到了今天。

大约在 1814 年期间，刘易斯·怀亚特设计了一座花园，其中的壁龛、夏洛特夫人的乔木以及造型优雅的喷泉幸存了下来。1818 年在花园中增加了一个柑橘温室。著名的建筑师约瑟夫·帕克斯顿爵士于 1850 年为世界博览会建造了伦敦水晶宫，同年也去了塔顿林园并设计了意大利风格的花园台地。他设计了大型的台阶和一个中央喷泉水池，并在栏杆扶手处设计了优雅弧线的花瓶（见上图）。从这可以到达不远处的风景园，在那儿人们可以游览金川，一个建有日本神道教寺庙的迷人湖泊。这块被设计为日式花园的区域建于 1910 年（见 P379 插图）。

1810 年出生的英国作家伊丽莎白·克莱格霍恩·史蒂文森在纳茨福特经历了她的精神危机。她后来嫁给了牧师盖斯凯尔大人，成名时冠以夫姓。塔顿林园为她的书《妻子和女儿》(*Wives and Paughters*) 提供了背景，在书中改名为“卡姆诺尔塔楼”。这里，她指的是建筑师塞缪尔·怀亚特和刘易斯·怀亚特 1800 年左右为威廉·埃杰顿建造的古典风格的乡村住宅。

塔顿林园生动地展示了园林设计方法依赖于传统的程度。对异国情调如此包容的洛可可文化在 1900 年左右是园林设计师们的一个重要的灵感来源。这就是为什么对异国观赏性建筑的兴趣会复苏，而塔顿林园中的神道教寺庙就是这样的案例。

P379 插图
▶ ▶ **塔顿林园，柴郡**
日式园林，1910 年

P381 插图

▶ ▶ 霍华德城堡，北约克郡

1726—1729 年尼古拉斯·霍克斯莫尔所建造的陵墓远景

霍华德城堡

位于约克郡的霍华德城堡往往使观赏者将它视为“英国的凡尔赛宫”。1699 年，卡莱尔第三任伯爵查尔斯·霍华德和一名海军军官兼喜剧作家约翰·范布勒希望能够建造一座超越英国一切已有城堡的巨型城堡。范布勒草拟了方案，霍华德则命人将其修建起来。范布勒也因此迅速上升为最重要的建筑师。在英国，霍华德城堡拥有世俗建筑中最大的圆顶。城堡中部隆起，有 9 个开间的两翼及角楼，周围是开阔的花园。花园很快展示出后来的风景园的所有特点。尽管仍受到巴洛克式理想的影响，人们还是希望有开阔而庄严的远景，并且通过蜿蜒的道路、河流和桥梁来实现。但在保存至今的主花坛中有不朽的赫拉克勒斯喷泉，也有风格主义的树篱图形、仿建筑、方尖碑和拱形通道。无法确定的是这个巴洛克风格的方案在实际中究竟是否已建设完成；或者当人们的注意力转向自然风景园的新理想模式时它是否仍未完工。在城堡的东部，英国园林理论家斯蒂芬·斯威哲设计了一个小灌木丛“雷·伍兹”，以及一些通向设亭子的林中空地、喷泉和瀑布的曲径与花架步道。现在花园的这个区域成为新式英国自然风景园首次明确的标志。斯蒂芬·斯威哲骄傲地指出：

“这些无与伦比的树林将是任何自然或华丽的园林艺术所获得的前所未有的顶峰。”

南向的“台地步道”上能欣赏到壮丽的景观。小路从人工湖引向四风神庙，这是一个帕拉迪奥式圆厅别墅的自由变体（见下图），于 1725 年由范布勒修建。由尼古拉斯·霍克斯莫尔于 1729 年建造的陵墓是一个经典的圆形神庙，带有平缓的圆顶，给人留下了强有力的印象（见 P381 插图）。

▼ 霍华德城堡，北约克郡

约翰·范布勒爵士建造的“四风神庙”，1725 年

邓库姆林园

位于约克郡的赫尔姆斯利小镇主要是一座能够欣赏到全景式远景的浪漫城堡的遗迹，视线可及拉伊河谷。17 世纪末城堡被伦敦金史密斯学院的银行家查尔斯·邓库姆爵士所收购。它不仅仅是一座观赏性建筑，还是一座真实的中世纪建筑。

但是查尔斯爵士很快喜欢上了另一座由约翰·范布勒爵士于 1710 年左右建造的、有着开阔林园的城堡。从城堡入口进入，穿过一个宽敞的草坪就来到时间之父萨杜恩设置日晷之处。雕塑出自弗兰德斯的雕塑家约翰·凡·诺斯特之手（见下图）。一条阶级小道指引步行者经由带着翅膀的萨杜恩雕像，再从托斯卡纳神庙沿一条弯曲小路行至对面的爱奥尼亚式神庙，让游者享受一幅灿烂的视及拉伊河谷的远景（见 P382 插图）。在爱奥尼克式神庙的下方有一堵建于 1718 年左右的哈哈墙，类似的墙后来也出现在斯陀园内。

像霍华德城堡一样，邓库姆林园也是早期的英国自然风景园之一。范布勒一定是被上帝选出作为这种类型花园的先驱。他的成功也可能是因为，无论是作为建筑师还是园林师，他都没有经过正式的训练。他凭直觉抓住了创造自然景观与人造主花坛之间的关系的潜在可能。他的一个基本理念就是要有

P382 插图

◀◀ **邓库姆林园，北约克郡**

从爱奥尼克式神庙看园中风景

▶ **邓库姆林园，北约克郡**

由约翰·凡·诺斯特设计的日晷与萨杜恩雕塑，远处是爱奥尼克式神庙

一条与城堡立面平行的主干道，这使得从住宅处欣赏花园以及穿越花园欣赏远处的风景成为可能。这种新的“英国风格”追求在花园或林园中接近自然，可能几乎同时在邓库姆林园和霍华德城堡中第一次付诸实践。

斯塔德利庄园

当描述位于北约克郡埃尔德菲尔德村附近的方廷斯修道院遗迹时，作家兼政治家本杰明·迪斯雷利写道：这个大修道院遗迹分布在多达 4hm^2 的面积内；大部分长满苔藓的砖砌建筑曾经是前主人使用的住宅和农用建筑，位于广阔的台地式花园内。在这些遗迹中，他写道，基督教艺术最高贵的作品之一依然屹立着，那就是修道院教堂，尽管它已经破损了，但其形式，形状，作为夏季唯一遮蔽的圆顶肋梁，以及仅存拱和一些精美窗饰的彩色碎片的华丽窗户，仍然受到了人们的赞扬。

遗迹可追溯至建于 11 世纪的西多会修道院（见 P386、P387 插图），但其吸引力完全归功于约翰·埃斯勒比，他于 18 世纪初收购了该场地，并在 1722—1742 年（他去世前夕）的这段时间内将之改建成令人愉悦的水景园。他将斯盖尔河的河水引入场地，设计了一个大湖泊，并设计了石窟温泉和著名的月亮池，其中一个池是满月的形状，其他的则为新月。1728 年，他设计出了古典主义的虔诚神庙，并由理查德·多伊建成（见 P385 插图）。他在水景园上面铺设了一条上山的路，可以到达他去世前不久才开始建造的一个八角形的新哥特式神庙。从这里可以到达帐篷山的顶峰，越过河道和斯盖尔河上的瀑布还能看到一幅令人难忘的方廷斯修道院遗址的景象。

水景园中最令人印象深刻的景象是从一个抬升的高地望向对面的虔诚神庙。斯塔德利庄园以及方廷斯修道院也许是英国园林设计中的特例。作为“多愁善感的”花园所必需的浪漫遗迹已然存在了，那将废弃的修道院和古典主义建筑，以及一个内有湖泊、池塘和沟渠的广阔的风景园结合在一起，可能确实是独一无二的。

P384 插图

◄ ◄ 斯塔德利庄园，北约克郡

水景园中的雕塑

▲ 斯塔德利庄园，北约克郡

虔诚神庙，1730 年左右

P386 插图

◀ ◀ 邓库姆林园，北约克郡

从爱奥尼克式神庙欣赏园中风景

▶ 斯塔德利庄园，北约克郡

方廷斯修道院，前修道院教堂
朝东的中殿

异国情调

17—18 世纪，一些欧洲国家如法国、荷兰或英国，成功地向太平洋、远东、南美洲和中美洲扩展其殖民力量。海外贸易的繁荣为这些国家带来了从未见过或品尝过的物品。此外，还有关于旅行的图文并茂的描述充满想象力地记载了那些令人难以置信的动物、植物、人类种族的传闻。中国的产品，特别是花瓶或布料，很快就变得越来越受欢迎。在欧洲国王和王子的庭园中，艺术家们开始复制外国的装饰物，并将其作为一种新的装饰风格，整合到传统的庭园艺术中来。不久，异国情调的建筑如摩尔式神庙或中式的桥梁和宝塔都被吸收作为装饰特色。这次尝试，尤其是在英国风景园中的应用，产生了关于世界偏远地区的完美错觉。异国情调园林设计的频频出现的一个特色就是中国宝塔，它由英国建筑师威廉·钱伯斯爵士于 1763 年第一次引入英国的邱园（见 P388 插图），随后出现在赫特鲁的无忧宫以及慕尼黑的英式花园中。

园林设计中的异国情调无疑是以所谓的中国艺术风格为主。在此不只是使用了中国宝塔或桥梁，还有乡村别墅和城堡中的装饰，以及镜子、瓷器柜和中式房间。但印度和摩尔式的橱柜也有一席之地。在沃尔利茨自然风景园中，中国观赏性建筑兼具埃及建筑的特点。建筑和装饰中亦有土耳其或摩尔式图案，例如斯德哥尔摩的施威琴根城堡以及斯图加特的威廉玛动植物园中。这样的折中主义，即不同体裁特征（通常是对比）的组合

▲ 中国亭

图片选自《新花园的细节》（*Détails des Nouveaux Jardins*）中的“红色，第十二条笔记”，勒·鲁热，1784 年

P388 插图

◀ ◀ 邱园，伦敦

中国宝塔，由威廉·钱伯斯爵士建于 1763 年

◀ 希尔花园，威尔特郡

茶室前的日式桥

为 19 世纪后半叶的历史主义铺平了道路。

然而，中国艺术风格的流行很快演变成了一种既定的洛可可风格，稍许特别的东方与印度的异国情调的装饰图案都被视为珍品。在宽敞的园林空间中，那些带有细长尖塔的阿拉伯清真寺、土耳其帐篷，或是有着宽拱门和丰富图案的外立面的印度寺庙，作为在审美上能被接纳的异域形式发挥了重要的作用。为了运用它们异国情调的魅力，常将其用在小路近端作为引人注目的节点或隐藏在树丛中。这些异国风情的变体绝大部分保持了其各自的特性，不能很好地被整合入具有中国艺术风格的装饰中。

园林设计中的异国情调并未普遍流行，而且也受到了批评。早在 1748 年，威廉 · 吉尔平就在他的《关于花园的对话》中写道："*中国的时尚缺乏真实性和品位，不可能创造出阿卡迪亚的效果，因为毕竟它不同于希腊思想中的极乐世界。*"

▲ 中国亭
由威廉 · 钱伯斯爵士绘制，选自《中国建筑设计》，1757 年

▶ 曾为 18 世纪时期的林园，卡桑
中式亭子

英国 18—19 世纪的造园理论

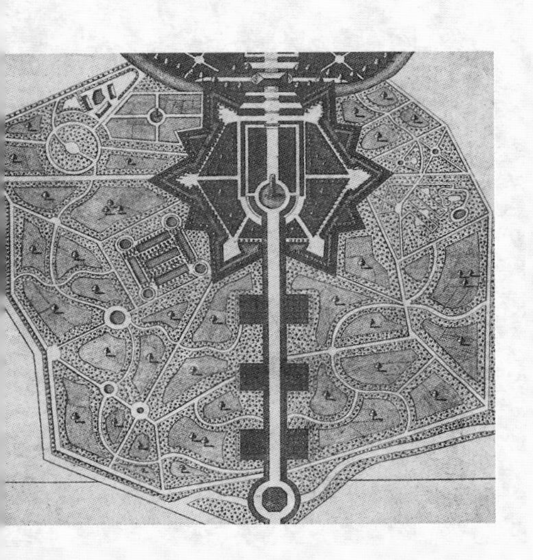

▲ 帕斯顿庄园

效仿斯蒂芬·斯威哲所做的场地平面图

英国造园理论为园林实践描绘了一幅有趣的图景。理论常常不会领先于实践，反之亦然。花园和林园经常引出其设计特点的理论的概念化。斯蒂芬·斯威哲是一位实践性的园林设计师，他可能是第一个缩小法国巴洛克式园林和定位为自然风景园的园林之间差距的人。他的作品《乡村肖像》(*Ichnographia Rustica*）共三卷，于 1718 年在伦敦出版。他要求园林设计应结合实用与愉悦的特性，但他果断批判了法国园林几何形式的特点。这一点令人惊讶，因为 1718 年他设计理想花园时模仿的就是法国范例。花园里的确没有具体的法式花圃装饰，但在规则的池塘两边有几何形式的花坛分格，结构上很显然源自传统的巴洛克式园林（见左上图)。斯威哲所渴求的与农业之间的密切联系促成了有墙的壕沟，即所谓的哈哈墙的建造，从而防止牲畜误入娱乐和实用的花园区域。斯威哲从德扎利埃·达让维尔的著作中吸纳了很多理念，并以一种英国精神将之重塑，从而提出了关于风景园的第一批理论概念。

一名下院的保守主义议员托马斯·沃特利的作品《现代园林观察》(*Observations on Morden Gardening Illustrated by Descriptions*，伦敦，1770 年）首次提出了园林与山水画之间的密切联系这一讨论主题。他赞扬了园林设计的价值，并认为它是优于山水画的，原版的总好过副本。这比较有趣，因为它注意到了园林设计师能够塑造自然，而相比之下画家只能模仿自然的事实。沃特利与他宣扬的

► 庞布鲁奇纳斯花园 / 威尔顿住宅花园

艾萨克·德·考斯绘制，1645 年

图中是在 18 世纪上半叶新型英国风景园带来截然不同的改变之前，17 世纪中叶英国的庄严住宅中花园布局的样子

▲ 希尔花园，威尔特郡

17—19世纪的庄严住宅前的南平台

唯美主义，并没有将造园看成是一种工艺，而是作为一种需要灵感的艺术。因此他并不会为园林设计师列出需要考虑和实施的任务清单，而是将园林设计整合到广泛的文学艺术领域中去。所以，绘画从来都不应该是园林设计的原型，因为园林设计师是根据他们自己源自对大自然的研究的美学规则来工作的。斯陀园、斯托海德园，以及兰斯洛特·布朗的园子都是沃特利的范例。在其中他发现了审美结构，并在他的文章当中加以整理和总结。将沃特利的评论视为布朗创作实践的理论副本是可行的。他对德国的大陆风景园拥有尤其强大而持久的影响力。

然而，与布朗的园林设计实践相一致，沃特利喜爱几乎纯粹的风景设计，而伦敦建筑师威廉·钱伯斯爵士则对异国情调的园林设计感兴趣。他在去中国的旅行中，对中国的观赏性特色产生了浓厚的兴趣。与布朗相比，他为“多愁善感的”的花园铺设了道路，旨在创造一种主导的情绪感染力。实际上，这两种类型的花园得以在英国共存，但其支持者们却坚定地分为站在钱伯斯爵士和布朗之后的两个阵营。另一方面，德国和其他欧陆国家，更多地接纳了钱伯斯爵士的理念，而不是模仿布朗的花园。

在威廉·吉尔平（1724—1804年）的理论著述中，林园和花园之间的区别已阐释清楚。他对绘画元素的强调促成了一种类似于分析图片的看待园林的方式。吉尔平，这位汉普郡博尔德尔的牧师，同时还是霍勒斯·沃波尔的朋友。正如他1791年的《评论》（*Remarks*）中写的“花园是一幅三维的、动态的画面。”在那篇文章中他使用水彩来展示设计森林或树丛边缘的正确的和错误的方法。为了提高风景园的如画品质，吉尔平建议借助观赏性建筑来创建视觉系统。因此，始于一个池塘或水池的绿树成行的林荫大道，常引向一处遥远的废墟。这个废墟本身并不一

▲ 林荫大道的透视图
尽头是罗马风格的古建筑废墟
效仿兰利，1728 年

▼ 垂直与水平形式组合的错误的（上图）与正确的（下图）示例
选自汉弗莱·雷普顿的《草图》（*Sketches*，1840 年版本）

定需要真正建设起来，可以是画在画布上，或通过水泥抹灰的砖墙表现出来。吉尔平阐述了看待英国风景园的方式，其中强调了其绘画特质。在新兴的工业时代，他决定性地促成了一种去除实际生活某些方面来看待事物的方式。

同吉尔平一样，从 1788 年开始成为专业园林设计师的汉弗莱·雷普顿（1752—1818 年）也指出了林园和花园之间的区别。邻近住宅的花园要求是严格的几何形式设计；但对于坐落在距离住宅更远的林园来说，其注重的应该是赋予自然以艺术形态的原则。雷普顿草拟了不同的设计规则，从而展示了花园、豪宅和林园之间在审美上的相互影响。同吉尔平一样，他区分了正确的和不正确的设计方式。在他的《风景造园的草图与提示》（*Sketches and Hints on Landscape Gardening*，伦敦，1795 年）中，他分析了垂直和水平形式的可能性组合。这里涉及住宅附近的落叶性阔叶或针叶植物的定位与修剪（见左上图）。一栋具有历史特征的建筑，如阶梯式山墙的、垂直性构建两侧与角楼相接，需要与用来勾勒建筑的、树冠伸展的落叶性阔叶林，以及低矮的灌木丛形成对比。另一方面，对于强调水平线条的古典主义住宅来说，应当利用高大的云杉与住宅的高度之间形成对比，这样的搭配是恰当的。

正如雷普顿很强调这些案例中的林园、花园和住宅的绘画特质，他显然不只是关心如画般的效果。在《草图》中他写道：

“我发现‘实用’常常领先于‘美观’，而‘便利’则更胜过人类栖息环境附近如画般的效果……但在任何涉及人类的事物中，‘得体’与‘便利’并不比如画般的效果品位差。”

约翰·克劳迪斯·劳登（1783—1843 年）是一名苏格兰庄园园主的儿子，他为英国自然风景园在艺术和社会评价的方向上带来了改变。这可以追溯到他大量的关于园林设计

P395 插图
▶ ▶ 巴斯，萨默塞特郡
帕莱尔林园，从城堡看向有帕拉迪奥式桥梁的风景林园

▲ 谢尔菲德林园，苏克塞斯东部
中湖岸边的植被

的理论和实践上。尽管劳登在很大程度上继承了雷普顿的想法，但他论证展示了老人们（事实上，是老一代人）的体系中存在的错误和弱点。他回归到谈论花园而不是林园。他认为，如画园林应该扩大到住宅以表现主人的品位。后来他将此类花园与几何花园放在同等的地位——没有任何敌意，顺便说一句，即传统建筑和巴洛克式花园。他在19世纪早期的许多著作中都表达了这些观点。然而，19世纪30年代，劳登在第8版的《园艺师杂志》（Gardener's Magazine，1837年）中引入了一个新术语。他写道：

“花园般的风格……可以视为是在展示园艺师的艺术。”

他很在意路径系统的安排与清晰的布局，以及丛生的树木。乔木和灌木现在被看作是强调园林设计师审美形式的个体存在，与如画的风格形成了完全的对比，后者使眼睛集中在丛生的树木或灌木群上而忽略掉其中的个体设计。

随着“花园般的”的概念的产生，几何形式变得越来越重要。在一个曲折路径的系统里，树木、灌木丛和易于种植的圆形花圃常被成组地进行布置（见P397下图）。劳登认为，在每个花圃内仅种植单一类型的花卉或灌木很重要。此外，它们应当与道路以及其他的花圃保持至少1m的距离。几年之后，在设计一栋“郊区住宅”时，他将这种模式转

▲ **几何风格的郊区住宅**

选自《园艺师杂志》，1841 年

换成了一种严格的几何模式（见右图）。在住宅的前面建有厨房花园，一条种着果树的小路从它们之间穿过通向入口立方。后花园是一个英国文艺复兴时期风格的下沉花园，以一个大型装饰图案进行划分。广场围合出一个圆形区域，里面有各种形式的花圃，如半圆拱形的、球状的或矩形的，上面种着不同的植物。正如劳登告诉我们的那样，有序地铺设道路是为了节约维修成本。

劳登一直遵循着从英国自然风景园到历史化的或折中主义花园的路径。他的理念得到了积极的回应，因为他考虑到了没有太多特权的社会群体的需要，并且为他们提出了联排别墅花园的想法，当然这不太可能被设计成一个风景园。

书商和装订商雪莉·希伯德（1825—1890 年）在他的理论陈述中，迈出了从风景园走向几何形式花园的决定性的一步。在作品中他追随着劳登的脚步并宣布风景园的衰亡。希伯德明确地说这是为了“普通百姓”、穷人，紧接着假设每个人都有各自的品位，也因此有一定程度的艺术技能。所以他试图教授人们造园艺术，这样他们就能够像培养他们的灵魂一样来种植花园中的植物。他还写道，在世界上的所有地方，暗淡的城镇需要鲜花的存在，它们能够将我们从繁忙喧嚣的生计中不时地唤回，让我们回忆起童年、故乡、初恋、第一次闲逛、母亲的微笑和亲吻，继而一片开满金凤花的草地就为我们而生了。这种关于社会态度的浪漫理想主义是为了促进道德的改善，因为尽管镇上居民无法直接接触自然，但它的缩影可以被放置在客厅里或前门外的小块土地上。

从这个角度看，旧式的英国园林被宣布为新的、现代的花园，它为城镇工业化提供了一个制衡因素。范例被有意识地从文艺复兴或法国巴洛克风格的旧模式的书籍中选取出来。这能够从希伯德的几何形花园设计与德扎利埃·达让维尔的设计对比中得以说明。花园的边界，再次脱颖而出——明确抛弃了旧的风景园中的哈哈墙。

这种园林设计的方法在社会主义乌托邦的几十年间无疑是合理的。但鉴于日益增长的城市化和因工业化而远离自然的社会，风景园怎么可能会被中伤呢？对于希伯德来说，这种类型的花园象征着土地贵族的特权，而大部分人却得不到。因此，这样的一个小型风景园，无论是室内的还是室外的，都是作为自然的替代品。那么对于这种类型的花园来说，几何形式在某种程度上是必然的选择。

▼ **圆形的花圃设计**

由约翰·克劳迪斯·劳登为并非是艺术家的园艺师们设计的花园方案，选自《园艺师杂志》，1835 年

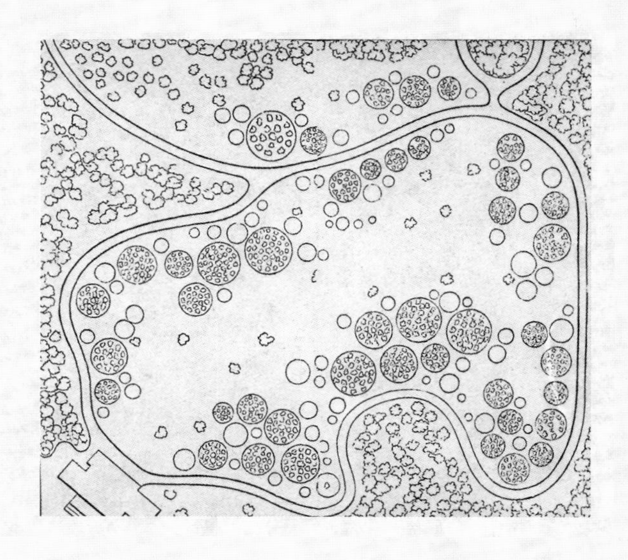

威廉·贝克福德与放山修道院

▲ **威廉·贝克福德（1760—1844年）**
唯美浪漫的怪人肖像

放山修道院之于英国风景园就像波玛索之于意大利巴洛克风格花园一样，它是其所属类型中的一个古怪案例。它并不是出现在放山的一个波玛索似的奇怪案例，但发生在它的缔造者威廉·贝克福德身上的奇闻轶事就像这座意大利花园中的奇妙生物一样令人好奇。这段可能是房子主人最典型的轶事，是由赫尔曼·路德维希·海因里希·冯·普克勒－穆斯考王子在他的《亡人遗信》(*Briefe eines Verstorbenen*)中记录的。据说古怪的贝克福德用一堵约3.5m高的墙体围住庄园，从而阻挡一些不速之客。附近一个爱窥探的勋爵利用高梯设法越过了这面墙，并突然发现自己正好与威廉·贝克福德面对面。后者很礼貌地提出带领这个侵入者参观他的房子和花园。参观结束之后，威廉·贝克福德向客人道别并祝福他度过快乐的一天。当勋爵发现出去的门被锁上而请仆人为他打开门时，仆人则重复了他主人的命令，说客人应该从他进来的相同的路出去。

王子以一个问题开启了他的趣闻轶事："听说过古怪的贝克福德吗，像散文中的拜伦勋爵……？"事实上拜伦本人将威廉·贝克福德描述为英国最富有的人，他的财富足以支撑他把他的浪漫幻想变成现实（见左上图）。贝克福德在葡萄牙的辛特拉山建起了他的第一个花园，正如他所写的那样是一个"克劳德喜欢的地方"——意思是这是一个以克劳德·洛兰画作中的精神而设计的花园。在18世纪90年代他回到英格兰之后，贝克福德委托建筑师詹姆斯·怀亚特建造一座位于威尔特郡邻近索尔兹伯里市放山上的新哥特式修道院。它奇怪地结合了一座中世纪的钟楼、哥特式的高大中殿、城堡状的侧翼和以垛口式女儿墙的高塔——这是一个建筑舞台，在这个舞台上房主一个人独自既导演又演出着（见右图）。

那贝克福德勋爵是谁呢？他是通过奴隶贸易和位于牙买加的甘蔗种植园而致富的，他不可估量的财富已经留给了他的家人。在他五岁时，他有幸跟随了沃尔夫冈·阿马德乌斯·莫扎特学习钢琴，跟随水彩画家亚历山大·科普斯学习绘画艺术。1781年，年轻的威廉·贝克福德在圣诞节庆祝成年时，他父亲的乡下庄园，放山光明之宅，灯火通明，伴随着欧洲最著名的阉人歌手的歌声，变成了一个童话般的幻想与透明的动态图景。这些年来贝克福德致力于他的名为《瓦泰克》(*Vathek*)的小说，一个悲观的哥特式浪漫主义的作品，具有浮士德主题和东方背景。拜伦勋爵将这本书称为是自己的圣经。刚刚起步而前途远大的文学和政治生涯在他有同性恋倾向的流言中戛然而止，而恶意迫害也迫使他逃亡国外。他去了葡萄牙，之后很快便自我放逐到"治外法权之地"放山修道院。贝克福德将这个建筑设计称为"恶毒的"。据说中塔有84m高，在天空中隐约可见，而中殿几乎有威斯敏斯特教堂那么长。贝克福德说除了巴比伦，从来没有用了这么多石材的建筑。在那里，他可以纵容他的孤独和忧郁——在被一大堆仆人的包围下。仆人中有一位来自斯特拉斯堡的医生，一位名叫佩罗

▶ **放山修道院**
作为威廉·贝克福德乡村住宅的中世纪修道院

▲ **约瑟夫·马洛德·威廉·特纳**
利兹博物馆和美术馆
（城市艺术馆）

放山修道院景观，用方形画笔、墨汁在纸上绘制的水彩画，29.8cm × 47.7cm，1799年左右

的瑞士矮人，其工作就是为来到这里的寥寥无几的客人们打开10m高的橡木门。后来，贝克福德决定写下在修道院这个坟墓中他所承受的可怕的无聊和孤独。更糟糕的是，在那个坟墓中找不到其他坟墓可以提供的那些关于他的以往的任何残留。

住所被一面3m高、12km长的墙所包围，其中囊括了一个林园以及建筑群。林园在某种程度上来说像是一个童话，而其他则暗淡无光。18世纪下半叶，贝克福德设计了一个所谓的美式花园，从北美引进了许多抗冻性植物，如杜鹃花属的或是木兰科以及柏树和开始流行的郁金香。在修道院的低洼处，他开挖了人工的比特汉姆湖。宽敞广阔的草地和长长的林荫道在树木环绕的场地上延伸，这些树木有当地的物种，也有异域的。贝克福德想要一个园艺控制下的原野；在这里，那些处于墙外可能会被热衷于狩猎的勋爵无情杀死的动物们，则被给予了一个天堂般的避难所。

1799年，年轻的约瑟夫·马洛德·威廉·特纳为了给林园和修道院作图和画水彩画而在放山待了3周的时间（见上图）。贝克福德可能很想在特纳的艺术作品中看到自己的愿景得以实现，因为他的关于放山的一篇描述与特纳的一幅水彩画能够相当精确地对应起来。他写道，修道院周围的所有黑森林都笼罩在落日从天空沉入最可爱的蓝色时散发出来的光芒四射的颜色中；阿特拉斯城堡就屹立于这些森林之上，它所有的窗户都如钻石一般闪闪发光。他说在他的一生中从未见过如此接近愿景的事物，也没有见过如此美妙的外观或如此神奇的颜色。贝克福德从阿里奥斯托的《疯狂的奥兰多》中采纳了阿特拉斯城堡的题材，即飘浮在空中的魔术师。

1807年，奴隶贸易被废除。随着西印度群岛殖民地的糖价下跌，贝克福德的收入也相应减少。住宅的维护很昂贵，也不再可能得到资助。因此1822年，放山修道院不得不以330 000英镑在英国伦敦克里斯蒂拍卖行廉价出售。贝克福德评论说，他已经摆脱了“神圣的坟墓”。当几年之后修道院的高塔坍塌时，他的态度几近超然。他只是遗憾没有到那看看它。

1800 年前后德国自然风景园

自然风景园的起源和理论基础源于法国园林，但是成形于英国。那英国自然风景园是如何重返欧洲大陆的呢？毕竟，是法国国王路易十五于 18 世纪 60 年代就按照田园浪漫主义的观念在凡尔赛特里亚农区域进行了设计。18 世纪末，英国自然风景园变得越来越流行，而海峡对岸的园丁们也一直很受欢迎。至此，巴洛克式花园终于到了发展的尾声。现在人们希望拥有的是通过一些风景优美的特色，如悬崖、瀑布、水边的茂盛植被，以及小型的古典庙宇而得以强化的原始自然。

让 – 雅克 · 卢梭在这个园林新理念的传播中起到了决定性作用。他的书信体小说《新爱洛伊斯》(*La Nouvelle Héloise, ou lettres de deux amans, habitans d'une petite Ville au pied des Alpes*)，讲述了阿尔卑斯山脚小镇上的两个恋人的故事，于 1761 年首次出版，并于 1762 年被译成德文。在其中，基于与自然的亲密接触，他概括出了一个新的人生哲理。他的原型是花园，在那里他发现了自然，人们也可以找到回归自我认知、回归自然的路。为此，在他的花园中不存在规整、秩序或直线条。本着“自然沿直线种东西”的理念，植物、灌木和树木的自然生长，以及风景的特质在此得以积极倡导。

沃尔利茨的自然风景园

基于卢梭哲学的自然风景园的概念，在德国传播得十分迅速。在“多愁善感”和思想启蒙的时代，沃尔利茨的花园得到了重视。它是由弗里德里希 · 弗朗兹 · 冯 · 安哈尔特 – 德绍 · 利奥波德王子于 1790 年左右完成的，并很快成为欧洲的重要景点之一。画家、哲学家、作家应邀前往参观。王子将他的花园看作是一个开明国家的原型。花园将作为一个典范公国的审美中心而呈现出来，而英国风景园无疑提供了范例。据说英国外交官查尔斯 · 斯图尔特，在面对这个林园的宽敞布局和令人惊叹的风景时，热情地喊道：“天哪，我简直就是在英国！”

作为一个年轻人，王子弗朗茨（见左图）从 18 世纪 70 年代开始全身心地、勤勉地照料他拥有的风景及装饰物。这是在英国学习园林的几个漫长旅程所换来的结果。在这些旅程中，他一直由建筑师弗里德里希 · 威廉 · 冯 · 埃德曼斯多夫和负责监督沃尔利茨花园设计的园林师约翰 · 弗里德里希 · 奥韦尔贝克陪同。但王子自己也尝试规划和设计，甚至会反对他的专家的想法。

在一定程度上弗朗茨王子成功地实现了他创建一个文化圈的愿景。他能够为古典学者和翻译家奥古斯特 · 冯 · 罗德在沃尔利茨提供一个住所，学者与艺术家综合书店于 1781 年建

▲ 自然风景园，沃尔利茨
维纳斯神庙

◀ 弗里德里希 · 弗朗茨 · 冯 · 安哈尔特 – 德绍 · 利奥波德王子
画作，约 1766 年
安东 · 冯 · 马龙
纽伦堡，日耳曼国家博物馆

P400 插图
◀ ◀ 自然风景园，沃尔利茨
基于意大利和英式的案例，弗里德里希 · 威廉 · 冯 · 埃德曼斯多夫于 1769—1773 年修建了位于沃尔利茨的城堡或称乡村住宅（上图）；沃尔利茨湖与阿玛莉亚石窟（下图）

◀ 自然风景园，沃尔利茨

从金瓮展开的扇形视野，有犹太教堂、圣彼得教堂和所谓的警示圣坛

P405 插图

▶ ▶ 自然风景园，沃尔利茨

花神庙

于德绍，而 15 年后的“铜板雕刻协会”也吸引了很多重要的铜板雕刻家。教育家约翰·伯纳德·巴泽多在泛爱学校内工作。但特别受欢迎的却是沃尔利茨林园内的专业图书馆，其专门为来自世界各地的园林师而建。所有这一切都是由弗朗茨王子实现的。王子被其强大的邻居，普鲁士的弗里德里希二世轻蔑地称为“小王子”，但他已经能够从普鲁士独立出来，并宣告他的中立国特征。为了不断接近创建文化圈的伟大目标，弗朗茨不得不筹集大笔资金，但是对他来说，所有这一切都是值得的。在湖的中央，他设计了一个立有卢梭纪念碑的卢梭岛来表示他的哲学理论的起源，思想启蒙的萌芽细胞，以及他与这位 1775 年在巴黎结识的法国思想家之间的关系。

“英国的风景”，像一个景观的典故，当你沿着沃尔利茨湖岸漫步，突然瞥见两侧林立着错落有致的高大树木的罗马式建筑时，就能清楚地领会到这一表达。像神庙一样的亭子由埃德曼斯多夫于 1767—1768 年作为有屋顶的室外休息处而设计。带有丰富隐喻的林园，是王子旅行印象的存储库。一次前往那不勒斯的参观使他有了“石头岛”的设计，于是即使是在家里他也能够欣赏到坎帕尼亚大区的风景。伦敦郊外草莓山的霍勒斯·沃波尔乡间宅邸，促使他建造一座具有可相比性的新哥特式大厦。哥特式住宅坐落在一片宽敞的草坪之上，四周环绕着云杉，在古典主义建筑群的背景下，制造出一种外来的、几乎异域风情的印象（见下图）。王子大概在英国发现了他所喜欢的这种风格。在 18 世纪下半叶，古典主义和历史主义，即新罗马式，或是更多地表现为新哥特式的建筑形式也都能在那里看到——然而这在德国建筑领域中并没有出现，直到后来才得以风靡。在沃尔利茨，王子较早地领悟了如何通过园林设计的艺术，将这些严格地说来相悖的建筑风格结合起来。

▼ 自然风景园，沃尔利茨

哥特式住宅，由弗里德里希·威廉·冯·埃德曼斯多夫于 1785—1786 年所建

▲ **伊尔姆河边的林园，魏玛**

1776年，歌德搬到了坐落在山谷边缘的花园住宅，这是公爵卡尔·奥古斯特送给他的礼物。伊姆河边的林园是一个位于魏玛老市中心郊外的、被一个繁茂树木的山坡所环绕着的河流草甸，建于1778年。歌德曾参与该项目公爵卡尔·奥古斯特和歌德以前都参观过沃尔利茨自然风景园，并在其中为魏玛林园的设计找到了样板。林园内有少量建筑物，并且据说有一段时间该场地被看作是“多愁善感”氛围的标志。上图就传达出这一种感觉

赫希菲尔德的造园理论

英国园林理论家的著作也是英国自然风景园获得压倒性成功的原因。这些在1770年代的德国译本中都是可以借鉴的，在设计新的花园时也都被仔细研究过。随着这些小册子的流传，基尔大学的哲学与美学教授，基督教徒凯·洛伦兹·赫希菲尔德的造园理论很快就流行开来。尽管从未有机会亲身观赏英国园林，他仍用分析理论来研究自然风景园，并拟订了一系列的构图要素与特征。与早期的理论不同，赫希菲尔德在他的出版于1779年的《园林设计理论》（*Theorie der Gartenkunst*，见P407上图）中，对于一天中的不同时段和一年中的不同季节的花园做出了区分，此外依据参观花园期间所产生的不同情绪对场地进行了区分。因此，他谈到了忧郁的、开朗的、敏感的以及庄严的花园。在他看来，情绪是由所看到的特定的植物而产生的。花园类型学在赫希菲尔德的作品中第一次得以拓展。人们在花园类型中增加了修道院的、公墓的、学院的、浴室的、医院的和城堡花园。赫希菲尔德的想法是让城里的人们能够享受“运动、呼吸新鲜空气的快乐、工作的乐趣以及欢乐的谈话”。在他看来，花园的建造应该兼顾当时很受欢迎的英国自然风景园和法国巴洛克式园林，从而创建出一种特定的德国花园。赫希菲尔德不仅拒绝“矫揉造作”的法国洛可可式园林风格，同时也避免出现英国风景园的元素如中式茶室和其他精致的装饰建筑。带着这些建议，赫希菲尔德希望能给风景园带来一种更坚定的品质。因此，他从以兰斯洛特·“万能”布朗为代表的“严格的英式线条”寻找灵感。赫希菲尔德的理论迅速成为德国园林的设计标准。

“从带有拱廊的住宅的正面和背面开始，步行区域几乎都以一个英式花园的形式展开。在带有拱廊的房子前有一片相当大的橡树林，但在其中许多大型空间内还种植着各种本土的和外来品种的花卉与灌木，混合着开花灌木。凹陷的低谷和隆起的土丘为步道和风景带来了多样性景观。山丘上、溪谷里，到处都有白色的长椅、座凳和桌子。高大的橡树

Theorie
der
Gartenkunst.
Von
C. C. L. Hirschfeld,
Königl. Dänischem würklichen Justizrath und ordentlichem Professor der Philosophie
und der schönen Wissenschaften auf der Universität zu Kiel.

Erster Band.

Leipzig,
bey M. G. Weidmanns Erben und Reich. 1779.

◀ 基督教徒凯·洛伦兹·赫希菲尔德

《园林设计理论》
扉页和小插图，莱比锡，1779 年

下面，山毛榉树生长在其间，树荫下还有诱人的休憩空间。”

赫希菲尔德的这些高度赞扬的话，描写的是邻近法兰克福的哈瑙附近的威斯巴登林园。与英国风景园之间的比较不仅仅是就视觉外观而言，而且从业主即法定继承人威廉·冯·黑森－卡塞尔的家庭关系角度来看。王子的母亲是英国国王乔治二世的女儿。1776—1784 年间王子建造了该园地。那里的浴室、带有埃斯克拉庇俄斯雕像的甘泉寺和在中世纪形式的城堡废墟，以及小型的亭子，都是为游客们包括园林专家如赫希菲尔德设置的娱乐场所。这个浪漫的废墟坐落在一个小岛上（见下图），是每一个英国自然风景园中都必须设置的，而威廉就生活在这里。“……依据王子的图纸，破败了一半的哥特式塔楼，以一种真正的迷惑性风格被建造出来”，赫希菲尔德在他的关于威斯巴登的笔记中写道。有

▼ 自然风景园，威斯巴登

城堡废墟是基于一个哥特式楼台的平面图（依据一幅兰利的版画），建于 1780 年，作为法定继承人威廉·冯·黑森－卡塞尔王子在岛上的一处住所

▶ **卡塞尔－威廉高地城堡林园**

完美的景象，画作，1800 年左右
约翰·埃德曼·胡默尔
卡塞尔，国家艺廊

一个特殊的魅力之处是它那有着寺庙般外形和机械操作的旋转木马。今天，你仍然可以在林园的一个小土堆上欣赏到它。

1785 年为了接管政权，作为黑森州第九任伯爵，威廉搬到了卡塞尔，他在威斯巴登的工作就中断了。几十年间仍有少量游客来此疗养，但接着这也没有了。从一个保守的角度来看，当今的游客们可以庆幸的是，这个一度如此生机勃勃的养生度假胜地的结构未曾改变过。

卡塞尔－威廉高地

新的黑森州伯爵在卡塞尔发现了德国最华丽的巴洛克式花园之一。卡尔伯爵受到他曾参观过的意大利园林的启发，从 1701 年起，他在“鹰林”的东坡面设计了一个意大利风格的园林。花园的代表作品是乔瓦尼·弗朗西斯科·古尔尼诺所建的 250m 长的著名的小瀑布，顶部为具有纪念性的赫拉克勒斯雕像。该雕像即为在前面的章节中曾提及的罗马法尔内塞宫内的赫拉克勒斯雕像的复制品（见 P303 插图）。

在他搬来之后，威廉致力于将这一巨大的花园场地转变成一个英国自然风景园。然而，他保留了重要的巴洛克式结构要素。因为他已经意识到，尽管景观林园要完全被重新设计，但必须从主要的叠瀑轴线整合中去寻找方案（见上图）。场地中的第三层台地上瀑布依傍着石头，从山顶不宜居住的城堡中流淌至椭圆形的尼普顿喷泉中。城堡顶部竖立着赫拉克勒斯雕像。水流从尼普顿喷泉流淌出来，生机勃勃地穿过狭窄的林地小径，经由几个中间区域到达一个以半圆形古典主义城堡为边界的宽敞区域内。卡尔斯伯格（后来才改名为威廉高地）的主要吸引力，是伯爵于 1790 年建造在城堡前面的低洼水池中的水喷流。 直到今天这一壮观的景象仍可以在夏季的几个月中观赏到。从上面流下来的水产生了如此大的压力以至于喷出的水柱在空中超过了 50m 高。城堡的所谓的“白岩”和“樱桃木”侧翼是由弗里德里希·西蒙·路易斯·杜依分别于 1786 年和 1788 年开始建造，

P408 插图
◀◀ **自然风景园，卡塞尔－威廉高地**

喷射水流的水池与尤索神庙，
1817—1818 年

▲ 自然风景园，卡塞尔·威廉高地
从黑尔池塘看城堡的景象

其中带有中间门廊的团块状中央建筑由克里斯托夫·尤索于1798年建成。在城堡和带有水喷流的水池之间，伯爵设计了一个所谓的滚木球草地场。除了所提到的它的宽敞性和其相对较大的距离，这个下沉草坪还创造了一种独特的视觉上的透视收缩效果。城堡、喷水、远处隐现的山体以及层叠的瀑布，共同形成了一种带有浪漫色彩的自给自足的整体效果。

1803年，伯爵成为威廉一世选帝侯，多年来林园中进一步增加了观赏性建筑及绿化，形成了复杂的道路系统。维吉尔之墓（见P411左下图）、墨丘利神庙、埃及金字塔（见P411右下图）和苏格拉底的休隐住宅——表达了业主的哲学倾向——留存至今。这种多愁善感的场景要求呈现出一定的异国情调色彩，并最终以纯中式村庄的形式表现出来，然而不幸的是其中只有一个亭子得以幸存下来（见P411上图）。

可以说，伯爵仍在卡塞尔继续着他在哈瑙附近的威斯巴登自然风景园内开始做的造园工作。如果威廉没有在卡塞尔上任，那今天我们在卡塞尔·威廉高地所欣赏到的公园可能就于哈瑙实施过了。令人震惊的是，威斯巴登自然风景园的中世纪遗迹在威廉的推动下于卡塞尔·威廉高地得以进一步发展成为豪华骑士城堡——“狮子”城堡，即以黑森州的纹章兽而命名（见P413插图）。在这个

自然风景园，卡塞尔·威廉高地

▲ 中式亭（上图）

◀ 维吉尔之墓（左图）

◀ 金字塔（右图）

虚幻的中世纪空间内，可能会让人产生并沉溺于浪漫的情绪和伤感的情感之中。

正如选帝侯所希望的那样，城堡是居中之所，也是埋葬之处。选帝侯很有可能是在具有狼之幽谷和令人难忘的魔鬼桥的环境氛围中离开这个世界的（见 P412 插图）。

不确定他是在他的城堡房间或在苏格拉底的休隐住宅内回应那些向英国出售士兵、使其在波士顿及周边地区对抗那些为独立而战的美国人的道德上的辩护。无论如何，他利用士兵交易所获得的金钱为耗资巨大的林园修建提供了资金支持。

1805 年开始，场地的扩张中断了几年。选帝侯被拿破仑流放，而拿破仑的兄弟杰罗姆·波拿马则作为威斯特伐利亚国王统治了卡塞尔·威廉高地，一直到 1815 年。相比晦暗的休隐住宅，杰罗姆更喜欢灯火通明的宴会大厅，并在宫廷中度过了闪耀的人生。他的臣子，不久后所加入的人们，给了他嘲弄式的绰号“开心王”。至今仍然可以在城堡博物馆中的白岩侧翼中发现他的痕迹。

赫希菲尔德所表达的关于卡塞尔场地的见解被压制了。一方面，他希望能在卡塞尔宫廷中谋求一个职位；另一方面，为了不失去公信力，他不得不从以赫拉克勒斯城堡林园为象征的专制权力中脱离出来，这违背了敏感的赫希菲尔德曾深深忠于的启蒙运动的精神。经过据理力争，他提出了以下圆滑的评价：

“虽然这一成就凭借其非凡的胆识和壮丽而令人吃惊，然而其效果已经剥夺了所有由老山城堡和悬崖顶上的废墟所引发的情感。卡尔斯伯格似乎是一个由某种超自然力量所创造的奇迹。其不同寻常的体量压迫着观赏者，使人们很快觉得人类其他作品的琐碎和微弱。”

如果威廉听到这个评价，他能理解吗？如果是这样，为这个著名的园林理论家提供一个职位的想法，可能就不会出现在他的脑海中。赫希菲尔德的言论中透露出他想到了一种不同的园林建筑，通过在邻近中世纪城堡的区域内设置自然环境，可能会更容易被接受。

▲ 自然风景园，卡塞尔·威廉高地
狮子城堡，1791—1799 年

P412 插图
◀ ◀ 自然风景园，卡塞尔·威廉高地
由克里斯托夫·尤索所建造的浪漫的魔鬼桥

◀ **弗里德里希·路德维希·冯·斯凯尔（1750—1820）**
园林师肖像，1820年左右
斯凯尔是德国第一个新式景观风格的专业园林设计师。作为一个该领域的前沿者，他史无前例地不依附赞助而独立自主

慕尼黑的英式花园

我们可以假设，弗里德里希·路德维希·冯·斯凯尔（1750—1820年，见上图）也不认为卡塞尔的布局值得效仿。与黑森州选帝侯所青睐的后期巴洛克式花园结构相比，他认为赫希菲尔德的观点具有更强大的亲和力。完全是基于赫希菲尔德的思想，他决定设计一个他宣称能够“表达德国天才品质”的花园。这个具有争议的花园就是慕尼黑的英式花园，其构思是一方面作为一种为伟大的巴伐利亚摄政王而建的万神殿，另一方面是作为一个能够提供思想的启迪和教益的公共园林。

选帝侯卡尔·西奥多建造了海德堡附近的施威琴根花园。当其1778年从曼海姆搬到慕尼黑时，他推倒了这个城市的防御工事从而为其新居住地区留出空间，符合了那句格言：*“慕尼黑从此不再是一个堡垒。”* 在城市北方规划了所谓的舍恩菲尔德地区，随后成为卡尔·西奥多林园，再后来成为英式花园。

当他认识到花园设计可以因地制宜而不必受到既有的巴洛克式花园的约束时，斯凯尔有一个好机会能够将园林设计的新理念付诸实践。选帝侯，或者说新摄政王，在慕尼黑不是很受欢迎，因而想将新花园作为统治者的礼物赠给人们。1789年，他颁布了法令，希望因此能够让自己受到巴伐利亚人民的喜爱。他计划将“首都慕尼黑的斯塔格绿地，供人民娱乐”，并且让大众知道他非常慷慨，并且不会在大家享用这块最美丽的自然场所时将其收回。

在这个德国公共花园的早期案例中，斯凯尔将赫希菲尔德的建议付诸实践。但在初期的规划和执行阶段，他卷入了与伦福德伯爵—— 一个在巴伐利亚宫廷工作的美国人，和他的继任者韦尔内克伯爵之间的纠纷中。当1804年斯凯尔终于来到慕尼黑时，他被新的摄政王马克西米利安（一世）·约瑟夫擢升为宫廷花园主管。现在他可以开始他的工作了，将一块巨大的土地（超过5km长），建设

▼ **英式花园，慕尼黑**
中国塔

▲ **英式花园，慕尼黑**
克莱海森鲁尔湖

为和谐、有节奏、有组织的林园。

该场地由4个部分组成。第一个区域，所谓的舍恩菲尔德草甸，以宫廷花园为边界。紧接着是鹿园林地，当时是预留给宫廷社会使用的中国塔就在这里（见P414下图）。在花园北部第三个区域延伸出来环绕着克莱海森鲁尔人工湖（见上图）。最终来到了通往奥美斯特台地的雄鹿草甸。斯凯尔想要有一个弯曲的全景步道来连接前两个区域，并在林园和城市之间建立视觉联系。为了确保游客能够看到“以慕尼黑城市为前景，以古老的鹿园林地以及大自然其他的一些美景为背景的风景”，他亲自走过这个地带来指示那里的路径的线路。“皇宫和郊区，宫廷和乡村社会，通过这种弯曲的路径被连接起来。斯凯尔还构想了宫廷花园到施瓦宾格村的林园区域之间的流畅的过渡。然而，由于1803年建成后来成为王子卡尔的宫殿的帕拉迪奥式萨尔贝赫特皇宫，横亘于这两个区域之间，造成了阻碍，使得他无法实施连接宫廷花园和这个英国林园之间的方案。

按照赫希菲尔德的建议，斯凯尔只想建立起有着“良好而纯粹的风格”即古典主义风格的观赏性建筑。他认为多愁善感和异国情调的特色，尤其是建立于1790年的中国塔，并不适宜，希望能够把它们移除。但中国塔最终幸存下来，并成为英国园林最有名的地标。在二次世界大战期间中国塔被毁后，又以其原来的形式重建了起来。

这座观赏性建筑是从1757年伦敦邱园被

重新设计时（见P338插图），威廉姆斯·钱伯斯爵士设计了的宝塔变化而来。中国塔大概也因此作为一种暗示与英国自然风景园的密切关系的标志而具有意义。斯凯尔显然不反对所谓的伦福德小屋，塔旁边的一个凉亭。它是由建筑师约翰·巴普蒂斯特·莱希纳以纯粹的帕拉迪奥风格设计的，因为这对英国风景园林中的装饰建筑来说是必需的。对于斯凯尔来说，林园建筑除了要有明确的建筑形式，还必须有特定的政治意义。因此，建筑物应该成为“国家有价值的统治者和有功绩的人们”的见证物，这一点很重要。另一方面，他拒绝任何过分提及古典神话，甚至果断地拒绝任何对中世纪骑士精神的浪漫歌颂。

斯凯尔殁于1823年，没能活着看到利奥·冯·克伦泽实现他的“良好而纯粹的风格”的装饰建筑的理念。他最宏伟的建筑应该是1838年建于宫廷花园附近的人工山丘上的外柱廊式圆亭（见左图和下图）。路德维希一世为卡尔·西奥多和马克西米利安一世在该圆形寺庙中设立了纪念碑。在克莱海

慕尼黑英国花园

◀ 外柱廊式圆亭（花园神庙），由利奥·冯·克伦泽于1837年所建

▼ 从凉亭内穿过园区风景所见的慕尼黑市中心景观

▲ 英国花园，慕尼黑
瀑布，艾斯巴赫溪流边的浪漫区域

森鲁尔湖岸边，现存的公共花园区域内，耸立着斯凯尔的纪念碑（见 P419 左图）。它是在这个伟大的园林建筑师去世后不久，根据利奥·冯·克伦泽的设计，而建造的。碑文记载："献给伟大的园林艺术大师 —— 他修建了这座林园，为人们带来了人世间最纯粹的快乐，并因此永垂不朽。马克斯·约瑟夫国王敬立，1824 年。"

英国园林究竟属于赫希菲尔德对园林的分类中的哪一种呢——忧郁的，愉悦的，多情的，或是庄重的？因为它本质上是一个公共花园，用"愉悦的"类型来描述会是最合适的。外柱廊式圆亭（花园神庙）和中国塔都没有给这个花园带来贵族气派的或感伤的色彩。

虽然在赫希菲尔德的小册子中，他呼吁不要过多使用装饰性的建筑物，但是无论是他还是他的追随者，都应当认识到仅仅通过塑造自然，是否足以产生感伤或忧郁的情绪。感伤的花园从它的拥有者或来访者的渴望中汲取生命力。然后，几乎所有对意大利或是过去的向往，只有通过使用合适的装饰建筑才能得以发掘出来。

因此，我们面临的挑战是要在英国的概念中找到一个替代物。一方面，在都市氛围内的林园所展现出的自然，要求具有建筑方面的迷人之处；而另一方面，自然景色不能被神话和童话故事所遮蔽。利奥·冯·克伦泽的古典主义使他利用适当的林园结构取代了装饰性建筑，以此使引发崇高思想和感伤情怀成为可能。

▼ 英国花园，慕尼黑

位于克莱海森鲁尔湖西南端的斯凯尔纪念碑，依据利奥·冯·克伦泽的设计建于 1823 年

▼ 英国花园，慕尼黑

韦尔内克纪念碑。韦尔内克伯爵、伦福德以及斯凯尔都是英国园林的开创者之一

◀ **波茨坦，新花园**

罗马马尔斯神庙（1788—1790 年）风格的厨房建筑和由卡尔·冯·贡塔德和卡尔·哥特哈德·朗汉斯设计的大理石宫殿（1797 年）

新花园和无忧宫公园

波茨坦市北部的新花园是一个很好的、诗意的、感伤的园林设计案例。该园是分两个阶段建立的。1790 年，在第一阶段，弗里德里希·威廉二世召见了作为德绍－沃尔利茨的艺术家之一而知名的约翰·奥古斯特·奥韦尔贝克。奥韦尔贝克通过圣湖及众多建筑物来点缀湖边区域，并且考虑到与英国范例相一致的远距离视觉效果。在该厨房前面区域，有一半沉入地下的寺庙废墟（见上图中左侧建筑），于此可享受最吸引人的远景之一。一条地下通道从那里通向国王的避暑胜地——大理石宫殿（见上图中右侧建筑）。这是由卡尔·冯·贡塔德所建，由修建了勃兰登堡门的卡尔·哥特哈德·朗汉斯于 1797 年扩建。邻近处还有荷兰式的红砖房子，这是一些门楼、带有马厩和马车房的仆人宿舍，以及用作冰窖的金字塔。这个花园，以其丰富的意想不到的视点，展示出一系列复杂的典故。任何原本希望在金字塔或罗马神庙中找到墓碑或遗迹的人，都会惊讶地发现建筑的实用功能。要想散步在花园中，享受温情脉脉的氛围，装饰建筑和浪漫自然的环境当然是必不可少的先决条件；但任何想要在这个林园享受生活的人都会发现宫殿、厨房和冰窖是同样不可或缺的。

大约 20 年后，在其发展的第二个阶段，广泛游历的皇家园艺师彼得·约瑟夫·伦内使该风景园再次发生了改变，成为一个充满诗意、适合幻想的地方。届时公园几乎完全杂草丛生，不得不被清理。伦内通过调整道路来创造视线，同时清除了湖畔区域的植被，以此创造出新的视角与景象。他在一封信中记录道：

▲ **彼得·约瑟夫·伦内（1789—1866 年）**

格哈德·科博作于约 1830 年

波茨坦花园的布局和重新设计是这位多才多艺的园林建筑师的杰作

“因而我卑微的建议是这样的：在即将来临的秋季期间，当落叶树木将确定最有趣的景象和远景时，要确定来自新花园和钱塞勒·哈登在克莱因－格利尼克的乡村住宅的视点。”

在那些年里，伦内也同样忙于毗邻无忧宫露台的广阔林园。无忧宫露台被他重塑为一个浪漫的自然风景园，台地式葡萄园脚下的一块区域则是以一种常规的方式进行布局。再往东，一个小巧的中英式花园和约翰·戈特弗里德·布灵于1754年修建的一个茶室，在花园密林区的中间区域营造出了异国情调的袖珍花园的效果，该密林区中大片的树木肆意生长（见P422、P423插图）。

国王弗里德里希·威廉二世委托伦内来扩大园区，并于1816年左右开始工作。他面临着几乎不可能完成的任务。腓特烈大帝时代的欢快的洛可可风格，以无处不在的台地式葡萄园和优雅的城堡的形式存在，却不得不与浪漫自然风景园及其复古的或异国情调的装饰建筑物的新需求相协调。这意味着必须减弱古典意味以展露出开朗的一面，从而与自然风景园和它那有些忧郁的气氛，以及洛可可元素相结合起来。伦内通过布局宽敞的草坪和种植松散的树丛对公园加以扩建。森林变得稀疏，出现了很多道路。最终，为了在整体方案中纳入小夏洛滕霍夫宫，无忧宫于1825年开始了进一步的扩大。

对意大利充满了热情的皇太子，想要拥有一个现代的即古典主义风格的地中海别墅。于是由卡尔·弗里德里希·辛克尔进行设计，并建于1826—1829年（见P427上图）。因此，之前的建筑，一个简单的18世纪的乡村别墅，变为了新的、优雅的夏洛滕

▼ 无忧宫和夏洛滕霍夫宫的平面图，1836年

该平面包含了彼得·约瑟夫·伦内进行的、对原有花园的扩建和改造

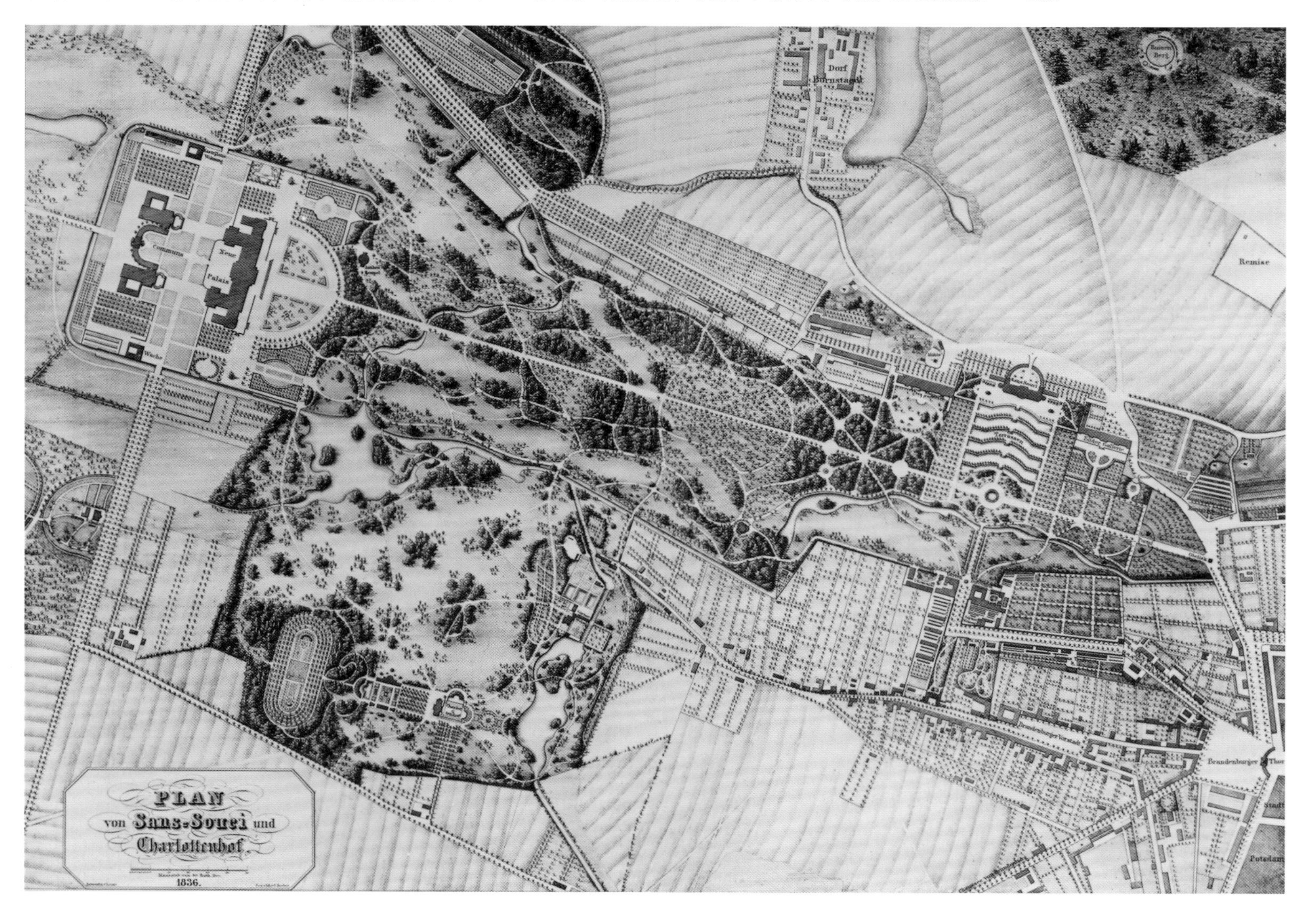

◀ **无忧宫苑，波茨坦**

毗邻无忧宫的铁制凉亭之一，象征着启蒙和人性的金色太阳装饰着宫殿两边的铁制凉亭。与此同时，它们也暗示了属于腓特烈大帝的共济会的秘密社团

◀ 从中国茶室的圆形房间所看到的景象

P423 插图

▶ ▶ **无忧宫苑，波茨坦**

中国茶室，由约翰·戈特弗里德·布灵在 1754—1755 年所建，坐落于大街南侧的原鹿园内

◀ 无忧宫苑，波茨坦

从无忧宫看向废墟山的景象

P425 插图

► ► 无忧宫苑，波茨坦

以林间路为背景，有戴安娜雕塑的葡萄园前的花坛区域的景象

霍夫宫。附近是种植了栗树的诗人丛林，有著名的德国和意大利诗人的胸像：如歌德和彼特拉克。宫殿不远处是罗马浴场，也是由辛克尔设计的，同样也是意大利乡间别墅的风格，建于1829—1835年。

1840年皇太子继承了遗产，登基成为弗里德里希·威廉四世。他选择了普鲁士的世外桃源作为避暑胜地，并收购了皇宫东侧所谓的沃格尔葡萄园。在那里，他打算把自己关于园林设计的想法付诸实践，同时与宫廷事务中无所不在的法国模式一较高下。他称这个新花园场地为马尔利花园，以此纪念路易十四的夏季避难所。花园通过茂密的植被与其他区域分开来。1845年，弗里德里希·威廉四世指示他的主建筑师路德维希·佩尔西乌斯修建一个教堂，并为教堂赐名为和平教堂，用来纪念他父亲的和平政策，并作为他自己与妻子的埋葬地。建筑的方案是由国王和他的建筑师共同制订的。当他还是皇太子的时候就曾游历过意大利，并对罗马的圣克莱门特教堂情有独钟，因此希望能在林园里有一个它的复制品。他希望教堂东部和尖顶能够倒映在湖泊中，于是彼得·约瑟夫·伦内将林园内的小池塘改造成了一个巨大的湖泊。侧面的湖泊和树木为教堂的某些部分，即新罗马式钟楼、装饰有矮人画廊（见P427下图）的后殿创造了一个令人印象深刻的背景。这是一个雅各布·弗里德里希·哈迪尔兹风格的古典主义景观。

在德国，对中世纪时期知识兴趣的提升，对意大利的向往和对古典古迹的崇拜，比中国装饰风格或其他异域情调的舞台道具的使用更重要。首先，古典遗迹的片断，将林园点缀成装饰性建筑；其次，主顾们发现了他们对中世纪的喜爱，并需要城堡和城堡废墟的方案。从无忧宫的荣誉之庭，人们可以俯瞰一座拥有众多卓越的建成废墟的小山的山谷。这个所谓的废墟山（见P424插图）早在100年前就已经由腓特烈大帝和他的建筑大师格奥尔格·文策斯劳斯·冯·科诺贝尔斯多夫完成了规划。那时废墟是古代片段的模仿，例如露天剧场或爱奥尼克柱廊的某些部分。与当代思想保持一致的弗里德里希·威廉四世，也想要在那里体现中世纪特征，委托他的主要建筑师佩尔西乌斯建立一个中世纪的瞭望塔。

▲ 无忧宫苑，波茨坦
葡萄园前花坛区域的雕塑
水元素的人格化

▶ 无忧宫苑，波茨坦
缪斯圆形广场

今天，我们也能以繁枝密叶和一个精致的洛可可小城堡为框，观赏到爱奥尼克神庙片段和中世纪城墙废墟之间的显著对比。那时这种似是而非的奇怪组合是一个花园构造的必要组成部分。古代废墟、罗马式教堂或是中国茶室，从很久以前以及遥远的地方就开始组合起来：这些绝不是设想为一个和谐的整体。他们本应见于林园环境及其道路系统中，并作为特定的教育意图被感知。

伤感的装饰建筑展示出建筑主题和功能的奇怪组合——例如，在波茨坦用作冰窖的埃及金字塔——在1800年左右变得越来越流行。这与赫希菲尔德的理论、形成类似兰斯洛特·布朗风格的英国自然风景园的设计方法都相抵触。处在中世纪城堡废墟旁边的希腊神庙被国王和王子们认为是他们开明思想的标志，引发当时诗人和哲学家的不同的看法。

▲ 无忧宫苑，波茨坦

夏洛滕霍夫宫，由卡尔·弗里德里希·辛克尔于1826—1836年间建成

▼ 无忧宫苑，波茨坦

由路德维希·佩尔西乌斯1843—1848年所建的和平教堂

克莱因 – 格利尼克

在新花园中，彼德·约瑟夫·伦内不得不将景观元素应用于一块业已决定的土地上；而在克莱因 – 格列尼克，他游刃有余地将一块主要为农用的土地建成了自然风景园。也就是说，他从一开始就形成了对这片园林的基本设计概念。这块土地的所有者是普鲁士首相，卡尔·奥古斯特·哈登贝赫王子。1816年，伦内的首要任务就是要设计所谓的游乐场（见 P430 下图），这是一种可以追溯到文艺复兴时期的英式园林。这种园林地形多丘，由曲折的碎石路或沙路划分出宽广的草地、较小的池塘、密集的灌木丛。伦内将园林以这种形式摆布在 3 个台地上。当弗里德里希三世的第三子，王储卡尔，在 1822 年获得克莱因 – 格利尼克之时，他就注意到了这块土地的“潜在的诗意”。在一次对意大利的长期访问之后，他对自己的园艺师以及建筑师卡尔·弗里德里希·辛克尔提出，他想要的是一种典型的“田园风情”，一种在地中海情调下的乡村生活，在这里他可以休养生息。这二人合作共同获得了一种独一无二的人工自然与建筑的互动。1824 年，辛克尔为赫拉特·米罗（法庭参议员）18 世纪的格利尼克式旧狩猎小屋（见 P430 上图）设计了新的明朗、古典的立面，在内部庭院内布置了一个绝妙的

◀ 克莱因 – 格利尼克自然风景园，波兹坦

格利尼克城堡的狮子水射流，建于 1837 年，卡尔·弗里德里希·辛克尔的设计

▼ 格利尼克城堡主入口的金身狮鹫兽

▲ **克莱因－格利尼克自然风景园，波兹坦**

格利尼克城堡南向视角

这个小型城堡由卡尔·弗里德里希·辛克尔和路德维希·佩尔西乌斯设计于1824—1825年。在此期间被加上了古典立面

P431 插图

►► **克莱因－格利尼克自然风景园，波兹坦**

有遮蔽的圆状长椅，由路德维希·佩尔西乌斯建于1840年

花园。卡尔王子在对面“骑士小屋”的墙上做了装点，用的是他在那些文明古国旅行时收集的各种碎片，比如奖章杯碎片。

在城堡南门前的狮子喷泉上看到，另一个明显受意大利影响的迹象，优雅的环形水池、石柱以及狮子共同创造出一种近乎巴洛克式的意象（见P428、P429插图）。这个异常高的水柱是由安装在北边稍远处的一个发动机提供蒸汽动力运行的。一部分水流经有遮蔽的半圆形长椅底部，由狮子的头部冲出，流入小的半圆形水池。长椅就在开车去城堡的路上，建于1840年，遵从古罗马的形制：有遮蔽的座位前面建有一座喷泉，中央有一个女像柱作为座椅顶部的支撑柱（见P431插图）。在这里，王子可以沉浸在自己的思绪中，越过林园的台地和哈弗尔河遥望波兹坦。

在林园的低处，也就是今天的格利尼克桥正前方，王子建造了他的“好奇之厅”，一座有顶的圆形大厅，同样提供了俯览波兹坦和本克斯多堡直到萨克洛夫的极佳视角。1824年，一边还在城堡工作的辛克尔开始了对老台球室的重新设计。他创造了一个精品，哈弗尔河畔的凉亭。其中应用了意大利式的葡萄架。花园与林园、河岸通过花架覆盖的步道隔开，可以经由凉亭朝向哈弗尔河的一侧的双跑阶梯到达。林园部分完成于1860年，在这数十载间，为了让林园高贵脱俗，伦内种下了至少25 000棵树，其中一些已经长成了。然而几年之后它令人不堪的衰败就开始了。20世纪30年代，庄园破败了，并且被用来连接波兹坦和柏林的大路分割成了碎片，城堡里也建起了青年旅社。所幸到了1979年，这座古老的文化遗产又重新受到了重视，建筑和林园的重建工作开始了。今天这个无与伦比的建筑群又焕发了往昔的光彩。

► **克莱因－格利尼克自然风景园，波兹坦**

人们所称的“游乐场”

P432 插图

◀◀ **柏林万湖**

从尼克斯克伊木屋中所看到的孔雀岛景色

▼ **孔雀岛，柏林万湖**

约翰·戈特洛布·大卫·布伦德尔于1794—1797年建造的小城堡；塔楼之间的铁桥建于1807年

孔雀岛

在1685年，这个被称为“孔雀沙洲”的岛还在被大选帝侯用来养兔子。这就是为什么它被暂时冠以这么一个毫无诗意的名字“家兔沙洲”。是弗里德里希·威廉二世发现了这个无人问津的荒野的魅力和风情。1793年他获得该岛，1821年开始只用了3年时间便营建了一个异域风情的林园。建造者正是他信任的、可靠的园林师彼得·约瑟夫·伦内。这座岛装点着凉亭、一个牛奶厂、一个鸡舍和守护人宿舍。威廉·恩克，弗里德里希·威廉的情妇，建议给城堡一种废墟的氛围（见图）。据说是她在意大利游玩的时候构想出了这个奇异的艺术品。这像城门一样的建筑由两个环形塔楼及连接它们的未完成的中间部分构成。两座塔楼之间由一座精美的铁桥连接。国王在城堡完工后不久即寿终正寝，他的继承者，弗里德里希·威廉三世建造了一座棕榈树温室并种植了5000株玫瑰灌木。一个蒸汽机车房提供了灌溉园林的动力。

▲ **霍恩海姆从前的城堡林园**

“雷霆朱庇特的三立柱”（顶图）
有牛奶厂及瑞士村舍的乡村（上图）
维克多·海德洛夫的彩色版画

霍恩海姆从前的城堡林园

符腾堡的卡尔·尤金公爵为何会被认为是一位开明的政治家？要知道他将诗人克里斯汀·弗里德里希·丹尼尔·舒巴特在监狱里囚禁了10年之久仅仅是因为他进步的作品，而这位公爵一定是对这些作品颇有成见。在与情妇周游意大利回程之后，他把位于斯图加特附近的霍恩海姆城堡以及园林作为礼物送给了这位未来的弗兰西斯卡·冯·霍恩海姆夫人。在1781年，这位公爵任命大建筑师莱因哈德·费迪南德·海茵里希·菲舍尔依照英式风格将这座环水城堡及园林扩建成豪华住所。约翰·卡斯帕·席勒设计出一个英式风景林园，这是第一次有众多巴洛克花园的浪漫林园建成于荷兰。公爵十分珍重这个在霍恩海姆的宛如幻境的创造。他能和弗兰西斯卡一起奔逃到这里，在鲜花、河道、田园建筑和罗马酒馆中享受纯粹的欢愉——这是他在斯图加特得不到的。也许在这里，他能够忘记入狱的启蒙思想家舒巴特并完成自己的启蒙理论。所以他“在罗马的废墟之上”建造了一座有牛奶厂和瑞士村舍的村庄。在大约100座园林房屋中，只有建造于1788年的游戏屋、“罗马酒馆之城”和“雷霆朱庇特的三立柱”保存了下来。幸运的是，有彩色版画作品记录下了更多的古怪建筑。卡尔学校的美术学教授、弗里德里希·冯·席勒的亲密友人维克多·海德洛夫制作了一套44幅的版画送给了他，把公爵的梦幻景观打包进了文件夹里。今天翻阅这些作品，可以看出公爵想要在罗马废墟上建立一个村庄的想法十分明显。比如说牛奶厂是一座未完成的爱奥尼克神庙。那些柱子是建筑不可或缺的组成部分，远远超过这座两层高的房子，希望看起来不是沉重又极不稳定的未完成的额枋在支撑房顶（见左上图）。而巨大的“雷霆朱庇特的三立柱”那高高在上的混合式柱头及未完成的额枋从一片玉米地上拔地而起，农夫们在地里收获的微小身影依稀可见。这一超现实主义效果的画面被灌木和富有表现色彩的云朵勾勒出来。

公爵逝世于1793年，他没能亲眼看到

城堡和园林的完工。对他的继承者弗里德里克公爵二世来说，先前的“情人住所”——1785年卡尔·尤金与弗兰西斯卡在此结婚——根本毫无意义。弗兰西斯卡从霍恩海姆被驱赶出去，她的晚年靠着寡妇的遗产在泰克山下基尔夏伊姆市度过并于1811年在那里去世。

霍恩海姆的英式自然风景园是对此地观赏性建筑的陪衬，这主要归功于公爵的个人品位以及他在罗马的经历的影响，而不是统一的设计和专业的实施工作。就像海德洛夫的版画展示的那样，公爵想要呈现一幅幅可感知的画面，其主题来自他在旅行中的记忆以及由此衍生的文化感悟。花园的“自然”是提供“视景”的人工自然，正如巴洛克园林里那样把自然归纳为几何形体。那些观赏性建筑包括仿造的村子的主导性把景观简化为自然的框架。由于过于强调而具有景观作为一种三维的绘画，从而忽视花园是要谨慎雕琢的自然景观这一真谛，这种危险的倾向在当时十分容易觉察出来。需要在设计纯粹的自然风景园仿古建筑之间找到一个平衡。至少有一位花园建筑师做到了这一点，也许是因为他自学成才，他就是赫尔曼·路德维希·海因里希·冯·普克勒－穆斯考王子（见下图）。他的手法看起来既简单又冒失：既然有机会在公园中纳入既有的建筑和村庄，为什么还需要装饰建筑呢？他把这个问题写进了当时广受读者欢迎的已故的信件《亡人遗信》（*Briefe eines Verstorbenen*）里。

▲ 勃兰尼茨，普克勒－穆斯考王子的自然风景园

藤架和花瓶

普克勒－穆斯考王子位于穆斯考和勃兰尼茨的自然风景园

普克勒－穆斯考王子在穆斯考和勃兰尼茨的自然风景园创造了此类园林在德国的最高成就。他在于1811年继承的位于尼斯河谷的中世纪遗址之上建造了一座约600hm^{2}的园林。这项工程开始于1815年，30年之后完工。对他而言，整个设计的亮点就是，作为“行人无声的向导”的小径以及“景观的眼睛”的水体，就像他在1834年发表的手册《风景造园建议》（*Andeutungen über Landschaftsgärtnerei*）中记述的那样。在第二次世界大战的最后阶段，普克勒－穆斯考的园林王国发生了鏖战，大部分景点被摧毁。而随后尼斯河沿岸前线的撤退导致了这座林园被波兰人占领了一半，其中大部分已经修复。

引用赛德马耶的话说，普克勒－穆斯考

◀ 赫尔曼·路德维希·海茵里希·冯·普克勒－穆斯考王子，约1835年

1824年弗朗茨·克鲁格所绘肖像画平版印刷画

普克勒－穆斯考王子、巴贝尔斯堡和勃兰尼茨三地园林的创造者，以造园家及文学家的身份载入史册

王子设计了一个“最全面的艺术作品”，如果实现的话，能够把穆斯考的风景园同城镇、村庄一起变成林园。他的目标是“呈现一幅反映我们的祖国、家族或上层社会的意义重大的图景。这个设计将会以一种特殊的形式发展，即以自身协调的机制发展，也就是说，依照旁观者的意志发展”。他的概念包括当时已经淘汰的工艺及工业加工过程的展示，例如采矿、蒸馏或制蜡等领域，因为“人类的每一种发展都是光荣的，尤其是前面提到的这些技术可能正在走向尽头，这是对唤起公众诗意和浪漫主义趣味的一次尝试”。

王子不得不在1845年卖掉了他的财产。他再也无法谋到实施这项计划所需的巨资。而众所周知，他大手大脚的生活方式也吞噬了他大部分的财产——当时人们称它为“疯狂的普克勒”。今日任何想要造访这座景点的人都可以借助总长约27km的路网，在这座无与伦比的自然林园中成小时甚至成天地漫游。这些小路会引导游客游览湖面与经过重建的旧城堡。穿过蓝色花园或者橡树湖堤，保证让你体验到王子钟爱的这幅“大一统”的浪漫风景画。

1845年，在卖掉了自己位于穆斯考的财产之后，王子去了位于科特布斯东南部的乡村勃兰尼茨，到了60岁他又开始了把破败的属地改造成一个伤感园林的计划。为了进行大面积的地形整改以得到理想的地形，王子雇用了200多名工人，包括日工和罪犯。之后，为了营造林园的天际线，他种植了300 000棵树，包括成千的大树。在场地中心70hm^{2}的工地上是他让戈特弗里德·森佩尔于1852年重建的先前的巴洛克城堡（见P437插图）。西边是极富艺术气息的花园，装饰有雕塑和一个蓝玫瑰亭。对于王子来说，花园艺术性的一个必不可少的元素就是其与整个林园的分离。花园是与城堡相联系的，而且在他看来是一个“扩展的居住之地”，相反，他把周围的林园区域诠释成“浓缩的理想自然”。

在1852年妻子亡故后，他所创建造的那些古老的堆土金字塔，带有不可超越的独创性，同时也无疑显示了创造者的奢侈。普克勒－穆斯考王子把自己的坟墓设在湖心金字塔里。1871年依据他的遗嘱，遵照古埃及葬礼仪式，他被埋葬在那里（见P438、P439插图）。

▲ 自然风景园，勃兰尼茨

酒神巴克斯和农牧之神弗恩的雕塑组合

► 自然风景园，勃兰尼茨

亨利埃特·桑塔格纪念碑

▲ 自然风景园，勃兰尼茨

越过里德湖所见的，由戈特弗里德·森佩尔于1852年重建的巴洛克式城堡

◀ 自然风景园，勃兰尼茨

林园里的锻冶场

▶ 自然风景园，勃兰尼茨

1871 年，堆土金字塔的金字塔湖

法国、荷兰、斯堪的纳维亚以及东欧的自然风景园林

法国

在18—19世纪，英国自然风景园通过多种方式被改良和引进到不同的邻国。在法国，很早就强调乡土方面，给农耕创造一个戏剧性的场景，比如凡尔赛的小特里亚农宫的花园。

而德国的做法是经营大面积的景观作为宽广的公共场地。但是，相比英国，在德国并没有关于装饰建筑利弊的争论，就像钱伯斯爵士和布朗的支持者们那样。确实，赫希菲尔德更倾向自然风景园形式的纯粹，多少有点儿布朗的态度。但是他发现很难避开出资者对中国艺术风格和中世纪城堡废墟的浪漫情调的偏好。

在关于所谓的“农场装饰”问题上，法国的设计思想有更进一步的变化，花园实际上是作为农用的。之前提到过的路易斯－勒内·吉拉尔丹侯爵在埃默农维尔的花园是受到英国威廉·申斯通所做李骚斯花园的启发。在1766年，侯爵获得了法兰西岛大区桑利斯南部的这片土地，约890hm²，西侧靠近尚蒂伊的边界上有环绕的森林。

吉拉尔丹将这片土地分为4个部分：农庄东边高原上的农作区；城堡南侧湖边的大林园；城堡北侧的小林园和所谓的“荒漠”，一个把自然状态毫无修饰地保留下来的区域。裸露的山丘、松树和砂石块在这片台地上留下了它们不灭的标记。山谷被选为整个布局的中轴。

在城堡的北翼，侯爵能够俯览小林园里广阔的沼泽景观，陶醉在精心安排的荷兰风景中。一条运河上架着的平桥、一座水磨坊，以及一座哥特塔楼创造了浪漫的氛围。今天只有运河和磨坊保存了下来，侯爵深深敬重

▲ **城堡花园，坎农城堡**
城堡附属建筑

▶ **城堡花园，尚蒂伊**
勒·诺特尔水景园东部的农庄是一个建有木建筑的小村庄（1774年），比著名的凡尔赛宫农庄的年代还要久远

的卢梭在埃默农维尔度过了人生最后几年，并于1778年去世。吉拉尔丹创造了一个尘世中的乐园“朱莉的花园”，与“新爱洛绮斯”中的描述相配。

花园的南部设计异常别致，池塘、蜿蜒的小路、小瀑布以及一个石窟创造了一种伤感的氛围。侯爵允许村民们进入这片区域当然不是出于纯粹的大度，他认为如果环境中有“真正的农民”定居，将会提升田园效果。

通过城堡向南的窗户，侯爵至少能俯览整个场景。在花园的尽头有一个相当大的湖，湖中有白杨岛，卢梭的坟墓就设在那里（见上图）。在这个纪念性的场景中，对卢梭深深的敬意通过造园的手法表达出来，这种手法很快被采纳到许多其他的欧洲园林中，例如在沃尔利茨、柏林动物园或波兰的阿卡迪亚。

卢梭的哲学，是围绕着如何重获与理性的行为相和谐的自然情感，这一哲学在埃默农维尔建立了一个少有的物质形式。处于田园环境中的“朱莉的花园”可被视为是早期浪漫主义对启蒙运动的一种抗争。

法国最早的英式庄园之一是位于巴黎的拉巴嘉泰勒，可以被视为一种对斯托海德园精华的浓缩。它的南部地区如今是布洛涅森

▲ 埃默农维尔的白杨岛和让·雅克·卢梭墓

油画，53.3cm × 64.8cm
休伯特·罗伯特作于1802年
疑为私人收藏

▲ **布洛涅森林，巴黎**

拉巴嘉泰勒夏宫，由弗朗索瓦－约瑟夫·贝朗格设计于1777年

林。维克多·德·埃斯特雷元帅于1720年建造了一个乡村住宅区，路易十五将其重新设计为游乐场。当德·阿图瓦伯爵，路易十六的哥哥在1775年接管了这处财产的时候，他和玛丽·安托瓦内特做了一次著名的赌注，后者跟他在花园方面同样狂热。他想要建造拉巴嘉泰勒夏宫，并想在64天之内营造好水景要素以及装饰建筑（见左上图）。但是为了赢取这次赌注，这位王子必须筹集超过100万英镑。为了尽可能快地获得建筑所需的材料，他命令征用所有的马车，载满各种材料候在城门外，因此激怒了人民。这座庄园随即被通俗地称为“疯狂的德阿图瓦”，这显然不是对王子愚行的善意嘲弄。这座庄园由苏格兰人托马斯·布莱基和弗朗索瓦－约瑟夫·贝朗格设计建造，这位法国人之前在英国做了大量的工作以求为他的亲英派法国雇主积累经验。他建造了一片岩石驳岸的湖、一条蜿蜒的河流、一座小瀑布，一座人工崖壁和离奇的装饰建筑（所谓的“景观建筑”）。这个术语从18世纪中期开始使用，用来形容纯粹为了装饰的重建工作。景观建筑最早出现于风景画中（见下图），而后同其他一些要素，比如“吸睛事物”一道流行于英国园林设计中，景观建筑常被设计成中国庙宇或小型埃及神庙的形式。

金字塔是很流行的。在英国，不属于任何特定建筑类别的奇异形式被称为“荒唐建

► **卡蒙泰勒把蒙索景园的钥匙移交给沙特尔的公爵**

画作

卡蒙泰勒

巴黎，卡纳瓦博物馆

筑”。在爱尔兰卡斯尔顿的康诺利塔就是一个著名的例子。该塔由威廉·康诺利在18世纪初建于自己的花园里。这个罗马风拱形建筑和埃及方尖碑的合体后来启迪了许多法国园林建筑去营造相似的“景观建筑”或“荒唐建筑”，但是它们几乎全部毁于法国大革命的巨大变革中。

从这个角度看，“疯狂的德阿图瓦”这个描述也指向这种园林类型，因为贝朗格布置了很多景观建筑，例如，新哥特风格的哲学家石窟、中国拱桥、竖着墓碑的岛、爱情神庙以及法老的陵寝。所有这些“荒唐建筑”的手法都不复存在了。今天的拉巴嘉泰勒只是布洛涅森林公园的一个部分。

在18世纪的画家中，休伯特·罗伯特独一无二地给了这一浪漫风景一座纪念碑，同时还有一种田园牧歌的形式（见P441插图）。到了1783年，法国大革命前不久，他奉路易十六之命进行设计并监督巴黎南部的朗布依埃园林工程。在路易十四时代，它的特征被转换成了英式自然风景园，保留了城堡花园的架构和大池塘的水道系统。国王让查尔斯·戴维南建起了最好的田园建筑范例，作为礼物送给了玛丽·安托瓦内特，也就是王后牛奶场，一座古典主义风格的牛奶场（见上图）；国王还下令建了一座用来养美利奴绵羊的农场装饰建筑物。

在18世纪下半叶的法国园林中可以发现一种独特的设计题材。它不仅适用于从正统园林到浪漫主义园林的突变中，也适用于园林设计的整个题材谱系。卢梭风格、“回归自然”的倾向、“荒唐建筑”手法、中国风，以及其他异国倾向已经表明了皇权的丧失。回顾来看，这样的园林可以被看作是专制主义的瓦解，并预示着1789年法国大革命的到来。

▲ 城堡林园，朗布依埃

查尔斯·戴维南所设计的王后牛奶场，其内部和外部景象（顶图）
冬天以城堡为背景的花园（上图）

经法国改良后的英式风景园与勒·诺特尔的巨大艺术品大相径庭，于是被赋予了一种独立地位：法式如画园林。在一些花园里，比如坎农花园（见 P444、P445 插图），它只占了花园的一部分。这样整个谱系就完整了，从田园的、戏剧性的舞台到诗意的、哲学的用途。

此时，花园不再被认为是复杂的统一体，而是被打散成各种区域，每个区域有不同的设计和主题。一方面，兴起了重新发现自然、重建人与自然交流的乡村生活倾向；另一方面，哀伤情绪的产生也体现一种对深厚哲学反思的需求。

上述观察汇集到一个点，即统治者们不再隆重地展出他们庞大的花园，转而倾向于沉浸在饲养绵羊、阅读卢梭这类事情中。以今天的眼光看，这些完全是颇可爱的特质。但 18 世纪晚期的资产阶级从他们身上看到的是一个决心加以利用的清晰的弱点。

荷兰

在 18 世纪，荷兰花园设计很大程度上受

城堡林园，坎农城堡
▲ 中国亭
◀ 小型古典神庙

P444 插图
◀ ◀ **城堡林园，坎农城堡**
黄绿色，拱廊

P446、P447 插图
▶ ▶ **城堡林园，库郎塞城堡**
日式花园

到法国的影响。当然，这没有阻止其演变的独立性，这取决于这个国家的特殊地形和植被。

荷兰园林发展中最生动也是最早的例子就是荷兰北部费尔森的沃特兰。1720年一个阿姆斯特丹商人建造了这里最早的花园，还配有一个迷宫。很明显他注重的不是有同样艺术特质的花坛区，而是如画的元素比如树丛、土耳其式帐篷或者凯旋门。

土耳其式帐篷是这一时期流行的园林景观之一，同中式热潮一道于1750年传到英国。在英国它也发展到大陆性园林之中（见P451插图）。

这位荷兰商人游览各地，受到许多不同文化的熏陶，他同样想尝试创造移动的图画——这在当时的北欧来说是标新立异的。他通过一个隧道实现这一构想。在隧道出口处，邻近的湖面上漂着小船，架构起一番景致，这一番匠心独运很大程度上归功于荷兰的特殊习俗，也就是说这种做法更接近巴洛克时期。

在靠近荷兰的上艾瑟尔省德尔登的特威克尔，有一座1700年之前建成的文艺复兴式的几何城堡花园，包括一个结饰花坛、一片果蔬园。一条绿树环绕的水渠从场地穿过，花坛和小树林的设计可以追溯到丹尼尔·莫洛托，他于1710年左右曾在伦敦肯辛顿花园做过类似的设计。

在1790年左右，这条水渠被引入一片湖水，形成蜿蜒的水道。在这个区域里设置一个田园式的“隐居树屋”、一座渔夫棚屋和一座渡口。稍远一点儿的地方建了一座人工山和一个花房、一座小教堂以及一座必需的冰库；一座大型的鹿苑毗邻此区。这些特征来源于英式风格，另一方面也诞生于当时法式园林的如画的塑造手法。有人也许会联想起英式的中式倾向或同时期的埃默农维尔手法。到了1800年左右，随着欧洲的政治版图由于拿破仑的出现而发生变化，法国影响变得进一步增强。1806年，拿破仑的哥哥路易斯·波拿马将法国改制为帝国之后，1810年，拿破仑几乎悄无声息便侵吞了荷兰，只是他的统治很不成功。

▼ **城堡花园，特威克尔**
湖对岸的城堡景象

后来，在拿破仑失败之后，人们小心地清除掉有关这位法国人的一切痕迹。岩·大卫·左克尔，19 世纪最重要的荷兰景观建筑师被任命重新设计特威克尔的园林。左克尔接受兰斯洛特·布朗纯粹的景观原则，创造了一个由水、草地和树木环绕的世界（见 P448 插图）。他喜欢用和谐的线条，正如他的树丛和水体设计，以及轻微起伏的草地。他的设计在大约 1850 年被德国人爱德华·彼佐尔德接手后只改动了一点儿。后者普克勒－穆斯考王子的学生之一，后来成为魏玛的宫廷园林师。

一位法国人被任命建造邻近特威克尔橘园的花园，他就是阅历广泛的爱德华·弗朗索瓦·安德烈，曾在俄罗斯、意大利和英国工作过。他在 1879 年发表了专著《园林艺术：林园和花园的一般构图》（*L´art des jardins: Tritégénéaral de la composition des parcs et jardins*），详细地记述了花园设计的历史及理论。这部专著同时包含了对设计的实践性指导。

他的原则是把技术和艺术结合进花园设计中，因此他认为类似农场装饰的概念毫无用处。它们都是乌托邦的空想，既不能满足平民，也不能满足艺术爱好者。

在工业革命时期，资产阶级受到景观场景吸引，在阿姆斯特丹建造了冯德尔公园，公园是以 17 世纪荷兰诗人约斯特·范·登·冯德尔（1587—1679 年）命名的。这个场地主要是私人投资的，但是对公众开放。

岩·大卫·左克尔创作了方案，公园建成于 1877 年，以一种朴素的形象示人（见上图和右图）。后来在蜿蜒的水体和广阔的草地边加建了一座室外演奏台和一座牛奶咖啡厅，周围树丛环绕，很有兰斯洛特·布朗的风格。

一批自然风景公园建成于 19 世纪下半叶，其中那些纯粹的装饰建筑毫无用处，但重要的是它们都对公众开放。人们在此可以享受城镇的公共空间，可以享受娱乐或是单纯休憩。作为工作环境不断工业化的结果，市民们越来越需要在休息时间可以享受到公共设施。

▲ 冯德尔公园，阿姆斯特丹
冬季公园的景象

▼ 荷兰诗人约斯特·范·登·冯德尔的纪念碑，该公园就是以他的名字命名的

▲ **城堡花园，腓特烈斯贝城堡（丹麦）**
中国茶室

斯堪的纳维亚

在斯堪的纳维亚国家比如丹麦或瑞士，自然风景园跟随着当时的欧洲风潮。开始是风景带有装饰建筑的如画般的花园，19 世纪时变成了完全的风景公园建设。

到了 1699 年，丹麦国王弗雷德里克四世在哥本哈根附近建造了法式风格的腓特烈堡城堡园林。后来又委任约翰·科尼利厄斯·克里格对花园进行发展。他能够将先前景观设计的元素结合进来。

丹麦贵族无法负担昂贵的法国材料，用木板和卵石代替玉石装点池塘和小一点儿的湖，所以不管怎样都需要一些原生态的做法。这使得花园到风景园的过渡显得非常自然。腓特烈堡城堡在 1785—1801 年之间被重新设计，并被赋予了特别符号，比如中式茶屋（见上图）和一座爱奥尼亚式神庙。

在 1840 年左右，最杰出的丹麦景观建筑师和皇家园林主持之一，鲁道夫·罗思把他的注意力移向了这座花园，并又一次重新设计。这片场地至今仍保持良好的状态，尤其 1800 年左右的中式茶屋值得一看。

在丹麦，最早的具有北欧元素的英式景园之一就坐落于蒙岛上的利兹朗德。池塘、峭壁、瀑布、湖水和蜿蜒的小路引向令人惊奇的波罗的海景观，创造了卢梭启迪下的浪漫环境。

为了至少能展示卢梭的一部分哲学思考，自然的无常被当作一个主题。人工纪念碑和坟冢被藏在浓密的、暗沉的叶子下面；构想里还包含了当地的文化典故。在这能够看到带有中式亭台的瑞士住宅、有挪威村舍以及其他建筑（见下图）。

丹麦最早也是最好的巴洛克花园之一是位于菲英岛的格罗路普。这座宅邸有高高的双重坡屋顶，是在 1743 年由菲利普·德·兰格为克里斯汀·路德维希·谢尔·冯·普莱森建造的，在这座 17 世纪的花园中占重要地位。今天它的设计变迁的痕迹依旧清晰可辨。说实话，在格罗路普呈现出了各种意义重大的花园类型。从晚期文艺复兴装饰花园，经过了有清晰轴线的巴洛克花园，再到各种形式的风景园。

幸运的是，从 1877 年，继罗思之后的皇家园林主管亨里克·奥古斯特·弗林特是一位对此充满热情的造园师，当他被指派更新格罗路普花园的时候，并没有破坏旧有的花园结构。在宅邸的南侧以及闪闪发光的池塘尽端，他花费数年在 200m 长的地带上种植了超过 100 000 株花卉供人欣赏。他把那些巴洛克小巷转换成宽阔的道路通向英式风景园。有

► **蒙岛上的利兹朗德自然风景园**
浪漫的环境与教堂

► 斯德哥尔摩哈加公园的皮革帐篷

路易斯・德普雷所做的水彩画，1787 年。

帐篷是 1785 年为禁卫军设的，是一个既有实用主义又有纯装饰建筑性质的浪漫异国风格的东方变种。这在 1800 年前后很常见（见 P388 插图）

一个特殊吸引力在于架在人工沟壑上的一个新哥特式吊桥遗迹。

在 18 世纪中叶，英式风格也影响到了瑞典。它主要是将中式风格加入到皇家园林中。公认的中国通、英国建筑师威廉・钱伯斯爵士与瑞典皇室的关系推动了这一文化的交融。

到 18 世纪末时，熟悉英国园林的瑞典建筑师弗雷德里克・马格努斯・派珀奉国王古斯塔夫三世之命在皇后岛和哈加将英式风格付诸实践。

哈加公园在 1785 年被再次设计，用的都是常见的要素，比如土耳其帐篷（见上图）和一个中式楼阁。此外，法国建筑师路易斯・德普雷被任命设计一座古典主义的夏宫。然而这些工作没能有所突破。

就像邻国丹麦，瑞典也没能建立自己的园林类型。如果说有一点儿的话，那就是通过借鉴德国模式对英式园林的继承得到了加强。

在 19 世纪初，出现了一种尝试，想要在蜿蜒的园路系统以外添加对称的小路，以求在不规则布局中加入一定程度的秩序。

东欧

英国风景园很快在俄罗斯流行起来。这种英式模式受到凯瑟琳女皇的提倡，她在 1772 年写信给伏尔泰说她只有在依照英国模式兴建的园林里才能获得消遣，还强调了风景的曲线、柔缓的山丘以及像湖的池塘。她坚决反对笔直的小巷和喷泉，认为喷泉中逼迫水流按照一定的方向行进是背离其天性的。凯瑟琳对英国文化的热爱尤其长久。她下令制订了一份表格，列出从韦奇伍德到本特利的 925 个项目，展示了 1244 种英国景观，其中包含许多园林。她还派出御用建筑师瓦西里・伊万诺维奇・尼耶拉夫到英国 6 个月去参观最重要的一些园林。后来他把威尔顿宅邸中帕拉迪奥式桥梁的设计用在了皇村（普希金自然风景园）的设计中，此外还学习了威廉・钱伯斯爵士和约翰・哈夫彭尼的设计和出版物，并从中为他的中国建筑设计获得了重要的理念。几年后，沙皇皇后邀请生于德国的英国人约翰・布什到圣彼得堡为普尔科沃设计。皇后很喜欢他的设计并任命他与尼耶拉夫一起为皇村设计英式园林。现存的布希的方案大约可以追溯到 1790 年，展示出该叶卡捷林娜宫公园的整体布局。它分为一个年

▲ **普希金自然风景园，皇村**
帕拉迪奥式廊桥

代更久的巴洛克式部分和一个英式园林。其中英式园林包含湖泊、岛屿、山丘和蜿蜒的道路；巴洛克式部分是在18世纪中叶为女皇伊丽莎白重新设计的。设计图同时展示了建筑（包括一座毁损的塔楼）、尼耶拉夫的帕拉迪奥式廊桥（见上图）、一座凯旋门、几座小亭子和一座古典神庙（见下图）。公园的布局以及它的装饰建筑、湖边地带、森林小径等让人回忆起英国的斯陀园。有人甚至会有这样的印象，即俄罗斯园林在与英国先例竞争，因为这里有全欧洲最大的中式村庄，位于在今天的亚历山大公园，它的建造者是尼耶拉夫和一位英国建筑师查尔斯·卡梅伦。后者从1779年开始就为沙皇效力。

俄罗斯最大的自然风景园，巴甫洛夫斯克，坐落于圣彼得堡附近，占地约600hm²，也是卡梅伦设计的。它的精华是后来改名为友谊神庙的神庙，是一个布有多利克柱子和拱顶的圆形大厅建筑（见P453上图）。除了其他古典主义的建筑，包括一座鸟舍（见P453下图）、三女神神庙（见P455下图）和阿波罗石柱廊，卡梅伦也做了一些朴素的建筑，即一个茅草牛奶厂、一座隐居小屋和一座烧炭小屋，这是为了迎合沙皇伊丽莎白的感情倾向。

巴甫洛夫斯克可能是欧洲最大的自然风景园。大部分都毁于第二次世界大战，但随后被重建以警示世人。所以今天，人们仍可以无拘无束地漫步在这座英俄园林建筑的代表作中。

最后，不得不提及另一座东欧园林，位于波兰的阿卡迪亚。

阿卡迪亚坐落于距华沙约80 km的地方，是1778—1785年间为拉齐维尔家族建造的避暑居所。园林部分由西蒙·博古米尔·楚格、亨里克·伊塔和沃伊切赫·杰泽克德设计，发

▶ **普希金自然风景园，皇村**
石窟及大池塘旁边其他的装饰建筑

展了阿卡迪亚的主题：欢乐、爱情与死亡。

在园林的中心是一片被河道及小路围绕的湖，湖中布置了一个卢梭式的岛。湖的近旁布置有废墟、世俗建筑和古典神庙。一个圆形露天剧场紧靠着湖水和小路，并有树群环绕。庆幸的是，这座风景园大部分没有受到战争的破坏。今天它向公众开放，由此人们可以享受这片景区和它的装饰建筑所带来的惊喜。

霍勒斯·沃波尔，这位骄傲的英国城堡和庄园的所有者，在他写于1770年的英国园林史陈述里有这样令人难忘的描述：*"我们已经把园林的真谛给予了世人"*。这句话现在听来也许有些轻狂冒失，但是最终却证明这句话千真万确。英国模式很快传遍欧洲大陆，尽管是以变异的形式。现在世界上任何一座城市都有英式的市政公园或城堡花园。不论

▲ 自然风景园，巴甫洛夫斯克
由查尔斯·卡梅伦1780—1782年设计的友谊神庙

▼ 自然风景园，巴甫洛夫斯克
河道旁古典主义鸟舍建筑

▶ **自然风景园，巴甫洛夫斯克**

环形湖泊环绕着查尔斯·卡梅伦1782—1786年间所建的古典主义宫殿

▼ 丁香花丛前的雕塑

是墨西哥城、纽约、慕尼黑或是巴黎，我们总能够发现一个共同的类型：广阔的草地漫过平缓的山丘，蜿蜒的小径穿过树林和灌木丛撒下的阴影一直延伸到湖水边，小溪和拱桥，掩映的圆形神庙和亭子——经常设有餐厅——加强了田园般的意境。有着250年历史的英国自然风景园是否依然是欧洲园林发展的最终阶段？而它是否带有某种可以为20世纪的花园和公园所借鉴的艺术潜质？

▶ ▶ P455 插图

三女神神庙（左下图）

三女神神庙前的雕塑（右下图）

1850 年之后的园林形式

在文艺复兴和巴洛克时期，富于创新的园林建筑师建造了温室以供冬天使用，到了夏天再拆掉。也许这些房子就是现代预制建筑的先驱：建筑特殊的结构系统是为这些移动的花园设计的。在斯图加特的文艺复兴时期花园中，结构师及花园建筑工程师海茵里希·希克哈特甚至为这种小房屋建造了一个可移动基础和轨道，这样建筑可以被推到合适的地方。

在 17—18 世纪城堡花园中的柑橘温室引领了时尚，这些都是用来栽培和保护外来植物。

19 世纪上半叶铁框玻璃建筑的出现催生了一种新的、不同类型的温室建筑：冬季花园。这种类型的第一个示例在英格兰：唐顿庄园的温室由托马斯·安德鲁·奈特设计，建于 1815 年。奈特是花园设计科学研究的领军人物，从 1811 年直到 1838 年去世，一直担任伦敦园艺学会主席。这个温室立面上 1/4 圆的铁框架形式在以后的几十年也被沿用。背面墙是砖砌。对空间发展的下一阶段是在没有损失光的前提下进行了提升，在交错的拱顶上安装许多大玻璃。其他典型的例子是巴黎音乐学院的自然历史博物馆，由克里斯托夫·罗奥于 1833 年设计。

伦敦邱园的植物园内有最著名的由铁和玻璃建造的冬季花园，是由建筑师德西默斯·伯顿和理查德·特纳在 1845—1847 年建造的（见 P458 上图）。特纳，一个从都柏林来的铁匠，不仅为英国贵族做设计，也为普

植物园，布鲁塞尔

◀ 以圆形寺庙为形式的古典温室，由弗朗索瓦·吉内斯特和蒂尔曼 – 弗朗索瓦·苏伊斯于 1826—1829 年设计

▲ 温室前面的喷泉雕塑细节

P456 插图

◀ ◀ 皇家园林，拉肯（布鲁塞尔）

冬季大花园的内景，阿方斯·巴拉特建于 1876 年

▲ **邱园，伦敦**

棕榈温室，由德西默斯·伯顿和理查德·特纳建于 1844—1848 年

► **美泉宫宫苑，维也纳**

棕榈温室，由弗兰兹·克萨韦尔·泽根施米特建于 1879—1882 年

鲁士国王弗里德里希·威廉四世服务。伯顿，一个成功的伦敦建筑承包商，因其在 19 世纪 20 年代建造的伦敦摄政公园斗兽场而闻名。

伯顿在查茨沃斯庄园会见了前奇西克的园艺师，约瑟夫·帕克斯顿。德文郡公爵在 1826 年任命具有天赋的帕克斯顿作为花园的管理者。因为是冬季花园，所以他要求设计大的火炉，而与伯顿的合作，无疑使得花园更出名。设计从 1836 年持续到 1840 年。

公爵因为非常欣赏帕克斯顿的设计，所以派他去瑞士、意大利、希腊和西班牙做调研。回到英格兰后，他全身心地投入于建筑设计，并主动提交了为宏伟的展览所做的伦敦展览宫设计。伦敦的水晶宫建筑长 600m，很快成为铁框玻璃建筑的滥觞。

新建筑材料用途广泛。展览宫可以随后被用作冬季花园或棕榈温室。1847 年在巴黎的冬季花园举行了音乐会和戏剧表演，有时上层社会也会在那里举办节庆舞会。冬季花园很快就发展成一个娱乐多元的社会生活中心。

▲ 城堡公园，巴塞罗那

“阴廊”——阴凉的提供者——是为何塞普·丰塞雷 1888 年为国际展览会所建造的温室而命的名

◀ 香榭丽舍大街的冬季花园前部，巴黎

由亨利·梅纳迪耶和里戈莱于 1846—1847 年间建造（毁于 1852 年）

▲ **普拉弗朗斯竹园，昂迪兹**

这个花园自1850年以来一直存在，有近200种竹子，是欧洲该类型的一个特例

法国南部的花园

法国南部的花园没有任何自己独特的类型，因为他们的设计依赖于意大利和法国的传统园林（英国风景园较少）。但毫无疑问，气候、景观和土壤的性质带来了无可比拟的欧洲花园范围内的特殊形式。一个引人注目的特点就是棕榈树的频繁而奢华的运用，例如查顿·杜雷庄园。

任何来游赏蔚蓝海岸希望欣赏到天堂般景象的人，都会在看到费拉岬的埃弗鲁吕西·德·罗思柴尔德别墅花园的宏伟布局时而大吃一惊。这种布局适用于花园本身奢华的布局，也可用于其中很多亚热带植物的独特组合，巴洛克式的设计特点，以及沿海风景（见P462、P463插图）。

法国南部的花园结合了传统园林的水池、圆形的庙宇、整形花坛以及前卫艺术和建筑的案例（见P464、P465插图）。自然风景园的概念在此环境中已然没有那么重要，因为景观元素就是由景观本身的惊人的自然奇观（山脉和海洋）所提供。

昂迪兹的普拉弗朗斯竹园在欧洲是罕见的珍品。几乎200种不同种类的竹子都在此养育（见左图）。花园建于1850年，当时一开始是在收集能够抵御寒冬的竹子种类。今天花园中生长着巨竹的丛林区域，尤其令人印象深刻。

杜雷庄园

古斯塔夫·杜雷1857年设计了他在安提比斯岬的庄园，位于蔚蓝海岸最美丽的沿海地区之一，距离城镇南部约3km。他仿照英国风景园，建造了广阔的开放空间，为外来树木种植草坪，并通过蜿蜒的道路系统连接不同区域。除了棕榈树林，他还在花园内为阿拉伯橡胶树和桉树预留了区域。

今天这个花园被视为南欧最奇异的花园之一，拥有超过3000种植物，其中大部分是起源于欧洲的亚热带品种，偶尔也能发现欧洲以外的树种。温和的气候和位于海边的有

右图和P461插图

▶ / ▶ ▶ **杜雷庄园，安提比斯岬**

棕榈树林，阿拉伯橡胶树和桉树确定了该花园异域风情的景象，其中大约有3000种来自世界各地的植物茁壮成长

利位置，使查顿·杜雷庄园看起来像一个向天空开放的巨大的橘园。

埃弗鲁吕西·德·罗思柴尔德别墅

就像安提比斯岬一样，费拉岬也像半岛一样延伸到了海里。在悬崖顶狭窄的山脊上，女男爵比阿特丽斯·埃弗鲁吕西·德·罗思柴尔德实施了这个雄心勃勃的方案。她想以建造邻接约于1905年花园的豪华别墅为幌子修建一座纪念自己的纪念堂，无疑她成功了。她邀请了很多著名建筑师，但是在所有提交的方案中，没有一个能让她满意。最后，她自己亲自完成了这项工作，采用模仿历史风格画了一张传统建筑的草图。宫殿拥有四翼和宽敞的柱廊园，俨然是早期文艺复兴时期意大利的风格。

建筑里面的装饰采用法国洛可可式风格，这种风格显然是为了与巴洛克式的花坛和大的水池相协调。然而，她还是摒弃了几何装饰的花圃。

主花园种满棕榈树、桧柏和其他亚热带树木，两侧是带有曲线树篱的花园意大利文艺复兴风格。毗邻的是西班牙风格花园和日本风格花园。主花园还包含模仿古典风格的圆形神庙，庙里有维纳斯雕像。下面蜿蜒的小路延伸到小

埃弗鲁吕西·德·罗思柴尔德别墅，费拉岬

◀ 中央狭长的矩形水池及别墅花园外立面

▲ 双跑楼梯

墅伸展到外面，并在一个平面上收缩为一个点。为了凸显类似皮特·蒙德里安画作的结构，仅种植了很少的植物。室内的几何形内墙和纯立方体化的家具都可以从这个卧室直接进入的花园里找到相应的对应物。结合雅克·李普希茨创作的雕塑，德·诺阿耶家族的别墅与花园项目赋予了抽象形式在建筑、雕塑和园林设计方面的审美价值，这在今天看起来好像是早期超越传统艺术范畴的号角。

玛格基金会的雕塑园

艾梅·玛格将他收藏的雕塑，包括胡安·米罗、亚历山大·考尔德和皮埃尔·博纳尔的作品放置在圣－保罗－德－旺斯的一个松树林里。1964年，他邀请加泰罗尼亚建筑师何塞普·路易斯·塞特建造了满足自己喜好的博物馆。贾科梅蒂之庭上方的U形曲屋面，几乎像是浮在空中，与他的优雅细长的或行走或静止的雕塑形成了鲜明对比。

而在松树林中，雕塑园的所有魔法展开了。亚历山大·考尔德那带有炫目多彩的曲

▲ / ▶ 德·诺阿耶别墅，耶尔

加布里埃尔·古埃瑞克安的立体花园

石窟，紧邻着是石林长椅。

当时正是艺术、建筑，某种程度上来说也包括园林建筑的剧变时期，她创造了带有高度个人色彩的园林结构，这与当时的风格观念是完全不符的。

德·诺阿耶别墅的立体花园

1924年以慷慨赞助艺术闻名的查尔斯·德·诺阿耶和玛丽－洛尔·德·诺阿耶委托修建一座别墅。他们选择了罗伯特·马利特－史蒂文斯这位继勒·柯布西耶之后法国当时最重量级的建筑师。他建造的这幢别墅，与周围环境的地形相和谐，其中的一座现代主义建筑雕塑就是一件融合当时现代抽象绘画结构的立体主义艺术品。

德·诺阿耶家族成功地邀请加布里埃尔·古埃瑞克安参与设计了一座立体花园。他布置了一些方形的种植箱，交错叠起从别

▲ / ◀ 玛格基金会雕塑园，圣－保罗－德－旺斯

由何塞普·路易斯·塞特设计的博物馆建筑和贾科梅蒂之庭

▲ 站在船上，莫奈撑船穿过花园中著名的睡莲池

面的移动风帆在花园中创造了奇异的效果。胡安·米罗曾受托设计了一个迷宫，凝聚了他的智慧和想象力。其他艺术家把他们的纪念性铁像放置在森林中或者放在高处显眼的地方，像警卫一样，反映出博物馆建筑的非常规建筑语言。

为了纪念年轻离世的儿子，房子主人在花园里建造了一个小礼拜堂，其中的建筑材料包括中世纪砌块，以此作为缅怀他儿子的特殊方式。

吉维尼的莫奈花园

印象派绘画大师克劳德·莫奈的作品可分为3组：第一组作品是年轻、不安分的莫奈风雨无阻地在开放的景观或在他平淡的房间里创造的。在这些地方，他直观地表达了他的内心世界，并且研究了随着光线的变化可引起色彩变化的因素。

其后，50岁的莫奈更加稳重冷静，踯躅在他作品的主题上，创造出一系列记录由光带来的建筑或景观部分的变化。

最后，年老的莫奈留在了吉维尼，在这儿的花园里他找到了自己的天堂，如今这个花园闻名世界。在这里，他开始画睡莲，在他的工作室里创造了无数幅睡莲系列的画作。

莫奈和吉维尼成为印象派审美领域的一个关键词。对自然的模仿融入了能呈现自身直接艺术价值的波动的色彩之中。睡莲画作可以看作是对花园一部分的再现，同时又有自己独立的色彩构成，这部分色彩构成的艺术价值不是体现在模仿，而是在于以独立的艺术形式将睡莲呈现出来。

当莫奈创作一系列干草堆、大教堂或杨树的画作时，对于他是否像保罗·塞尚一样转向“抽象写意”是个令人揣测的话题。这

▶ **克劳德·莫奈博物馆，吉维尼**

莫奈花园中睡莲池里垂柳的倒影

些画中有许多可以追溯到吉维尼时期初期。莫奈在1883年4月搬到吉维尼——同月爱德华·马奈在巴黎去世。他租了房子并开始创作，随着他开始越来越知名，吉维尼也成为先锋派的集会地点。他逐渐从他过去一直困顿的财政状况中好转起来。他获得了适度的资本，并得以在1890年买下了吉维尼。

在接下来的一段时间里，他在那里建造了自己的花园。他没有任何预先存在的关于园林设计的概念，但是他努力营造一种充满繁花与野性的氛围。后来他有能力获得更多的土地，于是在这片土地上他设计了一个从小厄普特河引水的池塘，池塘上横着一座日本桥。

他的无数封信件和笔记都显示莫奈希望在吉维尼实现了在平静的隐居生活中观察他用自己双手塑造的自然的愿景。花园提供给他天然的环境，供他在白天的任何时候学习和草绘，然后让他工作室在不同的光线下转化成色彩。

在工作室里工作，与他在所绘对象前用画笔和颜料进行草绘一样重要。他总是主要关注于观察这个真实的世界。在他的创作过程中，想象中或者记忆中的图像对他毫无用处。

之前，莫奈曾常常抱怨他所绘的主题事物会随意变化。他曾经写道，当自己正在画埃特尔塔的渔船时，这些渔船却被渔民重新安排了。他已别无选择，他说，只好等到渔民结束后再刮掉画布上的一切重新开始。

这种事情在吉维尼再也不可能发生了。在这里，他的绘画对象保持不变。他可以专心致志于他要描绘的事物，这才是作为艺术家真正的工作，从而去发现或揭示他与事物之间发生的感应。他称之为“氛围之美”，也被称为“不可能之事”。

也许这正是睡莲画作吉维尼花园画作在今天还能吸引我们的地方。我们感觉到的是氛围，一种在色彩和形式中可被捕获的情感

▲ 睡莲池，夜间（一副雕刻版画的左侧部分）

油画，200cm×600cm，在1916—1922年间由克劳德·莫奈所作，苏黎世美术馆

P468、P469 插图

►► 克劳德·莫奈博物馆，吉维尼

莫奈花园的垂柳的睡莲池

背景中可以看到“日本”小桥

的结晶。他的睡莲画作与吉维尼的现实场景相差甚远的原因，正是那被精确唤起的主体与画布之间的氛围。

莫奈的睡莲画常常与抽象画的起源联系到一起。这种观点是值得商榷的也是有争议的。

约从1890年开始，在他的作品中，莫奈无疑是转向了模仿和抽象之间的灰色地带。然而他从来没有离开过他画作的主题——“瞬间印象”。

加泰罗尼亚的花园

20世纪加泰罗尼亚的众多花园揭示了一个广泛的设计谱系。在科斯塔布拉瓦海湾上，与浪漫的圣克罗蒂德花园一起以现代风格布局的还有安东尼奥·高迪的童话式（在某些方面是怪异的）“新艺术花园”，即巴塞罗那的古埃尔公园。同样位于巴塞罗那的广阔的市立城堡公园与胡安·米罗公园的都市空间形成了对比。后者有19世纪公园的经典模式；而在庄严的市政公园中，这种模式仅以胡安·米罗意象的幽默语言表现出一种淡淡的意味。跟几个世纪以前相比，现代城市花园更多地表现建筑和艺术，以及当地居民的日常社会生活。

▲ 圣克罗蒂德花园，落月滩
别墅下面带水射流的圆形水池
▶ 长长的台阶通往下面的大海，两边伫立着柏树

▲ **城堡公园，巴塞罗那**
小天使在玩耍的喷泉

圣克罗蒂德花园

在巴塞罗那以北的布拉瓦海岸无疑可以看到西班牙那些最美丽的海滨风光。

20 世纪 20 年代，罗维拉尔塔侯爵设计了圣克罗蒂德花园，当时这一地区还没有将开放旅游至今天这个状态。花园延伸到离落月滩不远的布拉瓦海岸上的崎岖的加泰罗尼亚高地。陡峭的小路和台阶从圣克罗蒂德花园通往下面美丽的洛斯范奈斯和圣克里斯蒂娜的地中海海湾。

这是一个耗资巨大的工程。为了确保公园可以被充分灌溉，必须铺设许多管道。最终决定在悬崖上钻孔以种植某种体量的树木。该花园和意大利文艺复兴园林有相似之处（见 P470 左上图），有整形的树篱、高高的柏树，以及许多花圃。

但侯爵想要的是一个风景如画的花园，还包括沿海激动人心的全景。因此，他买下了周边土地从而保持台地和台阶的视野不变，风景如画并且非常浪漫。两个大理石雕像、谨慎女神和正义女神这两个极乐世界神秘的守护者，坐落在被 4 株修剪成圆柱状的古柏围起来的小花园里。从这里，小的台阶和小路通向各种面朝大海的花园台地。另一段被高大的柏树包围的台阶通向德莱斯希纳斯广场（见 P470 下图）。

巴塞罗那的城堡公园

在 1871—1881 年间，园林建筑师和工程师何塞普・丰塞雷在巴塞罗那城堡前建造了这个广阔的公园，这个地方就是 1716 年波旁王朝菲利普五世包围城市所建立的老据点。

1869年，市政当局拆除了围墙，从而使遗址有机会作为艺术品展示出来。

在其核心是雄伟的叠瀑，近年来已经修复。年轻时的安东尼奥·高迪是创造者之一。1888年，巴塞罗那举办了第一届国际展览会。不幸的是许多建筑已被拆除，但“阴廊”（“遮阳伞”，见P459插图）、外来植物的温室和“暖花房”（冬季花园）幸存了下来。这些铁铸结构是由丰塞雷设计的。

巴塞罗那的古埃尔公园

1900年制造商欧斯比·古埃尔在佩拉达山买了大约15hm^{2}的地，他打算以英国花园城市的方式建立一个模范住宅区。但由于房地产的后续成本太高，于是他让建筑师安东尼奥·高迪设计一个公园来代替。这令人陶

醉的工程花了 14 年时间，1920 年古埃尔将这个公园展示于世人。

公园的风格非常经典，令游客惊喜的是它那不寻常的远景和令人愉悦的丰富的艺术性。建筑的屋顶、公园的墙壁，以及长凳上都贴满了五颜六色的陶瓷碎片。“百柱大厅”本是作为一个有屋顶的市场设计的，但看上去像一座迷宫，天花板由高迪和他的助手何塞普·玛丽亚·茹若尔用伟大的艺术视觉拼贴所装饰的。值得一提的是，这就是所谓的碎瓷拼贴法技术，后来成为 20 世纪 20 年代抽象拼贴画的标准做法。

这些陶瓷碎片可以免费从陶瓷工厂获得，高迪趁潮湿将碎片压成砂浆。他小心地尽可能使用五颜六色的小块碎片，从而黄色、绿色、橙色碎片可以成为象征可爱花朵的颜色。

▲ 古埃尔公园，巴塞罗那

巴萨罗那最著名的公园长椅在公园上端的主广场上。安东尼奥·高迪和何塞普·玛丽亚·茹若尔也参与了它的创造（左上图）

▲ “百柱大厅” 的细部（上图）

◀ 有倾斜支柱的散步长廊（左图）

P472 插图

◀ ◀ 陶瓷装饰（下图）

P475 插图

▶ ▶ 胡安·米罗公园，巴塞罗那

女人和鸟

这个雕塑是胡安·米罗最后的作品之一，是他于1984年为以他名字命名的公园所设计建造的

▼ 胡安·米罗公园，巴塞罗那

几何式构造的凉架

他的代表作无疑是沿着围墙的曲线式宽长凳，长凳的一部分至少能够让人想起中世纪花园中的草坪或者花园长椅（见P472上图）。建筑入口处、办公楼和门房小屋以窗户、门和屋顶的卷边创造出极好的效果。

高迪的形式语言是独一无二的。很难称古埃尔公园是新艺术公园，因为它那的形式种类和它的主题并不符合这个类型一般的形式标准。它是1900年左右新的艺术鼎盛时期中加泰罗尼亚“现代主义”的一种表达，只有一部分和其他国家的新艺术有关联。

巴塞罗那的胡安·米罗公园

胡安·米罗公园作为“城市空间”建造于1984年，位于巴塞罗那一个公元前角斗场的旧址上。严格的几何网格式设计，一方面是通过植被体现，另一方面则是通过建筑要素来体现，例如下图的凉架。这种基本模式来自地中海沿岸常见的有铺装广场的公园。由此公园就被划分成嬉戏区和安静区。

公园周围的居民认为这个公园气氛清冷、死气沉沉，并且违背了都市的主题，于是，胡安·米罗被委任在广场上设计30座雕

▲ 市政公园，汉堡
有独立的室外游泳区域的公园湖泊
背景中可以看到天文馆

塑。不幸的是，实际上只有“女人和鸟”（见P475插图）是真正建造出来。它伫立在一个矩形水池中央的高台上。

从很远就能看到的细长的立体雕塑，镶嵌着彩色的马赛克，产生了高贵的金银掐丝的效果。沿着水池边延展的建筑——胡安·米罗图书馆，是在1988—1990年间建造的。这个图书馆见证了对前卫的加泰罗尼亚建筑的尝试所获得的丰富的想象力和乐趣。

中间的门厅侧面和斜坡相接，并通向两个圆柱大厅，也就是图书馆的两个入口。在凸出的屋顶下方，陈列着各式各样胡安·米罗的青铜像复制品。

德国的市民公园或市政公园

列博莱希特·米格被视作是德国园林设计现代主义艺术家第一人。大约1900年他作为一个园林建筑师在汉堡为雅各布·奥克斯工作，随后在沃尔普斯韦德开展了自己的事业。在那里他和建筑家、城市空想家布鲁诺·陶特及其他人一起工作。米格宣告了传统园林设计时代的结束，并且让园林设计作为一种应用艺术进入人们视线。这种直率的评价是由于他认为长期以来流行的英式风格的浪漫主义园林设计的“长寿是令人遗憾的”。1913年在耶拿出版的《20世纪园林文化》（*20th Century Garden Calture*）一书中，他对园林的功能定义简明扼要：

“一个公园必须从人们需求的角度来进行规划设计。这样缺乏想象力吗？不，它是自我约束的、反射的，并且根据基本要素进行自我限制。它是一种组织结构，但是同时也是艺术。”

米格认为，一个为大众服务的公园，也就是市政公园或市民公园，它的内容和主体结构必须由人们的需求来决定。它绝不可以用作增强城市名声的一种手段，尽管在德国事实依然如此。首先需要的就是运动设施，还有用作人们散步的阴凉区域，像他文中说的“用来欣赏美丽动人的令人愉悦的自然生命”。关于这种公园的布局设计，米格并没有说太多，但是他提供了很多有这种主题结构特征的市政市民公园的设计。就像包豪斯建筑学派的那些新式建筑是从生活的功能性方面衍生出一种美学模式，并按照这个理念设计出了窗户不规则定位、生活区不相对称的平面图和立面图一样，米格设计了大片以路径为边界的草地，以及私密花园区。至于私人花园，他把实用主义作为最高纲领，因此他提出了一种几何结构“我渴望这种空间结构的花园设计是基于经济、社会和伦理道德的理由”。

米格持有实用主义和美学相结合的观点，在这方面他和新功能主义的理论很接近，当然还有沃尔特·格罗皮乌斯提出的新的建筑观点。这个具有几何结构的公园，考虑到既要满足人们的社会需求又要满足人们的情感需求，本打算建造成英式自然风景园，但在最初就被断然否决了。位于新林区的汉堡市政公园以“温特胡德精神”闻名，是欧洲大陆上各种规模的园林中第一个直接否定了浪漫主义园林的公园。它的设计宗旨是为汉堡人口稠密地区的人们提供一个休憩和休养的地方。在1908年的竞标结果出来后，从1912年开始，这座公园基于市政建筑主管机构负责人弗里茨·舒马赫绘制的方案图，建设成了大约182hm^{2}的市民公园，与城市居民们的需求高度一致。奥托·林恩负责植物栽植使用一些基本的几何图形沿着一条中轴线，布置出了一个森林公园、一片草坪，还有一个沿湖花园。昔日在轴线西端的水塔，是公园的每个独立区域的参考基准点，现在它作为一个观测塔，还有一个圆顶的天文馆。这座塔被认为是连接温特胡德相邻区域与公园之间的一条纽带（见P476插图）。

市民公园的功用，像米格提出的那样，也就是为人们提供生理和心理上休息的功能，很快成为市民公园设计时考虑的首要因素。1926年，曾经和米格一起在沃尔普斯韦德工作过的马丁·瓦格纳成为柏林市议会的一员，负责城市建设事宜，又于1938年被任命为哈佛大学的教授。他关注健康方面，对其来说这是公园的唯一功用。因此一个花园或者公园的存在的唯一理由就是作为一个储存新鲜空气并提高空气质量的场所。1915年瓦格纳在他的论文《有益健康的城市绿地》（*The Health-giving Green of the Cities*）中首次提出了这个观点。和米格一样，他也赞同市民公园（他称之为城市的开阔空间）应当布置成运动、游戏、漫步场所的观点。因此他对美学范畴不感兴趣，而是尝试从医学上证明体育锻炼的生理价值。这种实用主义至上的理性主义，不仅把园林设计中传统的浪漫主

▲ 市政公园，汉堡

秋季花圃的色彩细节

◀ 市政公园，汉堡

带有喷泉的圆形节点

▲ **海德科特庄园，格洛斯特郡**
整形树木的花园

P479 插图
►► **赫斯特河谷花园，萨默塞特**
爱德华时代的花园，方形的下沉式花园（下图）两侧以运河台地为边界（上图）

义的和历史主义的观念都摒弃了，而且把任何和艺术美学相关的设计都去除了。瓦格纳显然不认为有必要从医学上证明眼睛的愉悦可以强化心灵的愉悦。

尽管如此，瓦格纳提出的公园健康效益后来还是应用广泛，在这一点上相应地有20世纪70—80年代的所谓的“健行道。”虽然20世纪公园和园林并非仅仅沿着这一个方向发展，但是在公园设计中确实发生了重大改变：不再把公园视作是一种声誉的象征，不再关注浪漫主义的园林景观，不再把公园当作重演历史的戏剧舞台。这在自然风景园的发源地英国不也是如此吗？

英国的两个规则式花园

大约在世纪之交，城市和乡村都被浓密植被和仿古风格的维多利亚花园占据了统治地位，劳伦斯·约翰斯顿是首批在英国建造具有建筑学意义的花园的园林师之一。1907年他在格洛斯特郡科茨沃尔德的海德科特庄园开始了自己的项目，该庄园邻近奇平卡姆登小镇上。约翰斯顿曾多次在南非和中国旅行和探险，并带回许多异国植物亲自种植。很快他将自己的植物出口到欧洲的其他国家，从而功成名就。

沿着他的乡村房子纵轴线，约翰斯顿铺设了一片宽阔的草坪，有一条修剪过的山毛榉树小路从那儿开始以山脊成直角的角度伸向远方。在草坪之间，也就是他说的“剧院草坪”，他铺设的小路将花园分为几个很小的几何区块，一个连着一个各自拥有主题。例如与乡村住宅相连的部分，他设计了紫杉树篱环抱的白园。交叉的道路将花园分隔为4个清一色的只种植白花植株的花坊分格。一株挺拔的有着巨大发散枝叶的黎巴嫩松像个

► **海德科特庄园，格洛斯特郡**
穿越亭子的视线

屏障一样耸立在花园中（见左图）。虽然没有一个对称的整体布局，但是坐落在房屋和小径附近的花园却遵循严格的几何学形式。除了长廊和山毛榉小径，约翰斯顿还设计了一个如画般的花园，溪流花园——以示其对英国自然风景园传统的敬意。这里，一条两岸植被浓密的溪流蜿蜒缓慢地流过地面。

还有许多更有可比性的英式建筑感花园，例如，位于萨默塞特郡的汤顿以北的赫斯特河谷花园。花园可以追溯到18世纪，并在20世纪头10年，埃德温·鲁特恩斯和格特鲁德·杰基尔对其进行了重新设计。布局的核心是意大利文艺复兴风格的台地花坛。这个花坛被设想为一个下沉花园，四角是1/4圆形的台阶（见上图和左图）。

英国人很容易就脱离了维多利亚式贵族花园和浪漫的自然风景园，于20世纪又一次

▲ **蒂沃利，哥本哈根**
中国塔的宝塔屋顶

回复到几何风格，同时倡导植物的原生态生长。意大利文艺复兴风格的花园再次回到我们的视野中，不仅仅因为设计上的建筑学风格，还有精致的视觉系统。让人印象深刻的是，兰特庄园的具有风格主义和文艺复兴样式的设计以及它的绝妙远景已经成为样板——至少对赫斯特河谷是这样——并将周边景色作为生动的美学元素融入花园的整体结构。

P481 插图
► ► **普拉特，维也纳**
摩天轮，由工程师沃尔特·巴希特建造

游乐园

以上从风景园林到公共花园，再到游乐园，所能概括出园林的发展都以一种独特的方式在哥本哈根的蒂沃利乐园存在着。1843年，邻近主火车站的地段就被构想作为一个自然风景园来为城市居民提供休息场所。林间小径、湖边蜿蜒的小路，还有起伏的山丘、中国茶楼、摩尔式房屋，以及圆形露天剧场都是这个公园的传统元素。这些基础结构和许多建筑物至今依然留存。1943年，也就是丹麦建筑师G.N.布兰德特去世的前两年，他为我们设计了一个湖边花坛。

在20世纪50年代，埃温·朗基勒建造了一个空中花园及一个雕塑花园作为孩子们的游乐场。那时蒂沃利已经成为一个举世闻名的娱乐公园（见左上图和下图）。

在接下来的几十年，起初是作为公共花园的游乐园风靡了整个欧洲。这种公园为能适应“机器设备清单”建设的花园提供了规则式结构。后来娱乐元素独立了出来，例如，已经进入法国或者德国鲁斯特欧罗巴公园的迪士尼乐园。它在很大程度上从公园和园林的思想中剥离出来。许多有着餐厅、旋转木马、射击场和摩天轮等元素的老游乐园仍然保留到今天，例如，哥本哈根的蒂沃利

► **蒂沃利，哥本哈根**
湖面以及欢乐汽船餐厅

上图和 P483 上图

▲ / ▶ ▶ 拉维莱特公园，巴黎

铁构架和点缀着绿色植物的反光玻璃的表面主宰了这个由伯纳德·屈米设计的现代公共公园

P483 下图

▶ ▶ 未来影视城，普瓦捷附近的科技主题公园

乐园或以摩天轮著名的维也纳的普拉特中（见 P481 插图）。

这种关于花园改善日常生活的理念，在 20 世纪初是很流行的，至今也依然存在。那些必须忍受日益增加的机械工作所带来的负担的市民们需要这些场所，他们可以利用闲暇时间在那里将自己从繁忙的工作中解放出来。

建筑和技术的主题公园

几年前，在巴黎中心的东北部，伯纳德·屈米设计了拉维莱特公园，一个坐落于牲口市场旧址的综合性公园。

修复后的大厅，一座 19 世纪的用钢和玻璃建成的建筑，设有餐厅和用于文化活动的房间。附近有一个宽敞的草坪区，住在附近的人都喜欢利用这里的运动器械。旁边还有一条以梧桐树为行道树的长长的林荫大道。

多年来，各种各样的主题花园被建造于附近的乌尔克运河边上，如竹园、非常活泼的水景园和雕塑家让·马克斯·艾伯特装饰以他的雕塑作品的攀缘花木园。

在公园的北部边缘，一个不寻常的、几乎是未来主义的建筑映入眼帘，这就是球形的“电影院”。这个电影院，为公园区域增加了乐趣和娱乐，同时也提供了教育和信息服务。在音乐的博物馆——音乐城的旁边，邻近梧桐树大道，还建成了一个科技博物馆。

在普瓦捷附近的未来影视城里，将游玩、信息和娱乐结合起来的这个想法在一个富有想象力和迷人的主题公园中得以实现。在那里，一个约 53hm^2 的视听科技园，有亭台、水景、3D 电影院和带有巨大屏幕的电影院，从 1987 年开始发展起来。每年公园的规模都在扩大，1998 年就有了 270 万游客。可能在世界上再也找不到其他的可以通过这种方式，将前卫建筑——甚至可以说是建筑试验——与蜿蜒的道路、丘陵、宽敞的草坪、小树林，以及湖泊一起整合到一个统一的公园概念中。

未来影视城可能是一种新的公园或园林设计的前奏（见 P483 插图）。该公园不仅提供娱乐，同时还提供关于视听技术潜能的信息。此外，漫步在公园中，从一个又一个新的角度看到奇异的未来主义展馆和宽银幕的电影院，也是一种乐趣。在即将踏过 21 世纪的门槛时，建筑、技术和园林设计走到一起，糅合成一个既和谐又刺激的整体。

19 世纪末和第二次世界大战之后，在德国就可能已经产生了关于未来影视城的想法，进而发展出了一种不寻常程度的时尚：园林展览会。第一个园林展是在 1887 年在德累斯顿举行的国际园艺展。第二次世界大战结束后的第一个国家园林展览会是 1950 年在斯图加特的基勒斯山举行的。后来该展览的姐妹秀——省级园林展首次亮相。一个园林展览会的特点往往是由其主题确定的，例如 1967 年在卡尔斯鲁厄举行的国家园林展上由霍斯

A0 13

▲ 希尔花园，威尔特郡
自然风景园与埃文河的景色

特·安特斯组织的“花园的趣味”。

而在威尔莱茵河畔举行的巴登－符腾堡省级园林展“绿色 99”中，展示了一座实验建筑，扎哈·M·哈迪德设计的一栋混凝土和玻璃材质的蛇形建筑，有玻璃坡道连接建筑，并展示出内部的景象。

20 世纪林园和公园都朝着多元化方向发展。其中占主导地位的类型无疑始终是休闲公园、游乐园以及经过设计的城市空间。与个人主义的、浪漫的或奇异的和童话般的布局一起，造园的实际任务已退居幕后。园林不应该被视为自然的替代，但可以作为使人类与大自然紧密接触的一种艺术手段。公共公园仅能将这一任务完成到有限的程度，因为在公园中自然只是作为休养和消遣的地方——虽然这无疑是很受欢迎的而且必要的；但园林包含的内容更多，在那里，大自然的基本形式和动态变化都得以认真对待。出于这个原因，植物配置需要科学知识，同时还要有艺术能力。艺术、科学、自然的组合可以完美地统一在园林中，这一直是推进文明的动力。

附　录

专业词汇表

Amphitheater / 圆形露天剧场 花园中以古代圆形露天剧场形式布局的区域。自古代就作为花园主题广为人知。在巴洛克园林中圆形露天剧场常被用于舞台表演。

Arboretum / 植物园 花园中的一个单独区域，在这里种植着用于科学研究的异国情调的树木。

Arcadia / 阿卡迪亚 人们所憧憬的一种人与自然共处的景观。人们通常喜爱将英国自然风景园的部分区域描述为阿卡迪亚区。阿卡迪亚，伯罗奔尼撒半岛的山地高原，一开始并不是作为田园区，而是作为逝者的乐园。

Belt walk / 散步带 围绕花园或林园的小路或小径。在英国自然风景园中以某种节奏出现，目的在于将游客引导至景点处。

Belvedere / 观景楼 在花园和林园中作为建筑景点所设计的。与法文术语 *Bellevue*（贝尔维尤）是同义的。

Berceau / 林荫小道 18 世纪以后的有木板条和金属条构成的花架的走道。周围环绕着树篱或灌木丛，有时是小树。德扎利埃·达让维尔还使用术语“*berceau de treillage*”来表示“林荫小道”和“*treillage*（葡萄架）”的组合。

Border / 边缘绿化带 沿着道路、草坪、墙体或成排树铺设的狭长的观赏植物种植带。

Bosket / 小树林 园中树木繁茂的区域。树木被修剪成规则的形状，用以创建出如“内室”“回廊”（请参阅 Cabinet、Cloître）或“客厅”式的空间。

Botanical Garden / 植物园 第一个植物园是 16 世纪在意大利建造的，主要用于科学目的。随着 18 世纪欧洲海外利益的发展，许多外来植物被输送到了欧洲，并被种植在柑橘温室和植物园内。

Bowling green / 滚木球场 一种下沉式草坪，常见于花坛区域。

Broderie parterre / 刺绣花坛 仿佛雕刻一般的装饰性种植区，主要利用黄杨木。名称来源于与刺绣图案的相似性，是 1620—1720 年几何式花园的最重要的设计特征。

Cabinet / 林中内室 小树林中的椭圆形或长方形的开放空间，往往四周环绕着整形树篱。这种类型的更大一点儿的空间被称为“客厅”或“大厅”。

Chinoiserie / 中国风 17 世纪末中国的产品开始进驻欧洲。在宫廷内它们与一种快乐的、无忧无虑的生活方式联系起来，并于 18 世纪的进程中，先后在法国、英国、德国。其形式被纳入了洛可可世界。中式亭台在自然风景园区内非常流行。

Cloître / 回廊 小树林内的区域，被喷泉、花架走道和水池华丽地装饰着。

Clumps / 树丛 英国自然风景园内宽敞的草坪上种植着树丛。

Compartment / 分格 一种大的种植区单元，由砾石路、独立植床和用花做出的富有想象力的图案所组成对称的装饰。

Dairy farm / 奶牛场 农业建筑与风景园的复合体，旨在营造意境，但通常不服务于任何实用目的。参阅“村庄，装饰农场。”

Decorative buildings / 观赏性建筑 作为自然风景园中一种巨大的装饰元素发展起来的建筑物。根据当时的审美趣味，常常利用过去的风格，异国情调或所谓的基层建筑（疯狂的建筑）。参见浪漫废墟、中国风格、荒唐建筑。

English parterre or Parterre à l' Anglaise / 英式花坛 也称草坪花坛。装饰性设计的草坪，常通过边缘带花卉加以限定。

Ferme ornée / 装饰农场 18 世纪的林园或花园中所包括的用于农业用途的区域。该术语首次是由英式花园理论家斯蒂芬·斯威哲于 1715 年使用的。参见 Village。

Folly / 荒唐建筑 刻意不规则设计理念指导下的观赏性建筑的一种特殊形式，与其比例和设计有关。实例是蒂沃利的埃斯特别墅的罗梅塔——罗马城的全景复制品，以一种舞台背景的形式——或者是波玛索的风格主义花园。在英国自然风景园中会偶尔发现一些富于想象力的荒唐建筑，例如爱尔兰的卡斯特尔城之家的康诺利荒唐建筑。

Gardenesque / 如花园般的 这个词是由约翰·克劳迪斯·劳登在 1832 年创造出来的用于描述植物自然与自由的生长。后来它即被用以表示通过园中观赏花卉表现出的艺术演进。

Garden/Flower Show / 园林 / 花卉展 1829 年在英国奇西克举行了园艺展会。今天皇家园艺学会的展览包括著名的切尔西花展和汉普顿宫花展。全国上下甚至整个欧洲，还有许多其他精美的展览。在德国，第一个这样的展会是 1887 年在德累斯顿举办的国际园艺展。第二次世界大战之后，第一个国家园林展是 1950 年在斯图加特的基乐斯山举办的，随后举办了它的“姊妹篇”，即省级园林展。

Giardino segreto / 秘园 通常毗邻着宫殿或城堡的卧室或私人房间。在其他情况下，秘园是位于花园的很难进入的僻静区域，常常被高大的树篱或墙体所屏蔽，这是意大利文艺复兴时期园林的一个特色。

Geometric garden / 几何花园 花圃和花坛以规则的几何图案所布局。主要是存在于文艺复兴和巴洛克时期，后被自然风景园所取代。

Gloriette / 观景亭 荣誉神庙或荣誉亭，通常以希腊圆形神庙的形式设计，主要存在于自然风景园。

Grotto / 石窟 文艺复兴时期和巴洛克式园林中的人工洞穴。在 18 世纪，花园里的房间被装饰为石窟，镶嵌着贝壳、蜗牛、苔藓和岩石。

Ha-ha / 哈哈墙 为了不让从花园到周边景观的视线过渡受到围墙或堤防的干扰，于是设计宽阔的沟渠和下沉式的墙体作为边界。第一次对矮墙的描述是由英国人斯蒂芬·斯威哲于 1715 年所做出的。

Hameau / 村庄 村庄或小乡村。

Hermitage / 休隐住宅 巴洛克式花园内的僻静和隐蔽的区域，通常设计成石窟的形式。宫廷社会的静养退隐之所。

Hortulus / 花树园圃 一首可追溯至 19 世纪上半叶，由瓦拉弗里德·斯特拉波所做的 27 行诗。这大概是首次关于基督教文明中的造园的综合描述。诗中所指是圣加仑的修道院花园。

Hypnerotomachia Polyphili / 寻爱绮梦 弗朗切斯科·科隆纳所做的寓言小说，1499 年首次在威尼斯出版。书中的木刻插图显示了不同类型的修剪树木、整形绿篱（参见 Topiary），以及花圃装饰物。

Knot ornament / 结装饰 典型的文艺复兴时期的花圃图案。16 世纪初首先以一种引人注目的形式出现塞巴斯蒂亚诺·塞利奥的小册子中。该形式可追溯到《寻爱绮梦》中（参见 Hypnerotomachia Polyphili）。

Landscape garden / 自然风景园 18 世纪中叶在英国发展出的一种花园类型。该类型花园倡导植物自然地生长，并严厉反对法国巴洛克式园林的几何形式。该类型花园的主要特色有宽敞的草地、成荫的树丛、河流、湖泊和众多的观赏建筑群。

Lawn parterre / 草坪花坛 参见英国花坛。

Menagerie / 动物展览园 巴洛克式公园和 18 世纪自然风景园中的动物园。

Monastery garden / 修道院园林 由不同的部分组成，如药物园、菜园、绿化良好的墓地和四合院落。在药物园中有玫瑰和百合。这些花象征着圣母玛利亚，对于修道院花园来说是必不可少的。

Orangery / 橘园 远离城堡或宫殿的花园区域，夏天在这里种植着橘树。它包括一栋用来种植橘树的建筑。在文艺复兴时期的园林中，往往伫立着木制的构架，在冬季便通过滚轮拉过来覆盖在橘树上方。

Parterre / 大花坛 被简单的道路系统所划分的植床的布局设计，直接就布置在宫殿或城堡临花园的立面前。

Parterre d' Orangerie / 橘园的花坛 直接布置在橘园前面的草坪或花圃综合体。

Patte d' oie / 鹅掌形路网 向三个方向成扇形散开的外部林园或花园区的道路系统。道路从一个共同的出发点发散出去，一直通到一条半圆形的小路，从而和谐地标志出花园里的特定区域的结束。

Physic garden / 药物园 也称为“药草园”，见于中世纪修道院里医生与药剂师的混合用房后面。种植的药材包括鼠尾草、芸香、香菜、茴香和欧当归。

Pleasure ground / 游乐场 直接布置在城堡或别墅前面的草坪，并以特别华丽的雕塑装饰着。通常通过水池将其与花园其他部分隔开。

Point of view / 视点 站在该点，雕塑、喷泉或观赏建筑会出现在视线终端。

Quarter or Quarreaux / 种植分区 一个由几个分格组成的种植区。由道路或小巷将之与另一个种植区分隔开来。几个种植分区一起构成一个大花坛。

Quincunx / 梅花点式栽植 5 棵树按照骰子上的数字5的模式种植。它定义了一个所谓的正交方格网，而第 5 棵树则放置在每个正方形的中心。当从这样的树林走过，绿树成行的小道可以在每个方向上看到，并引导视线以对角或直角的角度向远方延伸。由此产生的影响就是持续不断的节奏上的变化。

Romantic ruins / 浪漫的废墟 在自然风景园中，装饰性的中世纪废墟往往作为昔日国家的伟大和骑士精神的辉煌的一种感性影像而被强调出来。

Salon / 客厅 参见 Cabinet。

Salle / 大厅 参见 Cabinet。

Topiary / 整形修剪 一种修剪树木和灌木的艺术，首次详细的描述见于古代的农业文献和老普林尼的著作中。“*Topiaria*”在拉丁语中的意思是“艺术造园”。许多文艺复兴时期或巴洛克式花园模仿的修剪案例都可在《寻爱绮梦》(参见 Hypnerotomachia Polyphili) 中找到。

Treillage / 葡萄架 一种由格子条木材制成的花架覆盖走道，常点缀着木制凉亭。德扎利埃·达让维尔还用术语“*berceau de treillage*”来表示“*berceau*(林荫路)”和“*treillage*(葡萄架)”的组合。

Tumulus / 坟冢 古代的坟墓。在风景公园中人工建造以提供伤感的情景。如普克勒·穆斯考王子在勃兰尼茨建造的埋葬地点。

Village / 村庄 在巴洛克或洛可可花园中，乡村的建筑常以村庄的形式布局，用来模仿乡村生活。也称之为“*Hameau*(村庄)”或“*hamlet*(小村庄)”。参见 Ferme ornée。

延伸阅读

Adorno, Th. W., "Amorbach," in Ohne Leitbild, Frankfurt am Main 1967

Andreae, B., Am Birnbaum. Gärten und Parks im antiken Rom, in den Vesuvstädten und Ostia, Mainz 1996

Anthony, John, The Renaissance Garden in Britain, Haverford West, 1991

Bajard, Sophie, and Bencini, Raffaello, Villas and Gardens of Tuscany, Paris 1993

Baudy, G. J., "Adonisgärten," in Beiträge zur klassischen, Philologie 176, 1986

Baumann, H., "Die griechische Pflanzenwelt," in Mythos, Kunst und Literatur, Munich 1986

Baumgardt, U., and Olbricht, I. (eds), Die Suche nach dem Paradies. Illusionen. Wünsche. Realitäten, Munich 1989

Baumüller, B., Kuder, K., Zoglauer, U. (eds), Inszenierte Natur. Landschaftskunst im 19. und 20. Jh., Stuttgart 1997

Beazley, M., Gardens of Germany, London 1998

Bianca, S., Hofhaus und Paradiesgarten. Architektur und Lebensformen in der islamischen Welt, Munich 1991

Böhme, G., Für eine ökologische Naturästhetik, Frankfurt am Main 1989

Börner, K. H., Auf der Suche nach dem irdischen Paradies. Zur Ikonographie der geographischen Utopie, Frankfurt am Main 1984

Brend, Barbara, Islamic Art, London, 1991

Brodersen, K., Die Sieben Weltwunder. Legendäre Kunst- und Bauwerke der Antike, Munich 1996

Brunner-Traut, E., Die alten Ägypter, Stuttgart 1981

Buttlar, A. von, Der Landschaftsgarten, Munich 1980

Buttlar, A. von, Der Englische Landsitz 1715–1760 – Symbol eines liberalen Weltentwurfs, Mittenwald 1982

Buttlar, A. von, Der Landschaftsgarten. Gartenkunst des Klassizismus und der Romantik, Cologne 1989

Carroll-Spillecke, M. (ed.), Der Garten von der Antike bis zum Mittelalter, Mainz 1992

Carroll-Spillecke, M., Kepos, Der antike griechische Garten. Wohnen in der klassischen Polis III, Munich 1989

Carvallo, R., The Gardens of Villandry, Techniques and Plants, Joué-lès-Tours 1991

Chambers, D., The Planters of the English Landscape Garden, London 1993
Clifford, D., Geschichte der Gartenkunst, Munich 1966

Cohen, R. (ed.), Studies in Eighteenth-Century British Art and Aesthetics, Los Angeles 1985

Correcher, C. M., and George, M., Spanische Gärten, Stuttgart 1997

Curtius, E. R., Europäische Literatur und lateinisches Mittelalter, 9th imp., Berne, Munich 1978

Eisold, N., Das Dessau-Wörlitzer Gartenreich, Cologne 1983

Ermann, A. (ed.), Die Literatur der Ägypter, Leipzig 1923

Fahlbusch, H., "Elemente griechischer und römischer Wasserversorgungsanlagen," in Garbrecht, G. et al., Die Wasserversorgung antiker Städte. Geschichte der Wasserversorgung 2, Mainz 1987, pp. 135–63

Fröhlich, A. M. (ed.), Gärten. Texte aus der Weltliteratur, Zurich 1993

Fleming, J., The "Roman de la Rose" – A Study in Allegory and Iconography, Princeton 1969

Friedlaender, L., Darstellungen aus der Sittengeschichte Roms, 4 vols, Leipzig 1919

Gerndt, S., Idealisierte Natur, Stuttgart 1981

Gillen, O. (ed.), Herard von Landsberg, Hortus deliciarum, Landau 1979

Glaser, H., Industriekultur und Alltagsleben. Vom Biedermeier zur Postmoderne, Frankfurt am Main 1994

Gothein, M. L., Geschichte der Gartenkunst, 2 vols, Jena 1926, rep. 1988

Günther, H. (ed.), Gärten der Goethezeit, Leipzig 1993

Hajós, G., Romantische Gärten der Aufklärung. Englische Landschaftskultur des 18. Jahrhunderts in und um Wien, Vienna, Cologne 1989

Hajós, G. (ed.), Historische Gärten in Österreich. Vergessene Gesamtkunstwerke, Vienna, Cologne, Weimar 1993

Hajós, G., Die Schönbrunner Schlossgärten, Vienna, Cologne, Weimar 1995

Hamilton Haziehurst, F., Gardens of Illusion – The Genius of André Le Nôtre, Nashville, Tennessee 1980

Hammerschmidt, V., and Wilke, J., Die Entdeckung der Landschaft. Englische Gärten des 18. Jh., Stuttgart 1990

Hannwacker, V., Friedrich Ludwig von Sckell. Der Begründer des Landschaftsgartens in Deutschland, Stuttgart 1992
Hansmann, W., Gartenkunst der Renaissance und des Barock, Cologne 1983

Harten, H. C., and E., Die Versöhnung mit der Natur. Gärten, Freiheitsbäume, republikanische Wälder, heilige Berge und Tugendparks in der Französischen Revolution, Reinbek 1989

Hartman, G., Die Ruine im Landschaftsgarten. Ihre Bedeutung für den frühen Historismus und die Landschaftsmalerei der Romantik, Worms 1981

Heinemann, E., Babylonische Spiele. William Beckford und das Erwachen der modernen Imagination. Dissertation, Berlin 1996

Hennebo, D., and Hoffmann, A., Geschichte der deutschen Gartenkunst, 3 vols, Hamburg 1965

Hennebo, D., Gärten des Mittelalters, Zurich 1987

Heyer, H.-R., Historische Gärten der Schweiz, Berne 1980

Hobhouse, P., Gardens of Italy, London 1998

Hirsch, E., Dessau-Wörlitz, Zierde und Inbegriff des 18. Jh., Leipzig, Munich 1985

Hirschfeld, Chr., C., L., Theorie der Gartenkunst, 5 vols, Leipzig 1985

Hoepfner, W., Schwandner, F. L., Haus und Stadt im klassischen Griechenland. Wohnen in der klassischen Polis 1, Munich 1994

Hoffmann, A., "Gärten des Rokoko: Irrendes Spiel," in Park und Garten im 18. Jahrhundert, Heidelberg 1978

Irrgang, W., Bemerkenswerte Parkanlagen in Schlesien, Dortmund 1978

Jashemski, W. F., The Gardens of Pompeii, Herculaneum and the villas destroyed by Vesuvius, 2 vols, New Rochelle 1979, 1993

Kluckert, E., Der "hängende Garten" der Apollonia. Renaissance-Gärten in Württemberg, Schwäbische Heimat, 3, 1986

Kluckert, E., Heinrich Schickhardt. Architekt und Ingenieur, Herrenberg 1992

Kluckert, E., Vom Heiligen Hain zur Postmoderne. Eine Kunstgeschichte Baden-Württembergs, Stuttgart 1996

Kluckert, E., Auf dem Weg zur Idealstadt. Humanistische Stadtplanung im Südwesten Deutschlands, Stuttgart 1998

Koenigs, T. (ed.), Stadt-Parks. Urbane Natur in Frankfurt am Main, Frankfurt am Main, New York 1993

Koopmann, H., "Eichendorff und die Aufklärung," in Aurora 1988, Park und Garten im 18. Jh., Heidelberg 1978

Kuhnke, R. W., Die maurischen Gärten Andalusiens, Munich 1996

Kuterbach, J., Der französische Garten am Ende des Anciën Régime, Worms 1987

Lablaude, P.-A., Die Gärten von Versailles, Worms 1995

Landsberg, Sylvia, The Medieval Garden, London, (n.d.)

Lazzaro, C., The Italian Renaissance Garden, London 1990

Le Nôtre, A., "Bericht über das Schloß und die Gärten des Trianon an den schwedischen Architekten Nikodemus Tessin, 1693," in Mariage, Th., L' univers de Le Nôtre, Brussels 1990

Mader, G., and Neubert-Mader, L., Italienische Gärten, Stuttgart 1987

Maurer, D., "Pilgrime sind wir alle, die wir Italien suchen. Das Italienerlebnis deutscher Schriftsteller vor und nach Goethes italienischer Reise," in Göres, J. (ed.), Goethe in Italien, Mainz 1986

Mayer-Solgk, F., and Greuter, A., Landschaftsgärten in Deutschland, Stuttgart 1997

Mayer-Tasch, P. C., and Mayerhofer, B. (eds), Hinter Mauern ein Paradies. Der mittelalterliche Garten, Leipzig 1998

Mosser, M., and Teyssot, G., Die Gartenkunst des Abendlandes. Von der Renaissance bis zur Gegenwart, Stuttgart 1990

Müller, U., Klassischer Geschmack und Gotische Tugend. Der englische Landsitz Rousham, Worms 1998

Murray, Peter, The Architecture of the Italian Renaissance, London 1969

Niedermeier, M., Erotik in der Gartenkunst. Eine Kulturgeschichte der Liebesgärten, Leipzig 1995

Paracelsus, Vom Licht der Natur und des Geistes. Eine Auswahl, Stuttgart 1976

Pizzoni, F., Kunst und Geschichte des Gartens, Stuttgart 1999

Plumptre, George, The Garden Makers. The Great Tradition of Garden Design from 1600 to the Present Day, London 1993

Pückler-Muskau, H. Fürst von, Andeutungen über Landschaftsgärtnerei, Frankfurt am Main 1988

Pückler-Muskau, H., Fürst von, Briefe eines Verstorbenen, Frankfurt am Main, Leipzig 1991

Schneider, K., Villa und Natur. Eine Studie zur römischen Oberschichtkultur im letzten vor- und ersten nachchristlichen Jahrhundert, Munich 1995
Stoffler, H.-D., Der Hortulus des Walahfrid Strabo, Sigmaringen 1996

Taylor, P., Gardens of Britain, London 1998

Taylor, P., Gardens of France, London 1998

Thierfelder, W., Gärten und Parks in Franken, Würzburg 1990

Toogood, Alan, Secret Gardens, London 1987

Vérin, H., "Technology in the Park: Engineers and Gardeners in Seventeenth-Century France," in Mosser, M., and Teyssot, G. (eds), The Architecture of Western Gardens, Cambridge, Mass. 1991, pp. 135–46

Weiss, A. S., Miroirs de l' infini – Le jardin à la française et la métaphysique au XVII. siècle, Paris 1992

Weitzmann, K., Late Antique and Early Christian Book Illumination, New York 1977

Wenzel, W., Die Gärten des Lothar Franz von Schönborn 1655–1729, Berlin 1970

Wiebenson, D., The Picturesque Garden in France, Princeton 1978

Willis, P., Charles Bridgeman and the English Landscape Garden, London 1977

Wimmer, C. A., Geschichte der Gartentheorie, Darmstadt 1989

Wiseman, D. J., Nebuchadrezzar and Babylon, Oxford 1985

Woods, M., Visions of Arcadia. European Gardens from Renaissance to Rococo, London 1996

人名对照索引

· 约翰·奥古斯特·奥韦尔贝克（Eyserbeck，Johann August）
· 约翰·弗里德里希·奥韦尔贝克（Eyserbeck，Johann Friedrich）

· 多梅尼科·法吉奥里（Fagili，Domenico）
· 艾蒂安·莫里斯·法尔科内（Falconet，Etienne Maurice）
G.B. 法尔达（Falda，G. B.）
· 大主教老亚历山德罗·法尔内塞（Farnese，Cardinal Alessandro the Elder）
· 大主教小亚历山德罗·法尔内塞（Farnese，Cardinal Alessandro the Younger）
· 大主教奥多阿多·法尔内塞（Farnese，Cardinal Odoardo）
· 伊丽莎白·法尔内塞（Farnese，Elizabeth）
· 西蒙·菲利斯（Felice，Simon）
· 弗朗索瓦·费奈隆（Fénelon，François）
· 神圣者，卡斯蒂利亚国王斐迪南德三世（Ferdinand Ⅲ，the Holy，King of Castile）
· 波旁、那不勒斯和西西里国王，费迪南德四世（Ferdinand Ⅳ，of Bourbon，King of Naples and Sicily）

· 蒂罗尔·费迪南德大公（Ferdinand，Archduke of Tirol）
· 瓦桑齐奥·弗拉明戈（Fiamingo，Vasanzio）
· 马尔西利奥·费奇诺（Ficino，Marsiglio）
· 莱因哈德·费迪南德·海茵里希·菲舍尔（Fischer，Reinhard Ferdinand Heinrich）
· 约翰·伯恩哈德·菲舍尔·冯·埃尔拉赫（Fischer von Erlach，Johann Bernhard）
· 康拉德·弗莱克（Fleck，Konrad）
· 亨里克·奥古斯特·弗林特（Flindt，Henrik August）
· 卡洛·丰塔纳（Fontana，Carlo）
· 多梅尼克·丰塔纳(Fontana，Domenico)
· 乔瓦尼·丰塔纳（Fontana，Giovanni）
· 西奥多·丰塔纳（ Fontane，Theodor）
· 何塞普·丰塞雷(Fontserè，Josep)
· 雷米·德·拉·福斯（Fosse，Remy de la）
· 尼古拉斯·富凯（Fouquet，Nicolas）
· 雅克·丰奎尔雷斯（Fouquières，Jacques）
· 弗拉·焦孔多（Fra Giocondo）
· 弗朗索瓦·德·弗朗辛（Francine，François de）
· 亚历山大·弗朗希尼（Francini，Alexandre）
· 托马斯·弗朗希尼（Francini，Thomas）
· 弗朗西斯一世，法国国王（Francis Ⅰ，King of France）
· 弗兰西斯卡·冯·霍恩海姆，伯爵夫人（Franziska von Hohenheim，Countess）
· 丹麦的弗雷德里克四世（Frederik Ⅳ of Denmark）
· 亨德里克·弗雷德里克王子（Frederik，Hendrik，Prince）
· 弗里德里希二世，符腾堡公爵（Friedrich II，Duke of Württemberg）
· 普鲁士的腓特烈大帝二世（Friedrich Ⅱ，the Great，of Prussia）
· 普鲁士的弗里德里希·威廉二世（Friedrich Wilhelm Ⅱ of Prussia）
· 普鲁士的弗里德里希·威廉三世（Friedrich Wilhelm Ⅲ of Prussia）
· 普鲁士的弗里德里希·威廉四世（Friedrich Wilhelm Ⅳ of Prussia）
· 吉罗拉莫·弗里吉莫利卡（Frigimelica，Girolamo）
· 约瑟夫·佛坦巴哈（Furttenbach，Joseph）

· 昂热 - 雅克·加布里埃尔（Gabriel，Ange-Jacques）
· 费迪南·加利 - 比比恩纳（Galli-Bibiena，Ferdinando）
· 大主教乔万·弗朗西斯·甘巴拉·达·布雷西亚（Gambara da Brescia，Cardinal Giovan Francesco）
· 朱塞皮·加里波第（Garibaldi，Giuseppi）
· 乔瓦尼·安东尼奥·加佐尼（Garzoni，Giovanni Antonio）
· 罗马诺·加佐尼侯爵（Garzoni，Marquis Romano）
· 伊丽莎白·克莱格霍恩·盖斯凯尔（Gaskell，Elizabeth Cleghorn）
· 安东尼奥·高迪（Gaudí，Antonio）
· 乔治二世，英国国王（George Ⅱ，King of England）
· 乔治三世，英国国王（George Ⅲ，King of England）
· 乔凡娜·吉卡公主（Ghyka，Prince Giovanna）
· 詹波隆那（Giambologna）
· 詹姆斯·吉布斯（Gibbs，James）
· 威廉·吉尔平（Gilpin，William）
· 弗朗索瓦·吉内斯特（Gineste，François）
· 安东尼奥·迪·吉诺·罗伦兹(Gino Lorenzi，Antonio di)
· 多米尼克·吉拉德(Girard，Dominique)
· 路易斯 - 勒内·吉拉尔丹（Girardin，Louis-René）
· 弗朗索瓦·吉拉尔东（Girardon，François）
· 西蒙·戈多（Godeau，Siméon）
· 约翰·沃尔夫冈·冯·歌德（Goethe，Johann Wolfgang von）
· 卡尔·冯·贡塔德（Gontard，Carl von）
· 芭芭拉·贡扎加（Gonzaga，Barbara）
· 费德里科·贡扎加二世（Gonzaga，Federico Ⅱ）
· 弗朗西斯科·贡扎加二世（Gonzaga，Francesco Ⅱ）
· 玛丽·路易丝·哥赛因（Gothein，Marie Louise）
· 乔瓦尼·安德烈·格利弗里（Graefer，Giovanni Andrea）
· 约翰·菲利普·冯·格莱芬克劳，王子主教（Greiffenclau，Bishop
Prince Johann Philipp von）
· 格列高利十三世，教皇（Gregory ⅫⅠ，Pope）
· 格列高利十五世，教皇（Gregory ⅩⅤ，Pope）
· 马蒂亚斯·格鲁特（Greuter，Matthias）
· 纪尧姆·德·格罗夫（Grof，Guillielmus de）
· 沃尔特·格罗皮乌斯（Gropius，Walter）
· 欧斯比·古埃尔（Güell，Eusebi）
· 圭尔奇诺（Guercino）
· 乔瓦尼·弗朗切斯科·古尔尼诺（Guerniero，Giovanni Francesco）
· 乔瓦尼·格拉（Guerra，Giovanni）
· 加布里埃尔·古埃瑞克安（Guévrékian，Gabriel）
· 吉勒斯·古洛特（Guillot，Gilles）
· 英格涅·君特（Günther，Ignaz）
· 伊莱亚斯·甘森豪瑟（Gunzenhäuser，Elias）
· 古斯塔夫·阿道夫二世，瑞典国王（Gustav Ⅱ Adolf，King of Sweden）
· 古斯塔夫三世，瑞典国王（Gustav Ⅲ，King of Sweden）

· 雅各布·弗里德里希·哈迪尔兹（Hadeerts，Jakob Friedrich）
· 扎哈·M·哈迪德（Hadit，Zaha M.）
· 哈德良，罗马帝国皇帝（Hadrian，Roman Emperor）
· 约翰·哈夫彭尼（Halfpenny，John）
· 维尔弗里德·汉斯曼（Hansmann，Wilfried）
· 卡尔·奥古斯特·哈登贝赫，王子首相（Hardenberg，Chancellor Karl August Prince of）
· 朱尔斯·哈杜安 - 芒萨尔（Hardouin-Mansart，Jules）
· 哈德威克的贝丝（Hardwick，Bess of）
· 沃尔特·哈里斯（Harris，Walter）
· 尼古拉斯·霍克斯莫尔（Hawksmoor，Nicholas）
· 埃莉奥诺拉·海德薇格，瑞典皇后（Hedvig Eleonora，Queen of Sweden）
· 维克多·海德洛夫（Heideloff，Victor）
· 亨利二世，法国国王（Henry Ⅱ，King of France）
· 亨利四世，法国国王（Henry Ⅳ，King of France）
· 亨利八世，英国国王（Henry Ⅷ，King of England）
· 亨利·威尔士王子（Henry，Prince of Wales）
· 布伦瑞克 - 沃尔芬比特尔的海茵里希·朱利叶斯公爵（Heinrich Julius of Braunschweig-Wolfenbüttel，Duke）
· 阿波罗尼亚·赫尔芬斯坦，伯爵夫人（Helfenstein，Countess Apollonia）
· 格奥尔格·冯·赫尔芬斯坦伯爵（Helfenstein，Count Georg von）
· 迪特尔·亨纳伯（Hennebo，Dieter）
· 亨丽埃特·阿德莱德，女选帝侯（Henriette，Adelaide，Electress）
· 胡安·德·埃雷拉（Herrera，Juan de）
· 约翰·费迪南德·赫正朵夫（Herzendorf，Johann Ferdinand）
· 雪莉·希伯德（Hibberd，Shirley）
· 约翰·卢卡斯·冯·希尔德布兰特（Hildebrandt，Johann Lukas von）
· 托马斯·希尔（Hill，Thomas）
· 凯·洛伦茨·赫希菲尔德（Hirschfeld，Cay Lorenz）
· 亨利·霍尔（Hoare，Henry）
· 大主教马克·西提赫（Cardinal Mark Sittich）
· 马库斯·西提库斯（Markus Sitticus）
· 卡尔·路德维希·冯·霍恩洛厄伯爵（Hohenlohe，Count Carl Ludwig von）
· 沃尔夫冈·冯·霍恩洛厄伯爵（Hohenlohe，Count Wolfgang von）
· 约翰·霍尔罗伊德，谢菲尔德第一任伯爵(Holroyd，John，1st Earl of Sheffield)
· 洪第乌斯（Hondius）
· 荷尔顿西乌斯（Hortensius）
· 查尔斯·霍华德，卡莱尔的第三任伯爵（Howard，Charles，3rd Earl of Carlisle）
· 迈因拉德·冯·许芬根（Hüfingen，Meinrad von）
· 约翰·埃德曼·胡默尔（Hummel，Johann Erdmann）

· 因诺森特八世，教皇（Innocent Ⅷ，Pope）
· 因诺森特十世，教皇（Innocent Ⅹ，Pope）
· 亨里克·伊塔（Ittar，Henryk）
· 尼古拉斯·雅克金（Jacquin，Nicolaus）
· 詹姆斯一世，英国国王（James Ⅰ，King of England）
· 沃伊切赫·杰泽克德（Jaszcold，Wojciech）
· 让·德·梅恩（Jean de Meun）
· 格特鲁德·杰基尔（Jekyll，Gertrude）
· 杰罗姆·波拿巴，威斯特伐利亚国王（Jérome Bonaparte，King of Westphalia）
· 约翰四世，葡萄牙国王（John Ⅳ，King of Portugal）
· 劳伦斯·约翰斯顿（Johnston，Lawrence）
· 伊尼戈·琼斯（Jones，Inigo）
· 何塞普·玛丽亚·茹若尔（Jujol，Josep Maria）
· 朱利乌斯二世，教皇（Julius Ⅱ，Pope）
· 克里斯托夫·尤索（Jussow，Christoph）
· 菲利普·尤瓦拉（Juvarra，Filippo）

· 约翰·弗里德里希·凯驰（Karcher，Johann Friedrich）
· 卡尔·奥古斯特，魏玛公爵（Karl August，Duke of Weimar）
· 卡尔·西奥多，选帝侯（Karl Theodor，Elector）
· 卡尔·冯·黑森 - 卡塞尔，伯爵（Karl von Hessen-Kassel，Landgrave）
· 威廉·肯特（Kent，William）
· 所罗门·克莱纳（Kleiner，Salomon）
· 利奥·冯·克伦泽（Klenze，Leo von）
· 托马斯·安德鲁·奈特（Knight，Thomas Andrew）
· 格奥尔格·文策斯劳斯·冯·科诺贝尔斯多夫（Knobelsdorff，Georg Wenzeslaus von）
· 格哈德·科博（Koeber，Gerhard）
· 约翰·科尼利厄斯·克里格（Krieger，Johann Cornelius）
· 弗朗茨·克鲁格（Krüger，Franz）

· 拉·贝尔德利（La Perdrix）
· 卡尔·哥特哈德·朗汉斯（Langhans，Carl Gotthard）
· 埃温·朗基勒（Lankilde，Eywin）
· 扎诺比·迪·安德烈·拉比（Lapi，Zanobi di Andrea）
· 贾科莫·劳罗（Lauro，Giacomo）
· 拉维龙（Laviron）
· 让 - 巴普蒂斯特·亚历山大·勒·布隆（Le Blond，Jean-Baptiste Alexandre）
· 查尔斯·勒·布伦（Le Brun，Charles）
· 勒·柯布西耶（Le Corbusier）
· 艾迪安·勒·宏科（Le Hongre，Etienne）
· 安德烈·勒·诺特尔（Le Nôtre，André）
· 让·勒·诺特尔（Le Nôtre，Jean）
· 安托尼·勒·保特利（Le Pautre，Antoine）
· 勒·鲁热（Le Rouge）
· 路易斯·勒·沃（Le Vau，Louis）

地名对照索引

图片鸣谢

Abbreviations:

The publishers and the editor wish to thank the museums, archives, and photographers for making the original pictures available and for giving permission for them to be reproduced. In addition to the museums and institutions mentioned in the captions, thanks are also due to the following in respect of particular pictures:

AKG, Berlin: 156, 350–51

Andreae, Bernard, Rome: 16

Artothek, Foto: Joachim Blauel: 9

Artothek, Foto: Blauel/Gnamm: 21

artur, Cologne, Foto: Klaus Frahm: 420, 427 top, 427 bottom

Ashmolean Museum, Oxford: 136

Bassler, Markus, Dosquers (Girona): 2, 10, 236 bottom, 237 top, 237 bottom, 238 top, 238 bottom left, 238 bottom right, 239, 241 top right, 241 bottom, 242 top, 242 bottom, 246 top left, 246 top right, 246 bottom left, 246 bottom right, 248, 249 top, 249 bottom, 250, 251, 252 top, 252 bottom, 253 top, 253 bottom left, 253 bottom right, 254 top, 254 bottom, 255, 256, 257, 258, 259 top, 259 bottom, 260 bottom left, 260 bottom right, 261 top, 261 bottom, 262, 263, 264, 265 top, 265 bottom, 266–7, 268, 269, 270, 271, 272, 273, 274 top, 274 bottom, 275, 459 top, 470 top, 470 bottom, 471, 474, 475

Bastin, Christine, and Evrard, Jacques, Brussels: 12 top, 15, 23 top, 23 bottom, 32 top, 39, 152 bottom, 182 bottom, 182–3, 232, 233, 335 top, 456, 460 top, 472 top, 472 bottom left, 472 bottom right, 473 top, 473 bottom, 482, 483 bottom

Bednorz, Achim, Cologne: 25 top, 25 bottom, 26 top, 26 bottom, 27 top left, 27 top right, 27 bottom, 32 bottom, 33, 34 top, 34 bottom, 35, 36–7, 38 top, 100, 101 top, 102 right, 103 top, 104–05, 106–07, 108 top, 108 bottom, 109, 110, 111, 112–13, 114, 115, 116 top, 117 top, 118, 119, 120–21, 122, 123, 126 bottom, 132 top, 151 top, 184–5, 186 top, 190 top, 190 bottom, 197 top, 194, 203 top, 203 bottom, 205, 206, 211 top, 211 bottom, 213, 214, 215, 218, 219, 220–21, 222 top, 222 bottom, 223, 224, 225 top, 225 bottom, 227, 228, 229 top, 348, 390–91, 407 bottom, 440 top, 440 bottom, 443 top, 443 bottom, 444, 445 top, 445 bottom, 446–7, 460 bottom, 461, 466 bottom, 468–9

Bildarchiv Preußischer Kulturbsitz: 421

BPK, Foto: Jörg P. Anders: 129

Bollen, Markus, Bergisch Gladbach: 11 bottom, 18 top, 18 bottom, 19 top, 19 bottom, 42, 43 bottom, 44, 45 bottom right, 47, 51 bottom, 55, 62 bottom, 63 bottom, 64, 65 top, 65 bottom, 66, 67 bottom, 68–9, 70, 74 top, 75, 77 top, 78 top, 78 bottom, 79 bottom, 80 top left, 80 top right, 80 bottom, 88 top, 88 bottom, 89, 92, 93, 94 top, 94 bottom left, 94 bottom right, 95 top, 95 bottom, 96 top, 96 bottom, 97 top, 97 bottom, 98 top, 98 bottom, 144 bottom, 145 left, 145 right top, 145 right bottom, 147, 148 bottom left, 149, 154 bottom, 155 top, 155 bottom, 157, 158 top, 158 bottom, 161 top, 161 bottom left, 161 bottom right, 162 top, 162 bottom, 165 bottom right, 170, 171, 180, 181 top left, 181 top right, 181 bottom left, 181 bottom right

Bridgeman Art Library, London: 29, 137, 399

By permission of the British Library, London: 152–3, 392 bottom

Claßen, Martin, Cologne: 41, 76, 79 top, 82–3, 84 top, 84 bottom, 85 top, 85 bottom, 86–7, 99, 165 bottom left, 168, 169 top, 169 bottom

© Crown Copyright: 11 top

Dagli Orti, G., Paris: 216–17

Das Fotoarchiv, Foto: Jörg P. Meyer: 342 top

English Heritage Photo Library: 372 left

Helga Lade Fotoagentur: 342 bottom (BAV), 344 (E. Bergmann), 345 top (Eicke), 450 bottom (Egon Martzik), 476 (Connor), 477 top (Connor), 477 bottom (Keres), 483 top (Dieter Rebmann)

Hinous, Pascal, Paris: 124, 125 top, 125 bottom, 126 top, 127

Tandem Verlag GmbH, Königswinter/ Foto: Achim Bednorz: 24, 148 bottom right, 150, 188–9, 192 top, 193, 196, 197 bottom, 198 top left, 198 top middle, 198 top right, 198 bottom, 199, 200, 201 top, 201 bottom, 202 top, 204, 207 bottom, 209 top, 209 bottom, 234, 235 bottom, 240, 243, 244, 245, 247, 260 top, 296, 298 top, 299 top, 299 bottom, 303, 308, 413, 442 top, 462–3, 463 right, 464 top, 464 bottom, 465 top, 465 bottom; **Foto: Gerald Zugmann:** 481

Magnus Edizioni, Fagagna: 48–9, 52 top, 54, 56-7, 58, 59, 60–61, 73, 159, 160, 163, 166, 167, 174, 175, 176, 177, 178–9

Monheim, Florian, Meerbusch
Bildarchiv Monheim.de: 6–7, 128 top, 130 bottom, 131, 134 top, 139, 140, 142, 143, 230 top left, 231, 276 top, 279, 280, 281, 283 top, 283 bottom, 284, 285, 286, 287 top, 287 bottom, 288, 289, 290, 291 top, 292–3, 294, 295, 297, 298 top, 299 top, 299 bottom, 300–01, 302, 304, 305 top, 305 bottom left, 305 bottom right, 306, 307 top, 307 bottom, 309, 310, 311 top, 311 bottom left, 311 bottom right, 312, 313 top, 314, 315, 316, 317, 318 top 318 bottom, 319 bottom, 320, 321, 323 top, 323 bottom, 326 top, 327, 328, 330 top, 331, 332, 333, 334, 335 bottom, 336 top, 336 bottom, 337, 338 top, 339, 340, 341, 346, 349, 353 top, 354, 355, top, 369 top, 369 bottom, 370 top, 370 bottom, 371, 372–3, 376, 377, 378, 379 top, 379 bottom, 380, 381, 382, 384, 386, 387, 393, 395, 396, 400 top, 400 bottom, 401 top, 402–03, 404, 405, 406, 408, 410, 411 top, 411 bottom left, 411 bottom right, 412, 414 bottom, 415, 416, 417, 418, 419 left, 419 right top, 419 right bottom, 422 top, 422 bottom, 423, 424, 425, 426 top, 426 bottom, 428, 429, 430 top, 430 bottom, 431, 432, 433, 435 top, 436 top, 436 bottom, 437 top, 437 bottom, 438–9, 448, 449 top, 449 bottom, 457 top, 457 bottom, 478 top, 478 bottom, 479 top, 479 bottom, 484

Monheim, Florian; von Götz, Roman
Bildarchiv Monheim.de: 358 bottom, 359, 388, 458 top

© The National Trust: 138, 139, 140, 142, 143, 364 bottom, 365, 366–7, 375, 376, 377, 395, 396, 478 top, 478 bottom, 479 top, 479 bottom

Opitz, Barbara
Bildarchiv Monheim.de: 138, 329 top, 347 top, 352 top, 362 top, 362 bottom, 364 bottom, 365, 375, 383, 385, 389 bottom, 458 bottom

Puschner, Christoph/laif: 345 bottom

R. M. N., Paris: 153 bottom, 191 (Foto: Gerárd Blot), 202, 207 top. (Foto: Arnaudet), 212 bottom, 228 bottom, 442 bottom

© Photo Scala, Florence: 13, 14, 50 top, 62 top, 72, 144 top, 156, 172 bottom, 173

Schmid, Gregor M., Munich: 452 top, 452 bottom, 453 top, 453 bottom, 454–5 top, 454 bottom, 455 bottom left, 455 bottom right

Stockholm, Royal Academy of Fine Arts: 451

Tony Stone ImagesGetty Images, Foto: Tony Craddock: 480 top

Zanetti, Fulvio/laif: 343, 450 top, 480 bottom

Zurich Foto, © 2000 by Kunsthaus Zurich, all rights reserved: 467 top